AULA POLITÈCNICA 95

Geometría descriptiva

Sistema diédrico y acotado. Problemas

AULA POLITÈCNICA
/ EXPRESIÓN GRÁFICA

Francisco Gómez Jiménez
Mario Fernández González

Geometría descriptiva

Sistema diédrico y acotado. Problemas

EDICIONS UPC

Primera edición: junio de 2005
Segunda edición: octubre de 2006

Diseño de la cubierta: Jordi Calvet

Edicions de la Universitat Politècnica de Catalunya, SL
Jordi Girona Salgado 31, 08034 Barcelona
Tel.: 934 016 883 Fax: 934 015 885
Edicions Virtuals: www.edicionsupc.es
A/e: edicions-upc@upc.es

Producción: Quality Impres, SL.
Comte Güell, 24-28, 08028 Barcelona

Depósito legal: B-45838-2006
ISBN: 978-84-8301-886-6

PRÓLOGO

Sin querer añadir nada nuevo a los tratados de Geometría Descriptiva, en esta publicación se recogen y resuelven una parte de los ejercicios de exámenes propuestos en la asignatura de Geometría Descriptiva y Métrica durante los últimos quince años, en la docencia de Obras Públicas y Caminos, correspondiente a los Sistemas de Representación de Diédrico y Acotados.

El móvil principal de esta publicación ha sido intentar proveer a los alumnos de carreras técnicas de una colección de problemas y ejercicios tipo resueltos que faciliten la comprensión de esta asignatura y desarrollen la capacidad de visión del espacio en los alumnos, permitiéndoles adquirir los conocimientos básicos necesarios para aplicarlos a los estudios elegidos.

Mediante la aplicación de la Geometría Descriptiva, el interesado aprenderá a representar correctamente cualquier objeto del espacio y a interpretar la representación realizada por otro técnico con conocimiento de esta materia en cualquier otro lugar, aunque no hable el mismo idioma. Así se ha producido el caso de proyectos realizados por unos técnicos en un país determinado y ejecutado por otros en un país distinto, gracias a la universalidad de la expresión gráfica dentro de la ingeniería y la arquitectura.

Los autores se considerarán satisfechos si mediante el estudio de esta publicación se consiguen los objetivos propuestos.

Los autores.

ÍNDICE

BASICOS

01.1

Hallar la intersección de la recta AB con el plano α y dibujar la recta AB con partes vistas y ocultas sabiendo que el plano α es opaco. Siendo A (0, 2, 3) B (0, -4, 1) y α (-3, -3, 3).

Solución:

- Plano de perfil δ que pasa por r
- Abatimiento del plano de perfil sobre el P.V. → (r)
- Intersección de r con el plano α → I
- Visibilidad de la recta de D_2 hacia arriba

01.2

Por el punto A (2, 1, 3), trazar un plano paralelo al plano que pasa por L.T. y por el punto B (0, -2, 3) y hallar la distancia entre ambos planos.

Solución:

- Abatimiento del plano de perfil δ sobre el P.V. → (A), (B)
- Construcción del plano L.T., punto (B)
- Construcción del plano wα paralelo al wβ por (A)

01.3

Dados los puntos A (4, 2, 3), B (0, 6, 5) y C (-3, 3, 5), hallar un punto que pertenezca al plano α (4, 3, 5) y equidiste de los puntos A, B y C.

Solución:

- El lugar geométrico de los puntos que equidistan de ABC es la intersección de los planos perpendiculares por el punto medio de los segmentos AB y BC.
- Plano β perpendicular a AB que pasa por D
- Plano γ perpendicular a BC que pasa por E
- t → recta intersección de los planos, β y γ
- I → punto intersección de t y el plano α

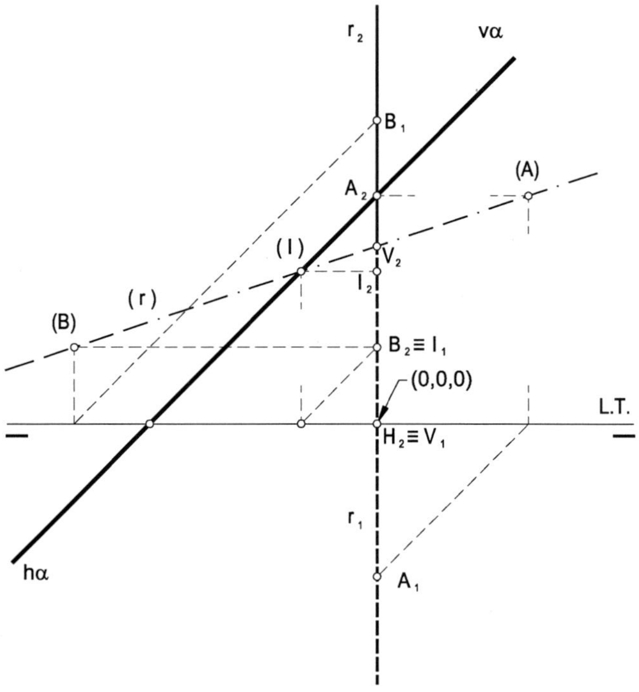

Fig. 01.1

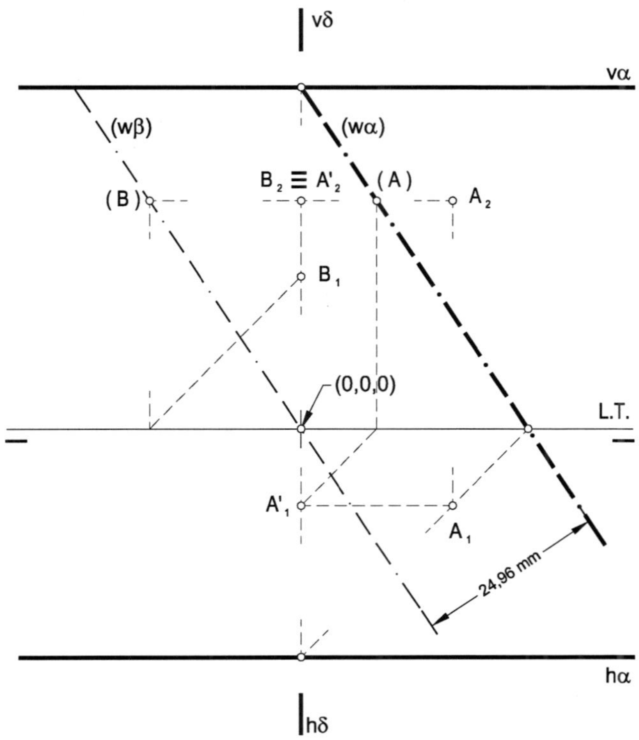

Fig. 01.2

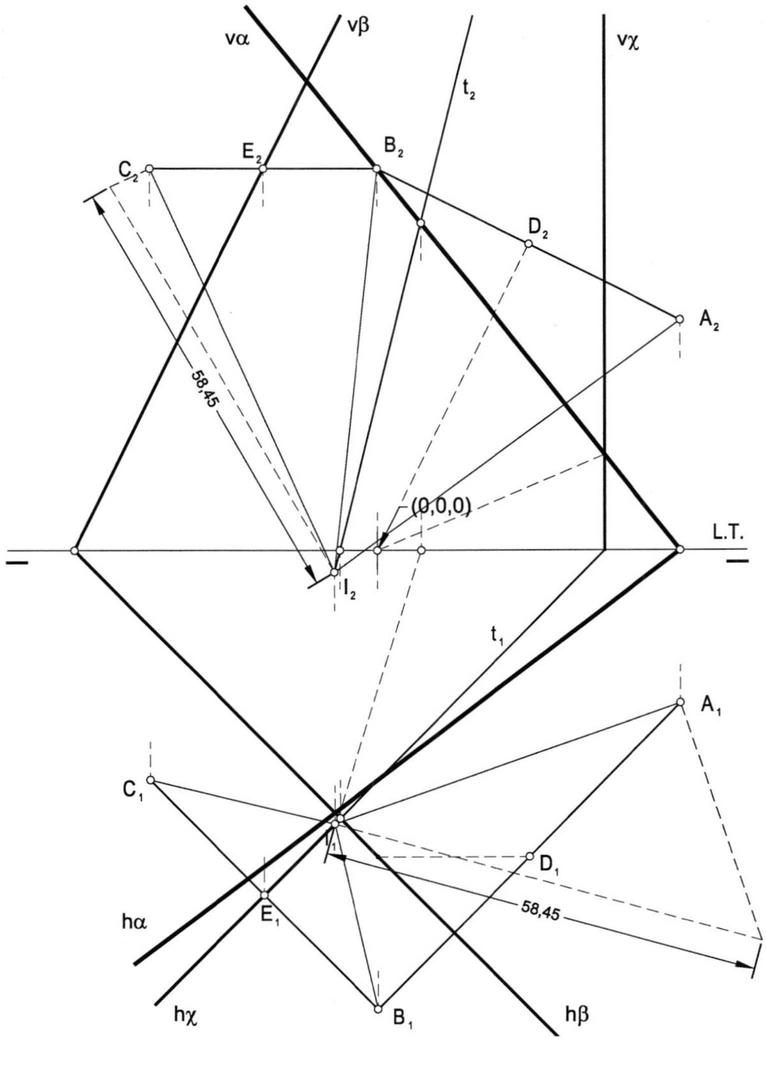

Fig. 01.3

02.1

Por el punto A (0, 2, 3) trazar la recta que sea ortogonal a la recta BC; B (-6, 4, 6) C (-1, 3, 2) y que se apoye en la recta DE; D (1, 3, 6) E (5, 2, 2).

Solución:

- Por A plano α perpendicular a BC
- Plano de canto β que contiene a DE
- Recta intersección de α y β
- Por el punto I, recta t contenida en el plano α y que pasa por el punto A y se apoya en DE

02.2

Dados los puntos A (-5, -1,5) y B (4, 3, 4). Hallar los puntos simétricos de A y B con respecto a la recta C (-3, 3, 2) D (2, 3, Z), paralela al segundo bisector.

Solución:

- La recta CD es paralela a la línea de tierra.
- Los simétricos A', B' se hallan abatiendo en el perfil con la recta CD.

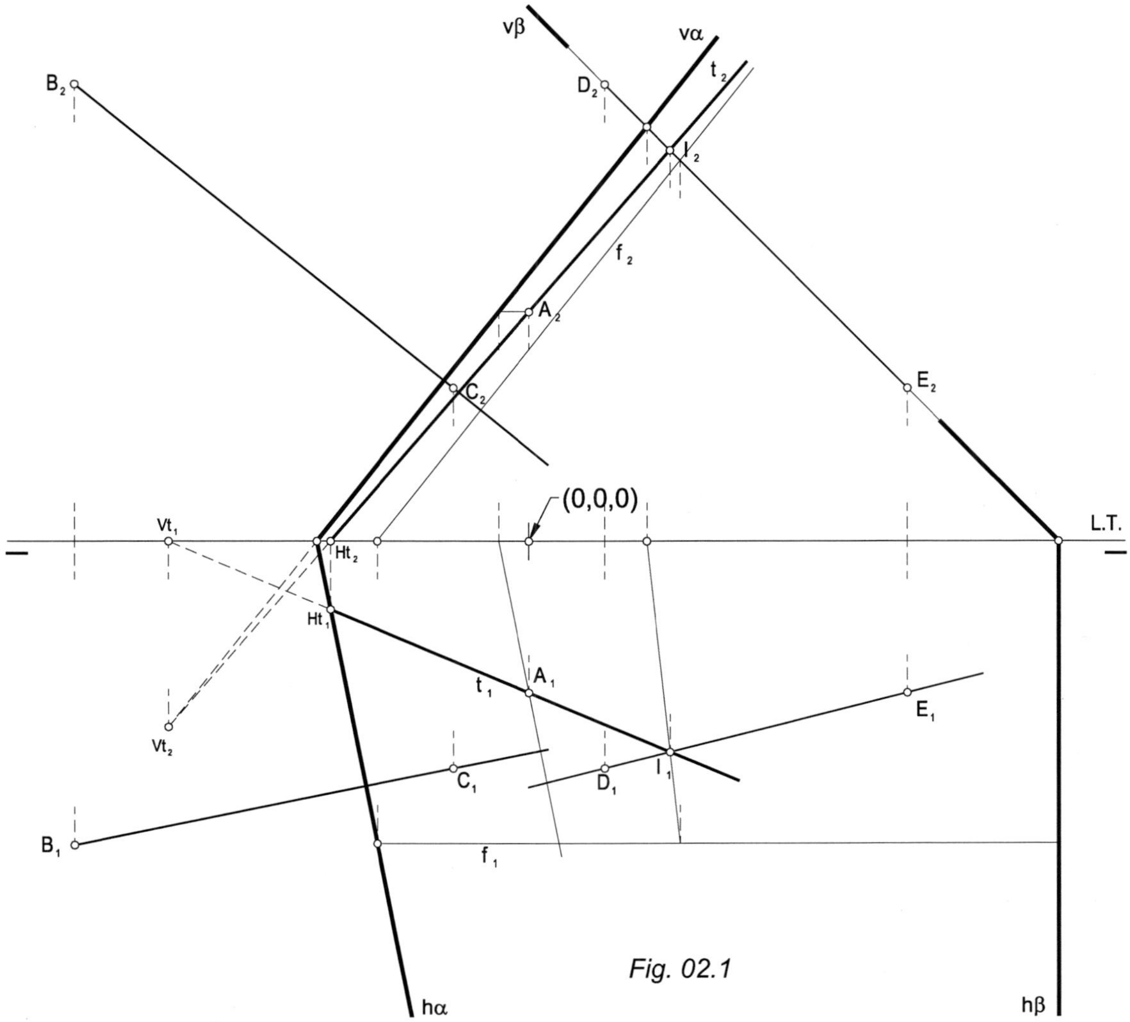

Fig. 02.1

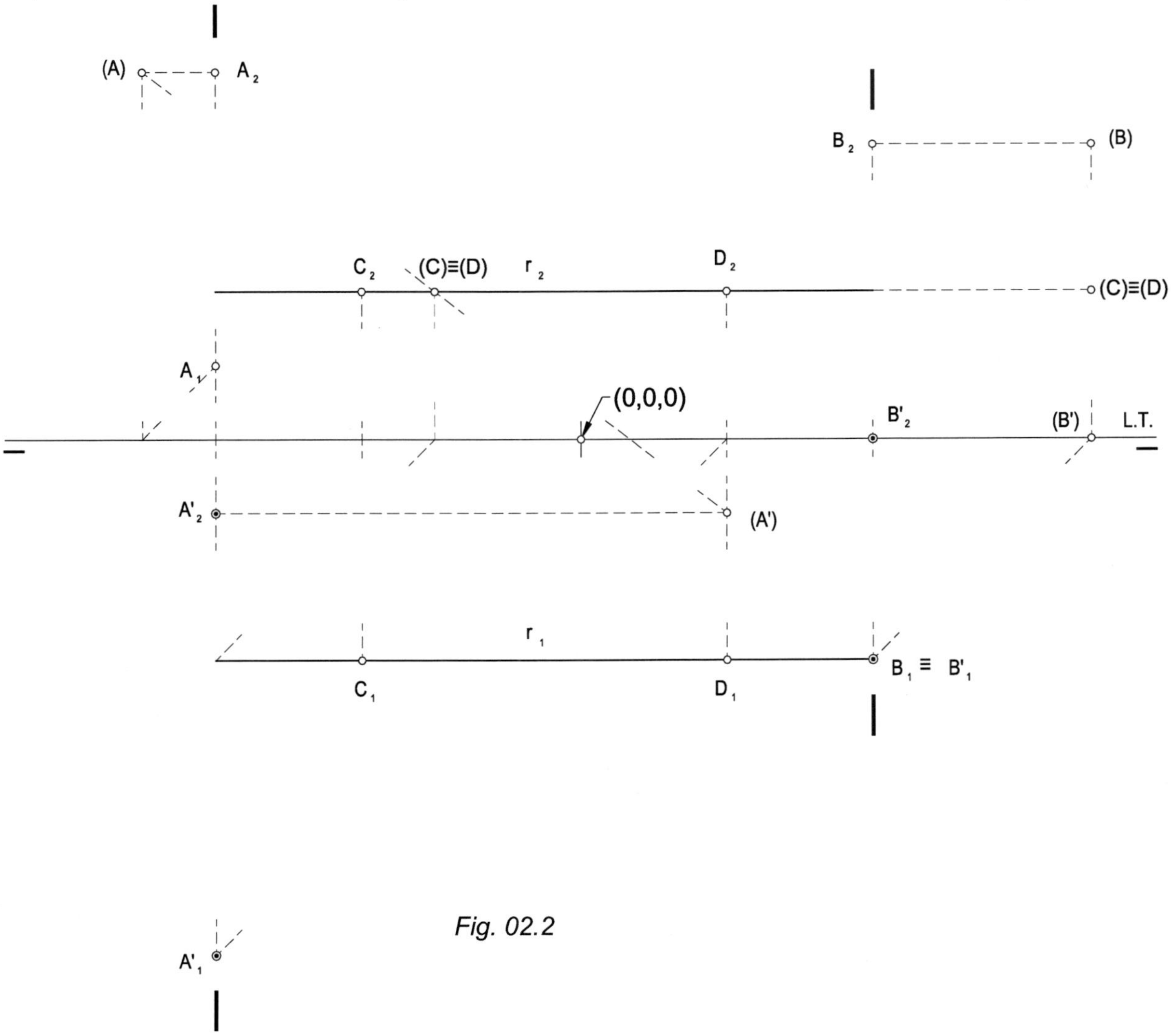

Fig. 02.2

03.1

Hallar la mínima distancia y la perpendicular común entre las rectas A(1, 3, 4) B(1, 1, 2) y C(-4, 2, 1) D(-4, 3 ,5).

Solución:

- La rectas AB y CD son rectas de perfil, se abaten para encontrar la intersección aparente; punto (I), por lo tanto d_2, d_1 será la perpendicular común.

03.2

Por el punto A (0, 2, 3) trazar un plano perpendicular al plano α (-3, 2 ,3) y al plano que pasa por la L.T. y el punto A. Hallar el punto de intersección de los tres planos.

Solución:

- Recta intersección de los planos α y β → m_1, m_2
- Por el punto A, recta frontal f_1, f_2
- Plano que contiene al punto A y es perpendicular a m_1, m_2 → vδ, hδ
- Intersección planos; α y δ
- Punto solución; I_1, I_2 intersección de α, β y δ

03.3

El plano β esta definido por los puntos A (-4, 6, 2), B (0, 2, 6) y C (2, 1, 1). Sin hallar las trazas del plano β, dibujar los dos planos paralelos a ß que distan 4 cm cada uno definiéndolos por sus trazas.

Solución:

- Rectas m horizontal y n frontal del plano β definido por A, B, C
- Por el punto C, recta perpendicular al plano β
- Obtención de los puntos E y D a 4 cm del punto C mediante un abatimiento
- Rectas frontales por los puntos E y D y construcción de los planos γ y α

BASICOS

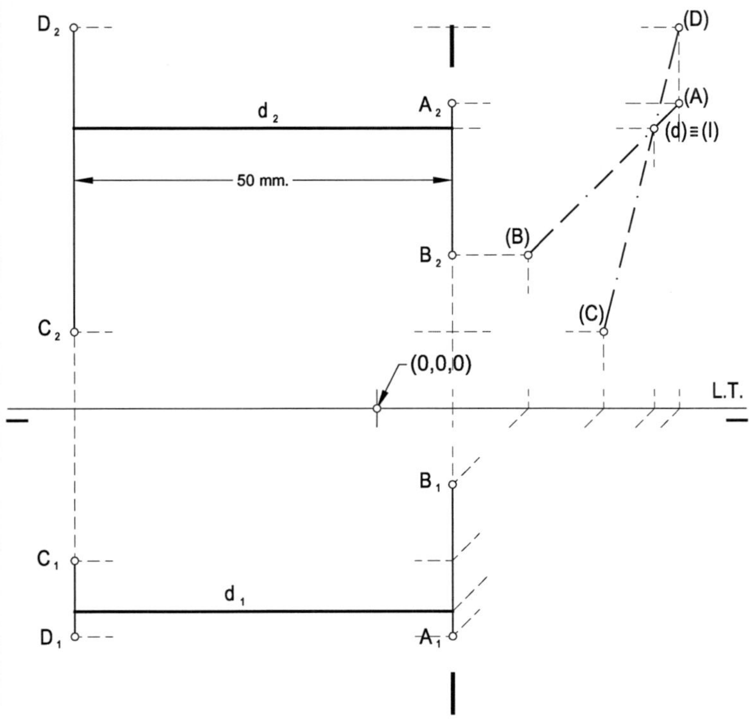

Fig. 03.1

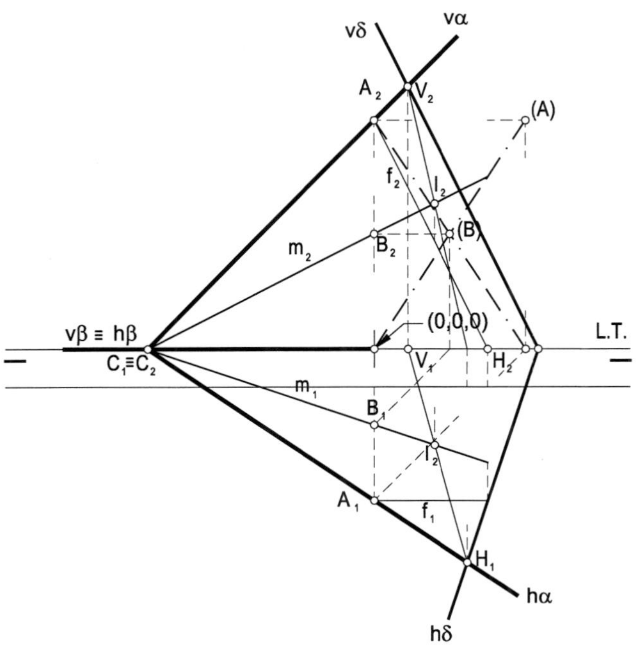

Fig. 03.2

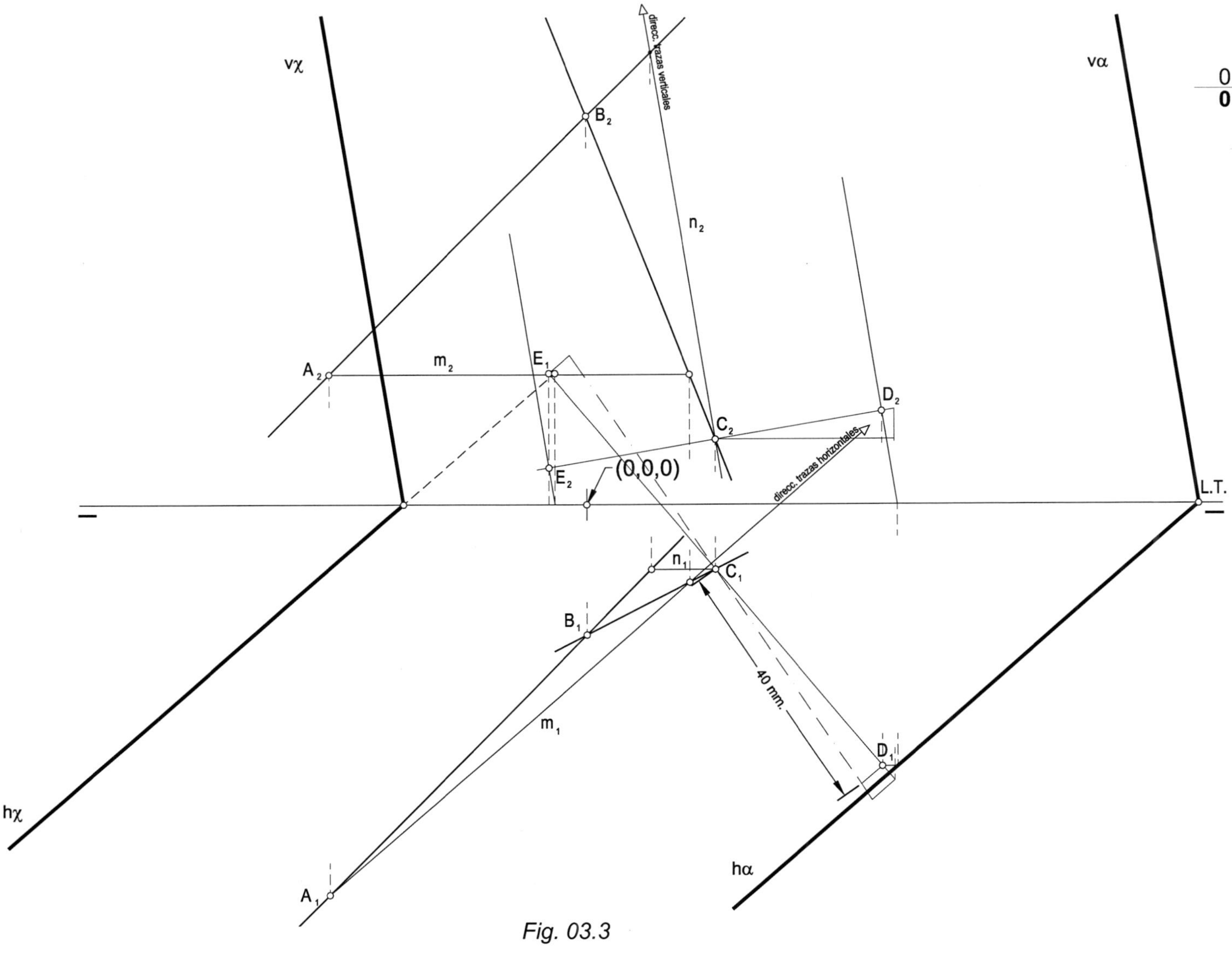

Fig. 03.3

04.1

Hallar la distancia del punto A (-4, 4 ,6) a la recta definida por los puntos B(0,3,2) y C(0,1,5).

Solución:

- Recta BC → recta de perfil
- Proyección y abatimiento sobre un plano de perfil de A, B, C
- Distancia (A) - (I) → desabatimiento A - I
- Verdadera magnitud

04.2

El punto A (2, 2, X) es el punto de intersección del plano L.T. y el punto B (0, 4, 3), con el plano α (-3, 2, Z) y el plano β (2, Y,3). Hallar las trazas de los planos α y β y las rectas de intersección de los planos dos a dos.

Solución:

- Obtención de A2 a partir de y una recta que pase por AB → t, cuyas trazas están en la L.T.
- Construcción del plano α a partir de una recta horizontal que pase por A
- Construcción del plano β a partir de una recta frontal que pase por A
- Rectas intersecciones de los planos α, β, γ → r, s

04.3

Por el punto A (0, 3, 2) trazar una recta que se apoye en las rectas BC y DE siendo B (-2, 3, 4) C (4, 1, Z) y D (-5, 1, Z) E (1, 6 ,0) y sabiendo que la recta BC es paralela al primer bisector y la DE lo es al segundo bisector.

Solución:

- Las dos proyecciones de recta BC forman el mismo ángulo con la L.T. por ser paralela al 1er bisector.
- Las dos proyecciones de recta DE son paralelas por ser paralela al 2º bisector.
- El punto A y la recta DE definen el plano α.
- Intersección de α con la recta BC → I
- Recta solución AI, que se cortará con la recta DE en el punto F.

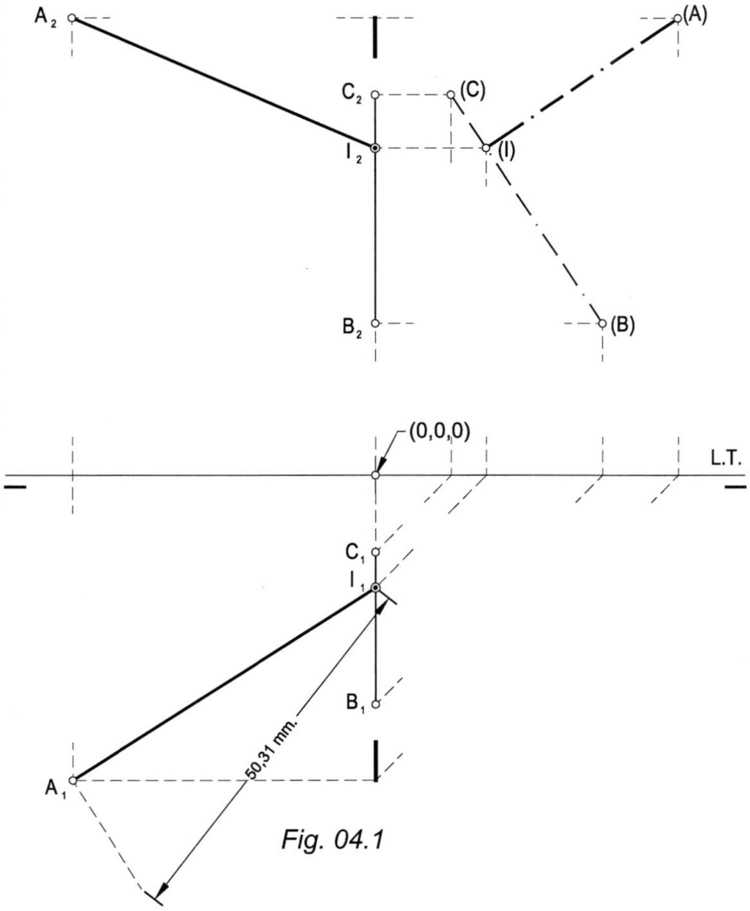

Fig. 04.1

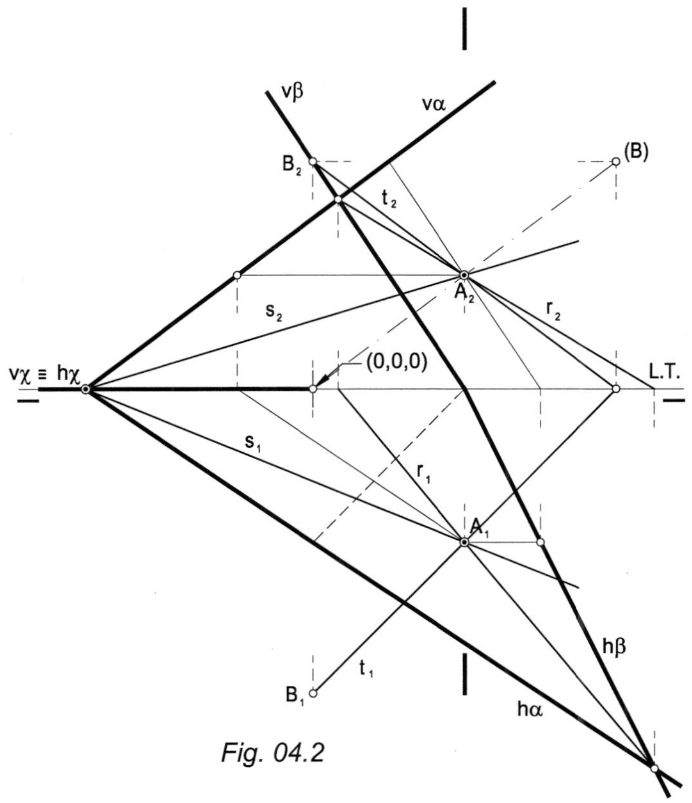

Fig. 04.2

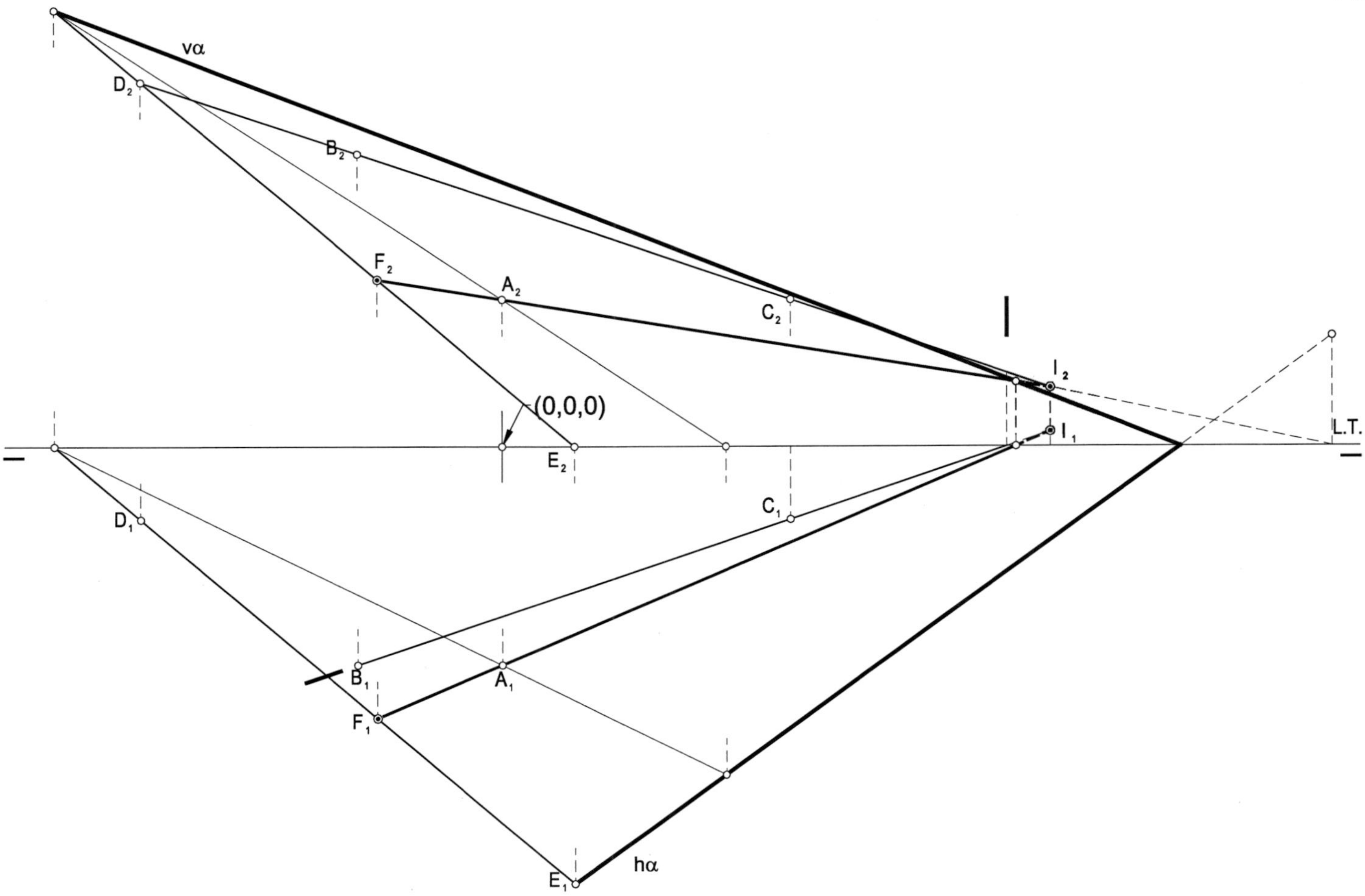

Fig. 04.3

05.1

Trazar la perpendicular común y la mínima distancia entre las rectas AB y CD, siendo A (-2, 2, 4) y B (4, 4, 0), C (1, 0, 4), D (-4, 2, 0).

Solución:

- Por A recta m paralela a r
- Plano α que contiene a s y m
- por C recta perpendicular a (α) → (I)
- Por I recta paralela a r hasta la recta s → E
- CI → mínima distancia
- EF → perpendicular común

05.2

Hallar la perpendicular común y la mínima distancia entre las rectas AB y CD siendo, A (-4, 1, 2), B (1, 6 ,5) y C (0, 3, 1), D (6, 1 ,6).

Solución:

- Por C recta m paralela a AB
- Plano α definido por CD y la recta m
- Por B recta perpendicular al plano α
- E punto intersección con el plano α
- Por E recta paralela a m hasta CD → F
- Por F recta paralela a BE
- BE → mínima distancia
- FG → perpendicular común

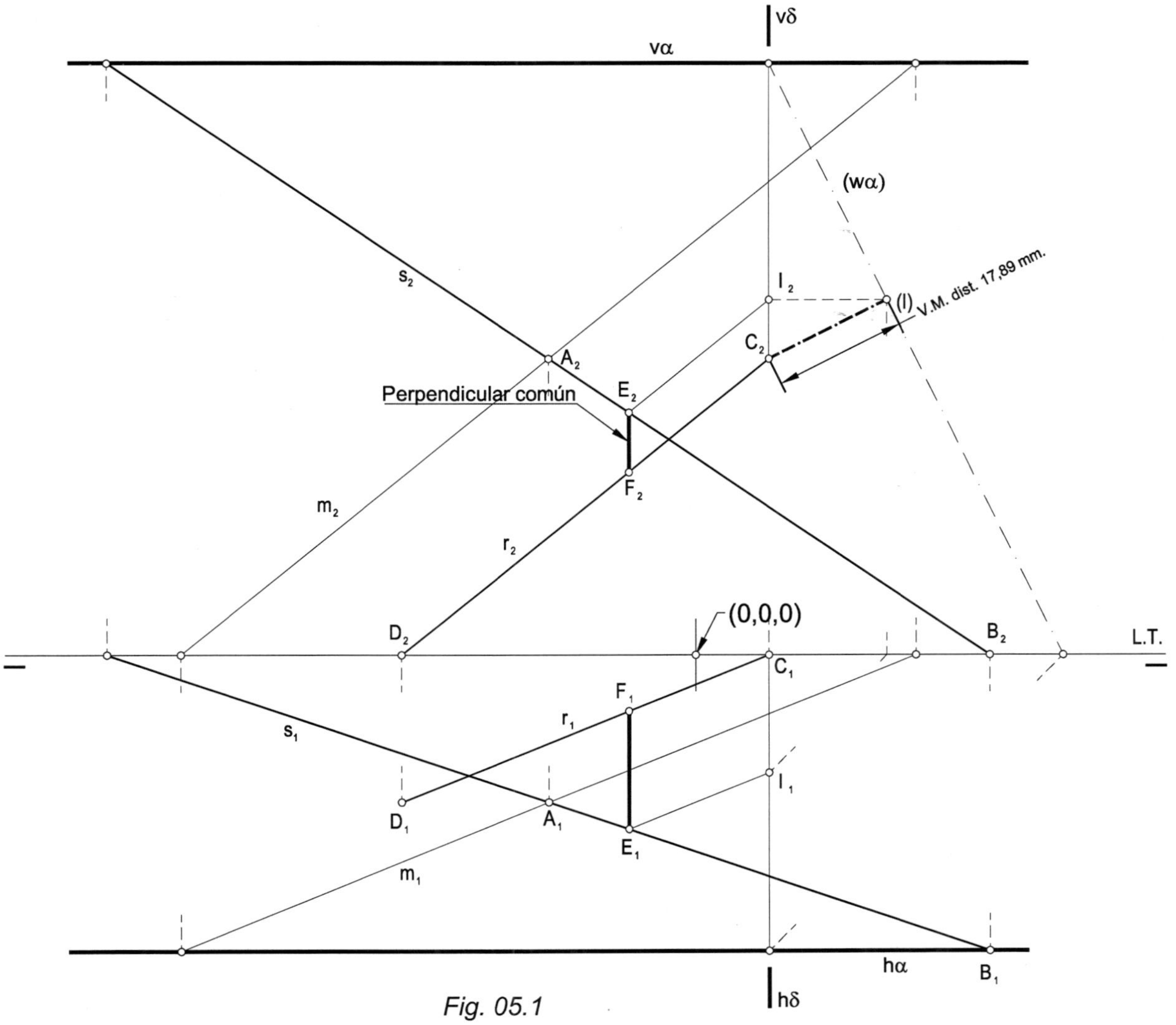

Fig. 05.1

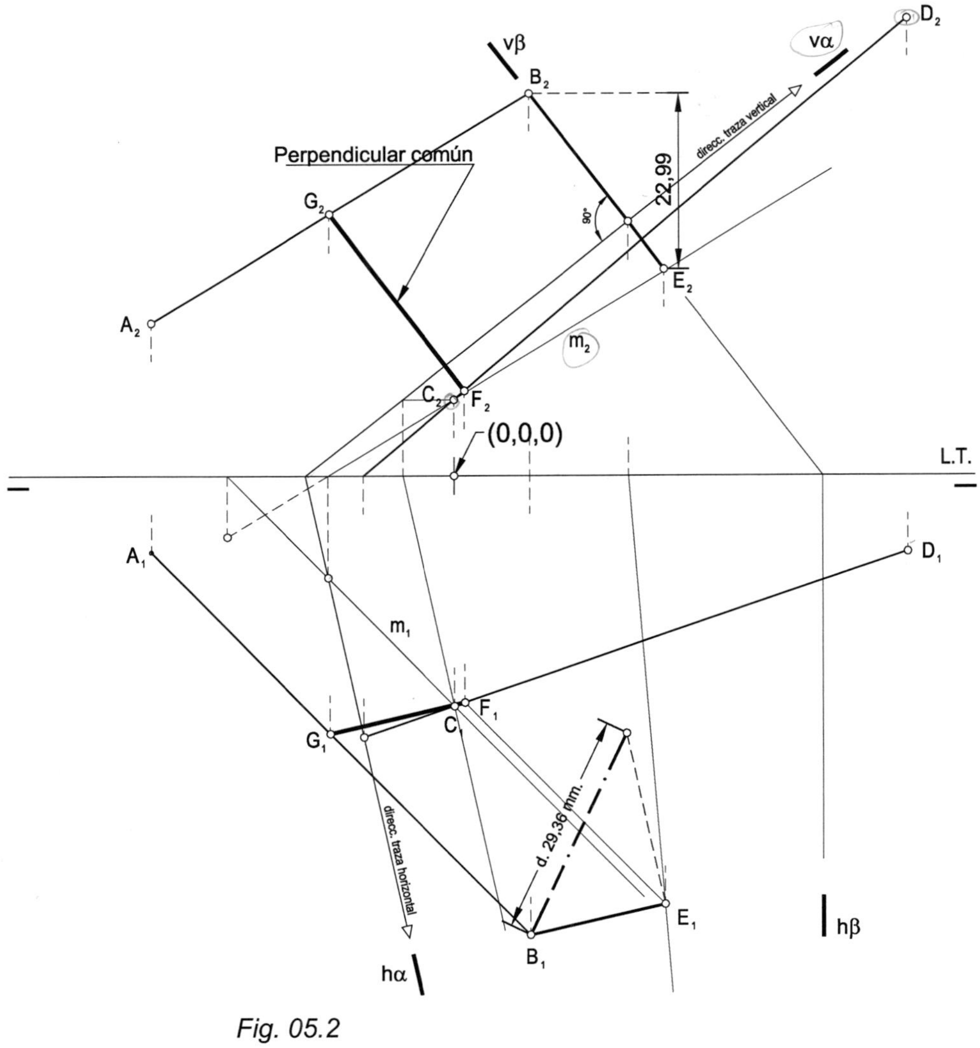

Fig. 05.2

06.1

Hallar la intersección del plano α (2, 2, -5) con el segmento comprendido entre A (0, 4, 2) y B (0, 2, 5). Dibujar las proyecciones del segmento AB, con partes vistas y ocultas, suponiendo que tanto el plano α como los planos de proyección son opacos.

Solución:

- Abatimiento de la recta AB de perfil sobre el P.V.
- (I) → Intersección de la recta AB con el plano α
- Partes vistas y ocultas de la recta AB

06.2

Por el punto A(-2, 1, 2)trazar un plano perpendicular al plano α (2, 5, 3) y al primer bisector y hallar la intersección de los tres planos.

Solución:

- Por A recta m perpendicular a α → encontramos las trazas de m.
- recta r → intersección de α con el primer bisector
- A partir de las trazas de la recta m, plano β perpendicular a la recta r.
- Intersección de α con β → s
- Intersección de los tres planos → I

06.3

Por el punto A (2, 2, 1) trazar un plano paralelo al definido por los puntos B (0, 6, 5), C (3, 2, 1) y D (-3, -1, 3) sin hallar las trazas del plano definido por los tres puntos. Hallar la distancia en verdadera magnitud entre los dos planos paralelos.

Solución:

- Por D recta horizontal del plano BCD
- Por C recta frontal del plano BCD
- Por A plano α definido por las rectas horizontal y frontal del plano definido por BCD
- Por B recta perpendicular al plano α → E punto intersección con α
- V.M. BE

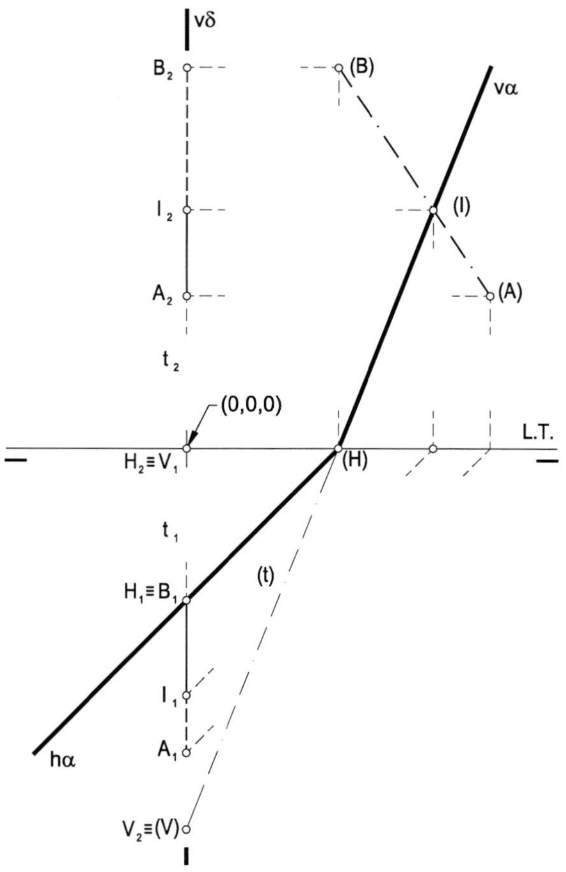

Fig. 06.1

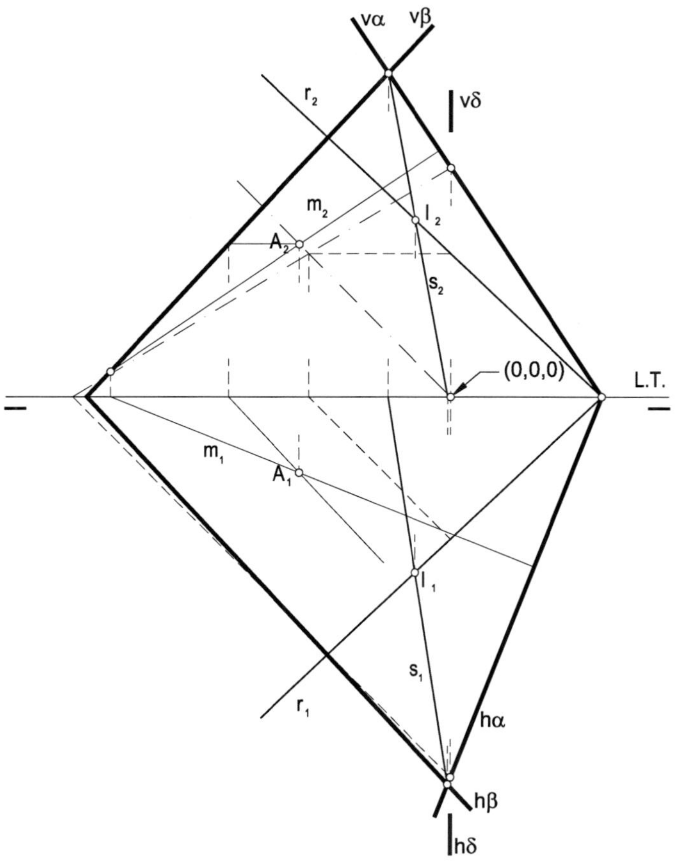

Fig. 06.2

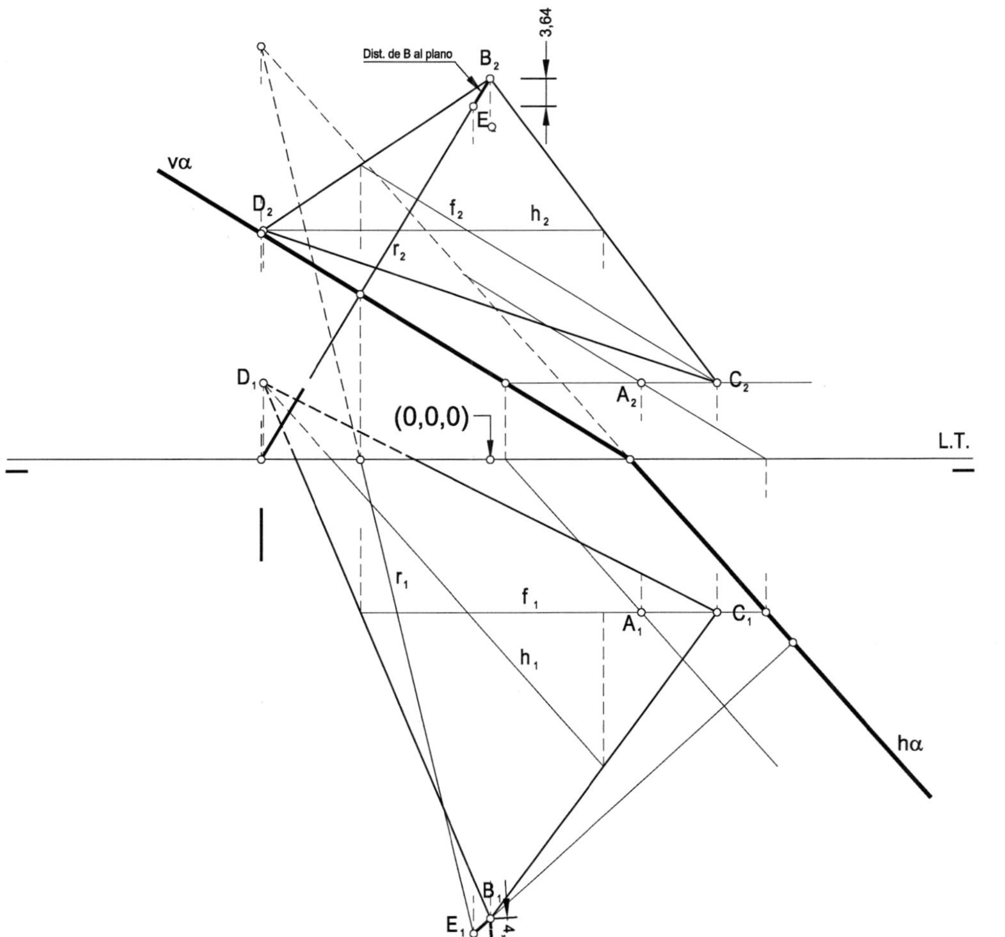

Fig. 06.3

07.1

Por el punto C (5, 1, 2) trazar una recta que se apoye en la L.T. y en la recta definida por A (2, 3, 4) y B (-4, 5, 1).

Solución:

- Abatimiento del plano de perfil δ que pasa por C para construir el plano (wγ) → L.T., punto C
- Proyección de la recta AB sobre el plano de perfil δ → (A), (B)
- Intersección del plano γ con la recta AB → I
- Recta solución → IC

07.2

Trazar la perpendicular común y hallar la mínima distancia entre las rectas r, definidas por A (0, 6, 6) y B (-6, 4, 0), y la s; C (4, 0, 6), D (0, 3 .0).

Solución:

- Por C recta paralela a r
- Plano α definido por m y s
- Por A recta perpendicular al plano α
- E punto intersección con el plano α → mínima distancia
- Por E_1 recta paralela a r
- Por F_1 recta paralela a A_1-E_1 → perpendicular común

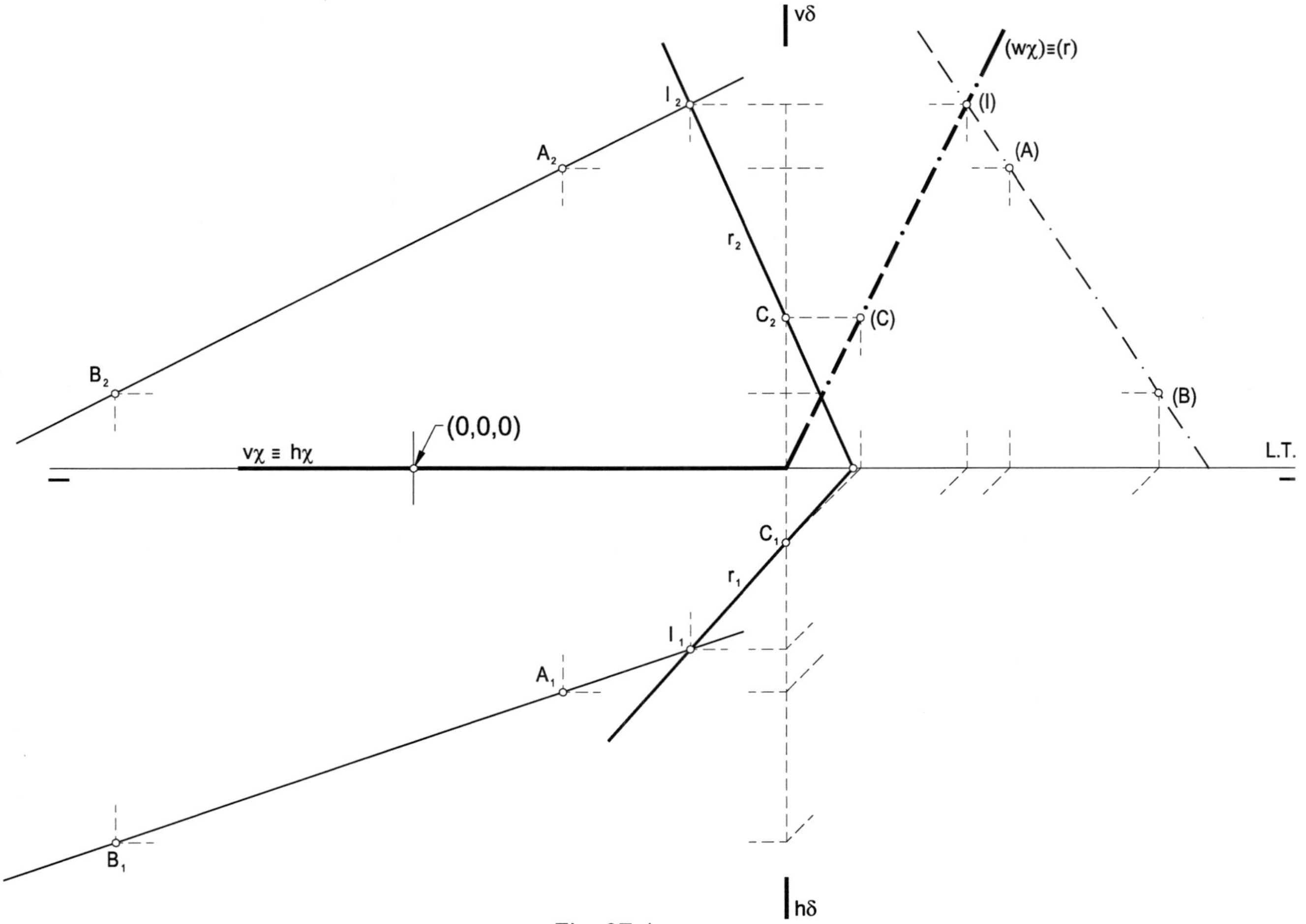

Fig. 07.1

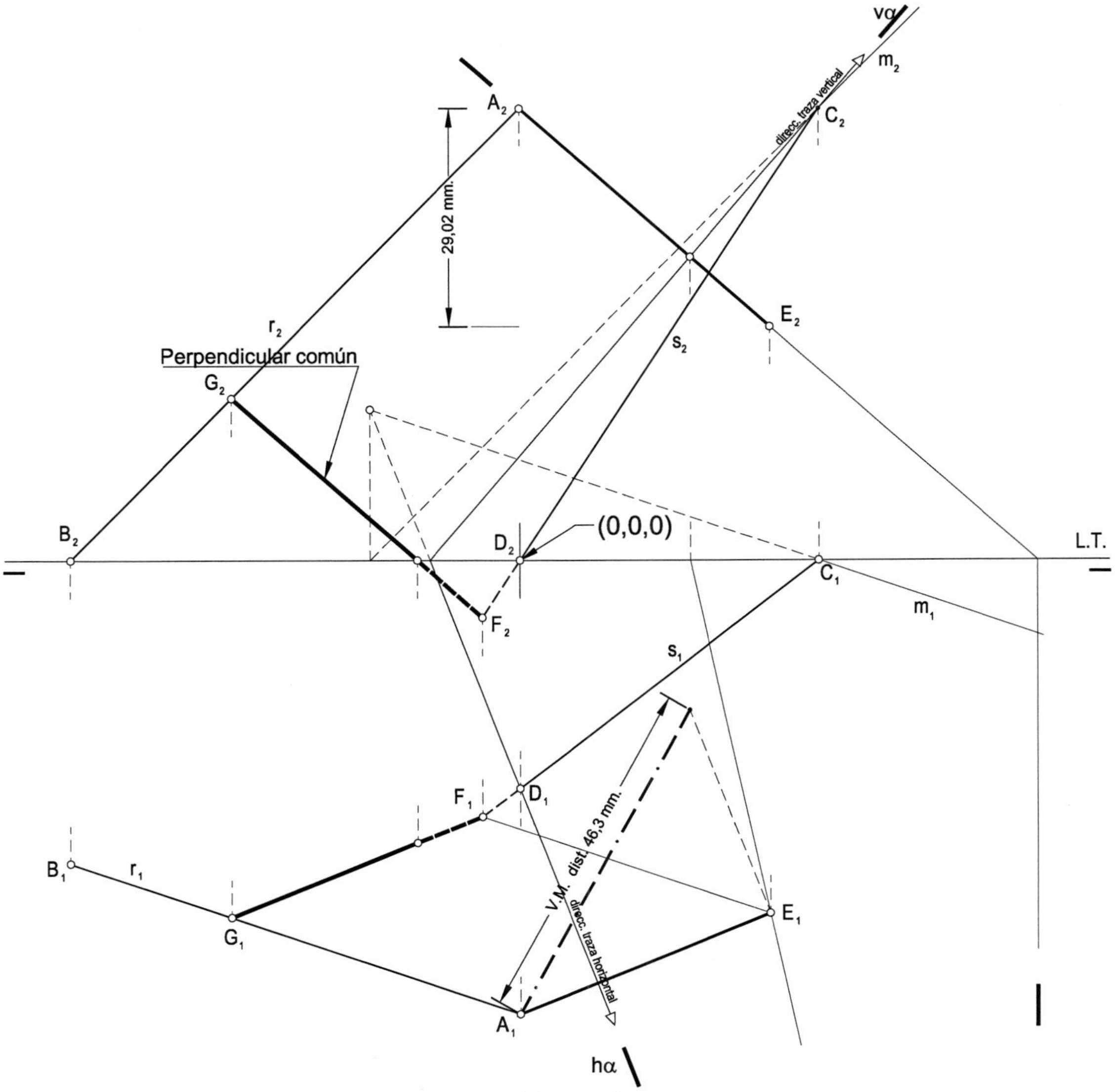

Fig. 07.2

08.1

Hallar la intersección de la recta AB con el primer bisector. Dibujar la recta AB con partes vistas y ocultas sabiendo que tanto los planos de proyección como el primer bisector son opacos, A (0, 3, 2) y B (0, 1, 5).

Solución:

- Abatimiento del plano de perfil δ sobre el P.V.
- Punto I intersección de la recta r con el 1er bisector
- Partes vistas y ocultas de r

08.2

Por el punto A (-1, 2, -3) trazar un plano perpendicular a los planos α (-4, 4, 3) y al definido por la L.T. y el punto B (0, 2, 3).

Solución:

- Intersección de los planos α y $\gamma \rightarrow$ m, a partir del abatimiento de un plano de perfil $\delta \rightarrow$ P.V.
- Plano β perpendicular a la recta m por el punto A

08.3

Los puntos A (0, 6, 5), B (3, 3, 1) y C (-3, 3, 2) definen un plano β. Dibujar el plano simétrico del β con respecto la plano α (-4, 4, 3).

Solución:

- Trazas del plano $\beta \rightarrow$ definido por A, B, C
- Recta i $\rightarrow$ intersección de los planos α y β
- Por ABC rectas (direcciones) perpendiculares al plano α hasta la recta intersección i
- A', B', C' puntos simétricos respecto a la recta i

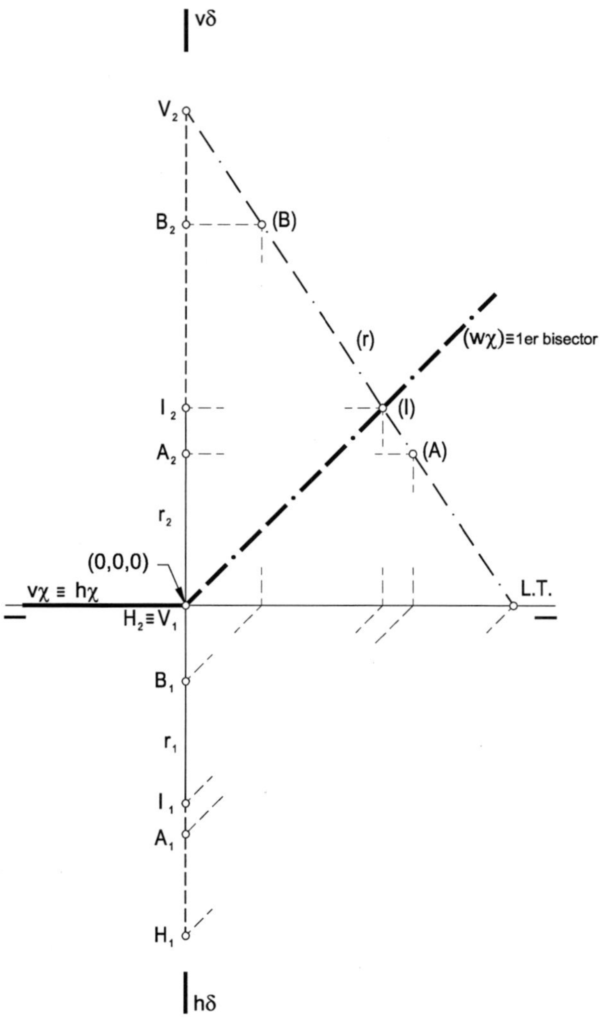

Fig. 08.1

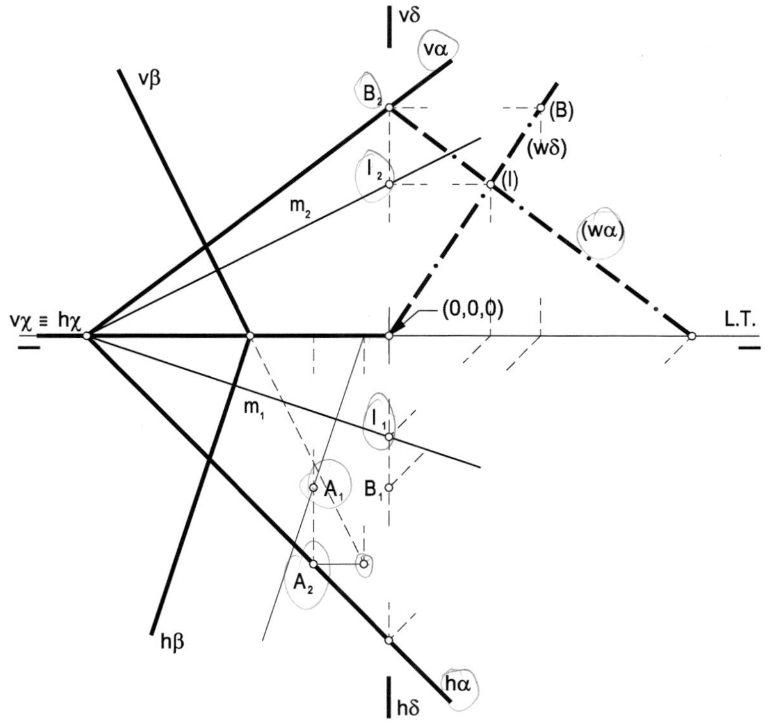

Fig. 08.2

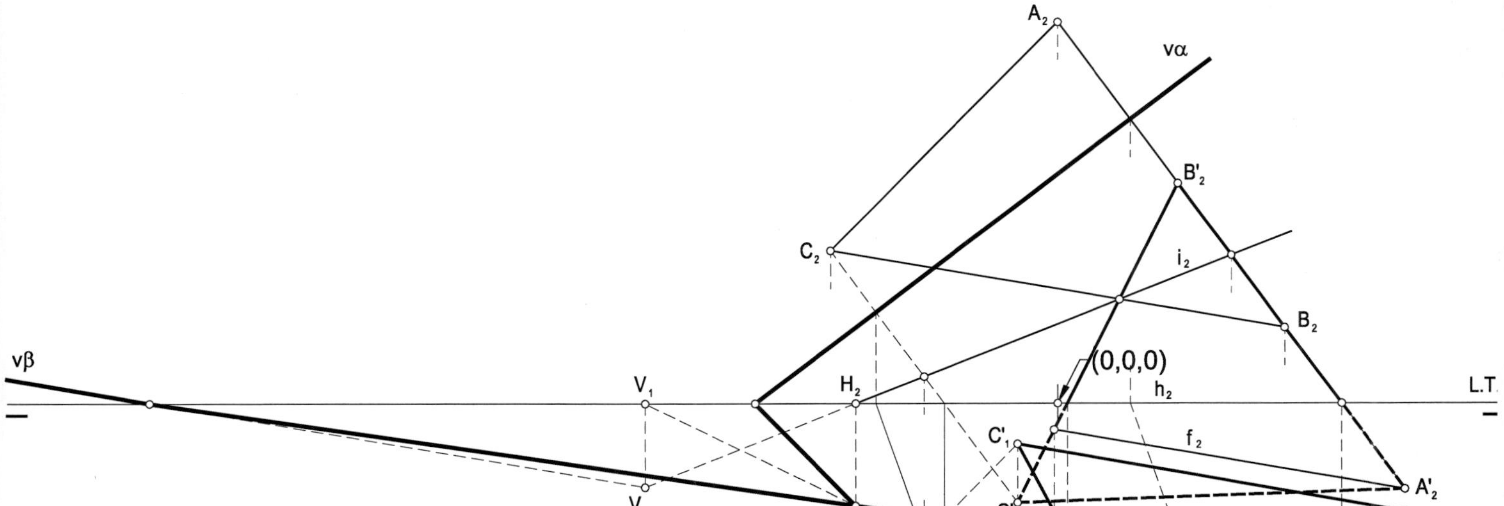

Fig. 08.3

09.1

Hallar la distancia del punto D (2, 4, 1) al plano definido por los puntos A (2, 5, 6), B (4, 3, 2) y C (-2, 1, 1).

Solución:

- Recta horizontal h y recta frontal f del plano definido por ABC
- Por D_1 → proyección horizontal de la recta solución perpendicular a h_1
- Por D_2 → proyección vertical de la recta solución perpendicular a f_2
- Intersección de la recta solución con el plano ABC → punto I

09.2

Por el punto A (-2, 2, 2) trazar el plano perpendicular al plano que pasa por L.T. y el punto I (0, 3, 2) y el plano de perfil que pasa por el punto I. Hallar la intersección de los tres planos.

Solución:

- Abatimiento del plano de perfil β sobre el P.V. y obtenemos → (A), (C), (I)
- Construcción en el abatimiento del plano LT. punto C → (wγ)
- Por (A) plano (wα) perpendicular a (wγ)
- Desabatimiento del plano α, teniendo en cuenta que es perpendicular al β

09.3

Por el punto A (0, 4, 3) trazar una recta que sea paralela al plano α(-4, -6, 3) y que se apoye en la recta B (-4, 4, 5) C (3, 2, 1).

Solución:

- Por el punto A plano β paralelo al plano α
- Intersección de la recta BC con el plano β → punto I
- Recta solución → AI

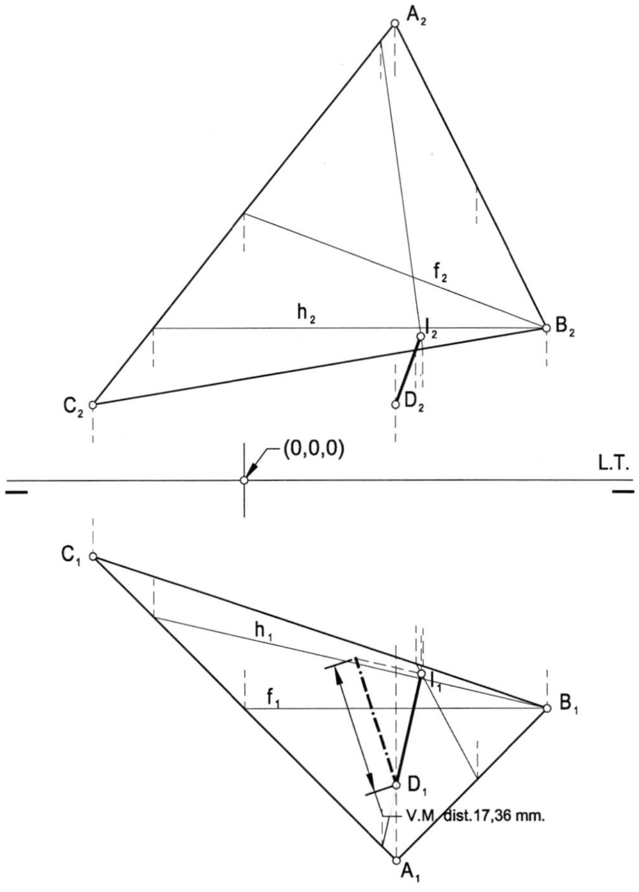

Fig. 09.1

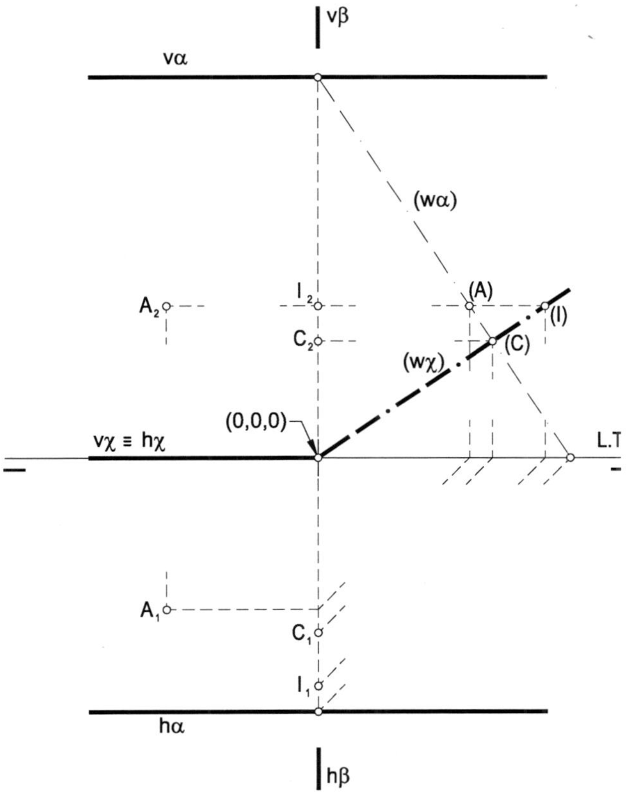

Fig. 09.2

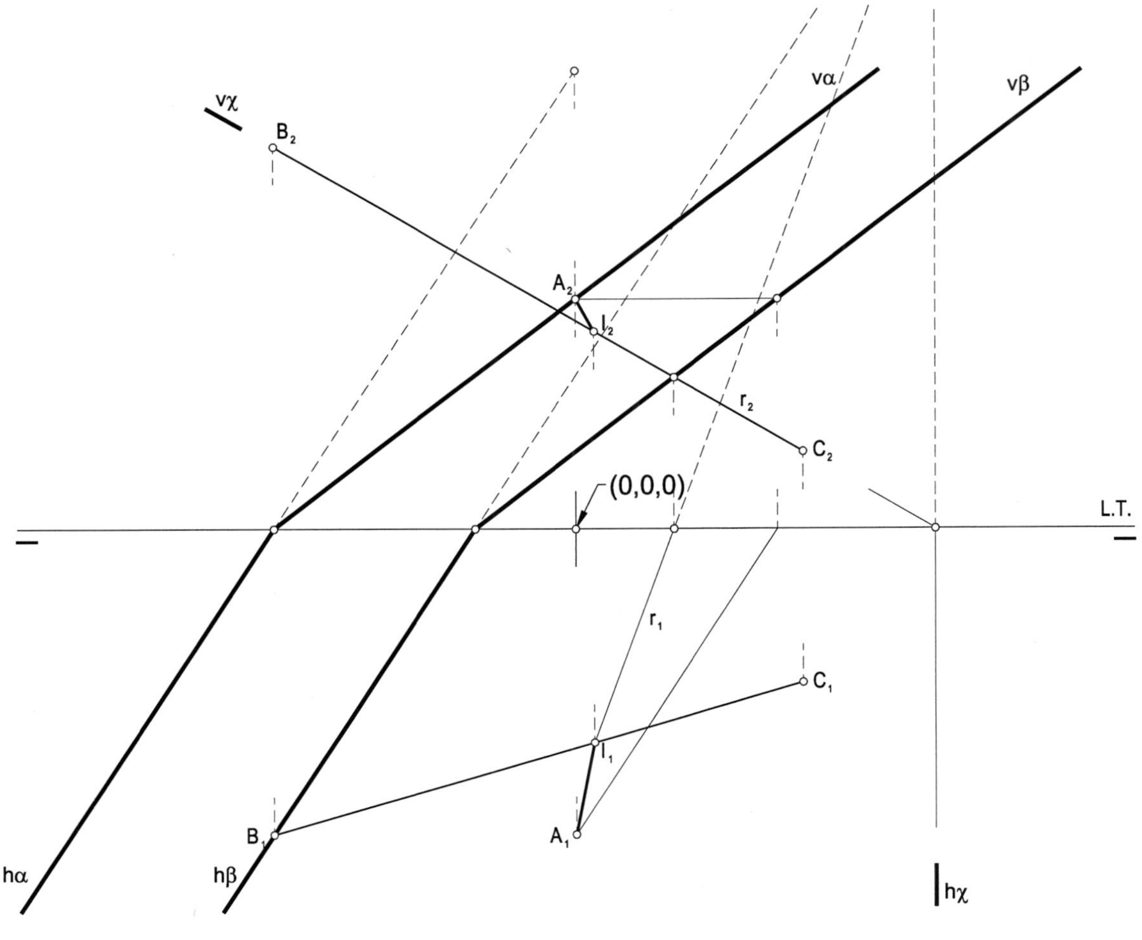

Fig. 09.3

10.1

Trazar una recta de perfil que se apoye en las rectas AB y CD, y que con la recta AB defina un plano paralelo a la L.T., siendo A (2, 1, 3), B (-3, 2, 1), C (-5, 1, 2), D (1, 6, 1).

Solución:

- Buscamos las trazas de la recta AB → H, V
- Plano α paralelo a la L.T. que pasa por las trazas de la recta AB
- Punto Intersección del plano α con la recta CD → I
- Plano de perfil β que pasa por el punto I
- Intersección de la recta AB con el plano β → M
- Construcción de la recta de perfil u solución que pasa por (I), (M) y pertenece al plano α

10.2

Hallar el camino más corto entre la ciudad A (-5, 4, 3) y la ciudad B (3, 2, 5) pasando por un punto de la carretera C (-3, 1, 2), D (5, 1, 2).

Solución:

- Plano de perfil β por el punto B
- Abatimiento de los puntos A, B, C, D sobre el plano β
- Recta que desde (C) ≡ (D) hasta el punto medio de (A), (B) → (I) - (I')
- Desabatimiento de los puntos anteriores → I, I'
- Solución → segmentos AI, IB

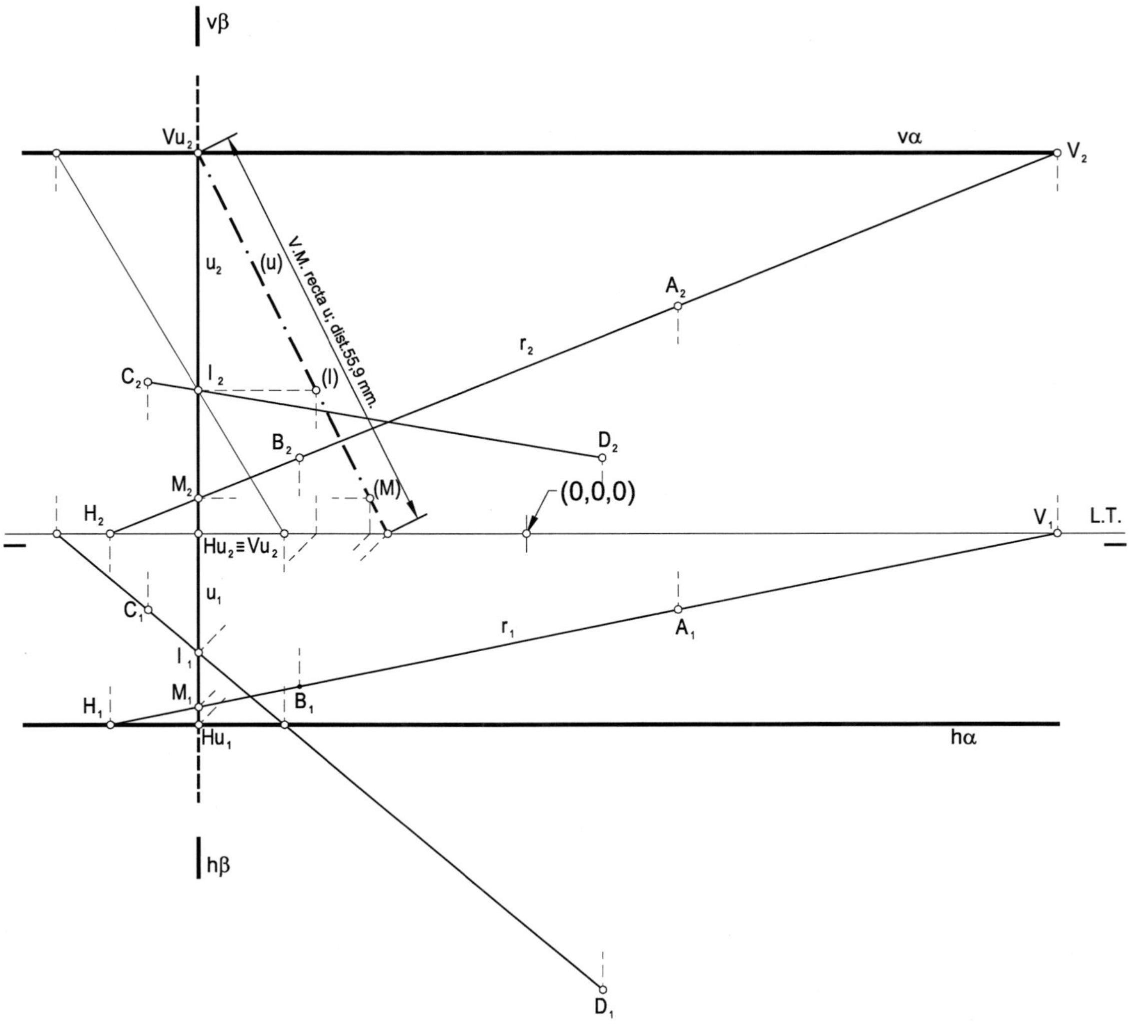

Fig. 10.1

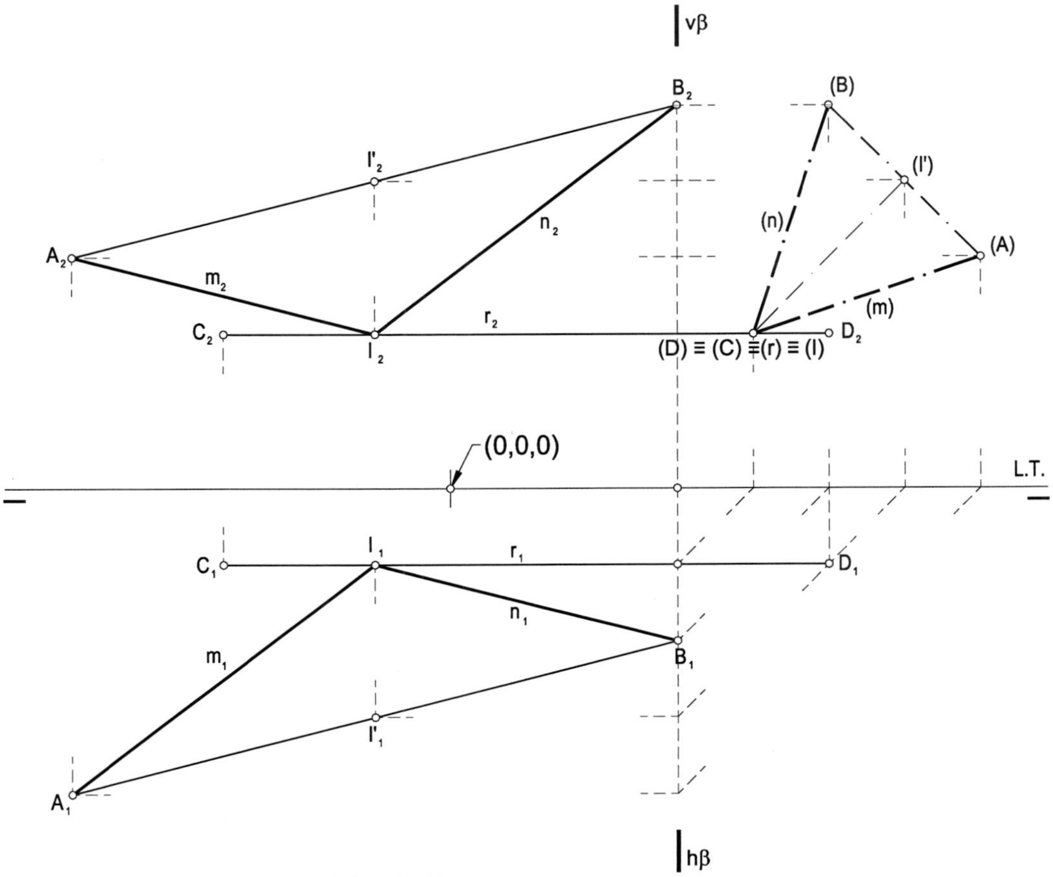

Fig. 10.2

11.1

Hallar la distancia desde el punto A (-2, 3, 5) a la recta definida por los puntos B (2,1,2) y C (2, 3, 0).

Solución:

- Plano de perfil β que contiene a los puntos B y C
- Abatimiento del plano β sobre el P.V. → (B), (C) y (A) proyectado sobre β
- Recta m desde (A) perpendicularmente a (r) → (I)
- Desabatimiento del punto (I)
- Solución recta m → AI; → V.M. AI

11.2

Por el punto A (2, 2, 0) trazar una recta que sea paralela al plano α (-2, -2, 2) y al plano línea de tierra punto B (0, 2, 3). Hallar la intersección de la recta con el primer bisector y dibujarla con partes vistas y ocultas, sabiendo que tanto los planos de proyección como el primer bisector son opacos.

Solución:

- Recta i intersección de los planos α y β
- La recta i pasará por el punto D y por el punto C,→ que es el punto intersección de dos rectas horizontales que pasan por B y están contenidas en los planos α y β.
- Por el punto A, recta i' paralela a i
- I_1-I_2 → punto intersección con el 1er bisector, a partir de una recta simétrica a i'_2 con la L.T.
- Partes vistas y ocultas de la recta I'_2 - I'_1

11.3

Hallar un punto que equidiste de los puntos A (-5, 6, 1) y B (3, 2, 6) y que se encuentre a la vez en el plano vertical de proyección y en el plano horizontal de cota 4 cm. Hallar la distancia desde el punto hallado al punto A y B.

Solución:

- Plano α paralelo al P.H. de cota 4 cm
- Por M plano β perpendicular a la recta AB
- Intersección de los planos α y β → punto solución C
- V.M. → AC y BC

BASICOS

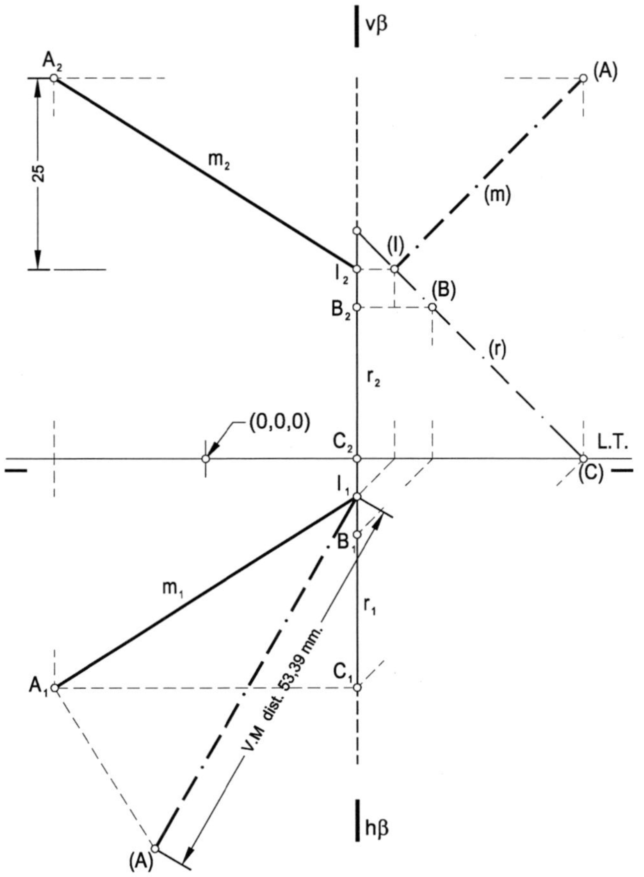

Fig. 11.1

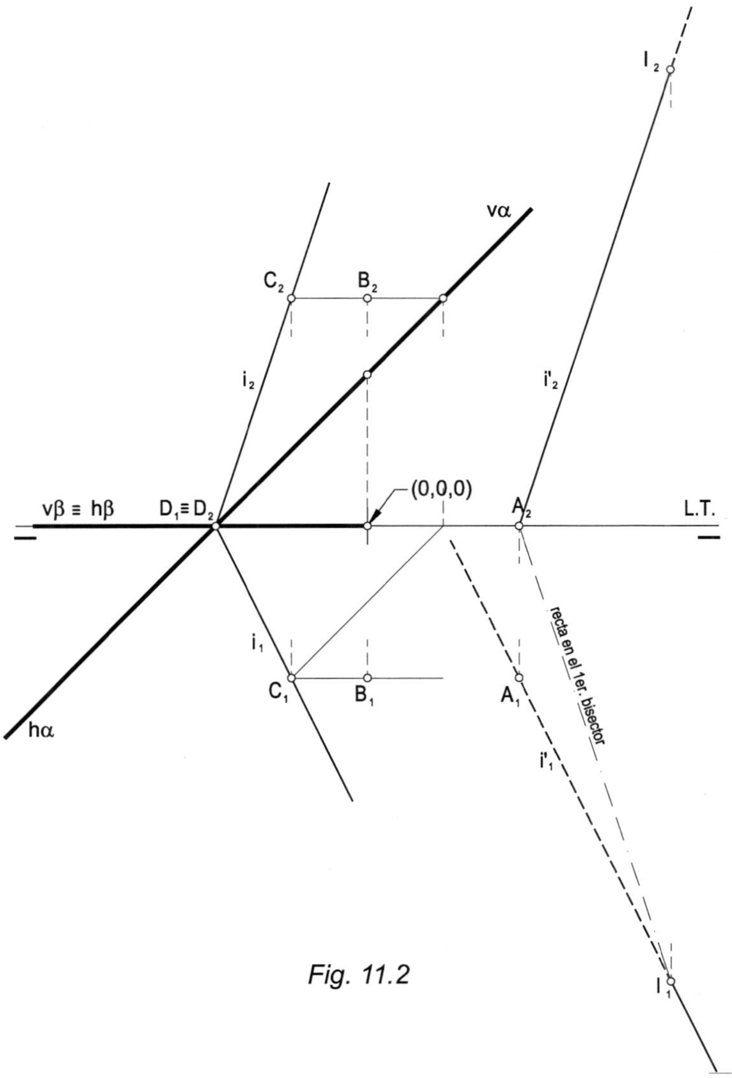

Fig. 11.2

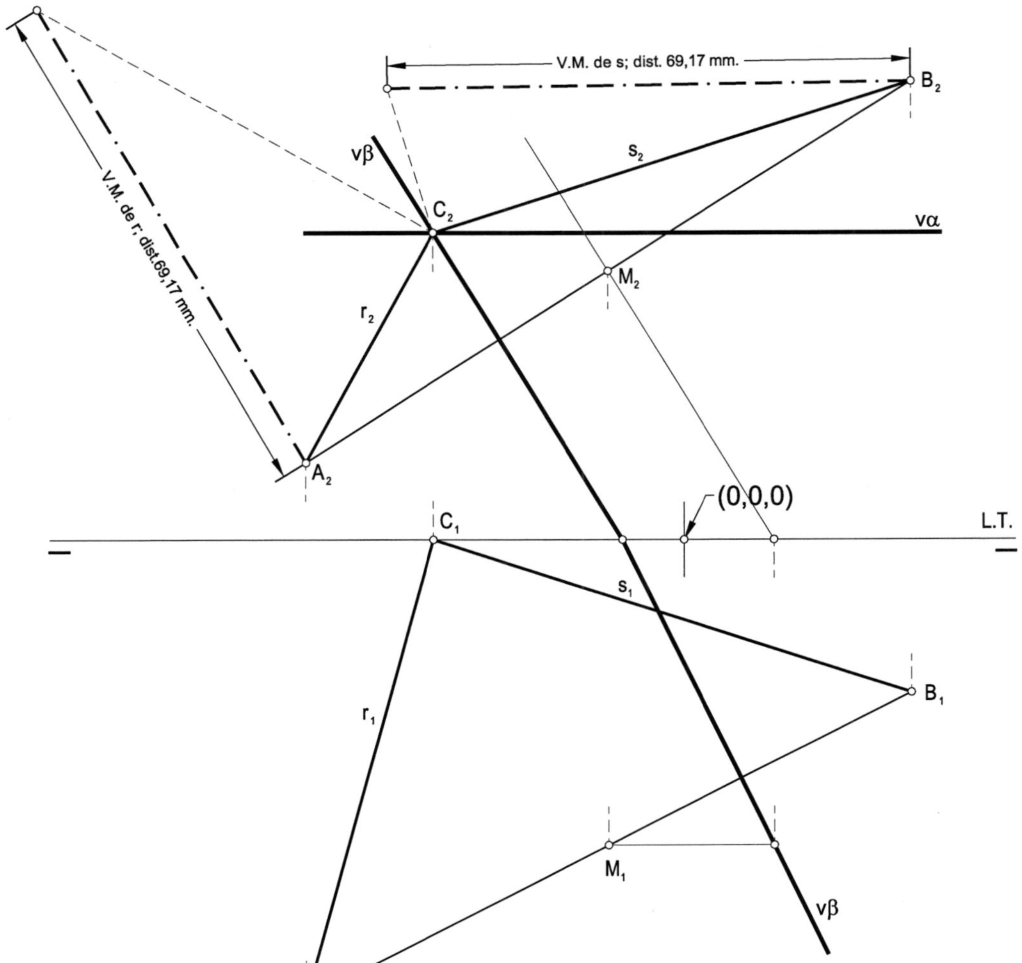

Fig. 11.3

12.1

Hallar la distancia del punto A (-3, -2, 4) a la recta BC. B (0, 2, 1), C (-4, 2, 1).

Solución:

- Plano de perfil β que contiene a los puntos B y C
- Abatimiento del plano β sobre el P.V. → (B), (C) y (A) proyectado sobre β
- Recta de perfil (A) - (M)
- V.M. de AM y desabatimiento de (M)

12.2

Hallar la intersección de los planos α (-3, 2, ∞), ß (2, 2, ∞) y el L.T. punto A (3, 5, -2).

Solución:

- Recta vertical r intersección de los planos α y β
- Recta m_1 contenida en γ y que pasa por r_1 hasta la LT. → m_2
- I_1 - I_2 → punto solución intersección de m con r

12.3

Por el punto A (-3, Y, 4) del plano α (∞, 3, 5), trazar una recta que pertenezca al plano α y que corte con la recta CD; C (4, 5, 3), D (0, 5, 0).

Solución:

- Construcción de α y posicionamiento del punto A_1 mediante una recta cualquiera de plano que pase por A_2
- Intersección de α con la recta CD → punto I
- Recta solución AI y partes vista y ocultas

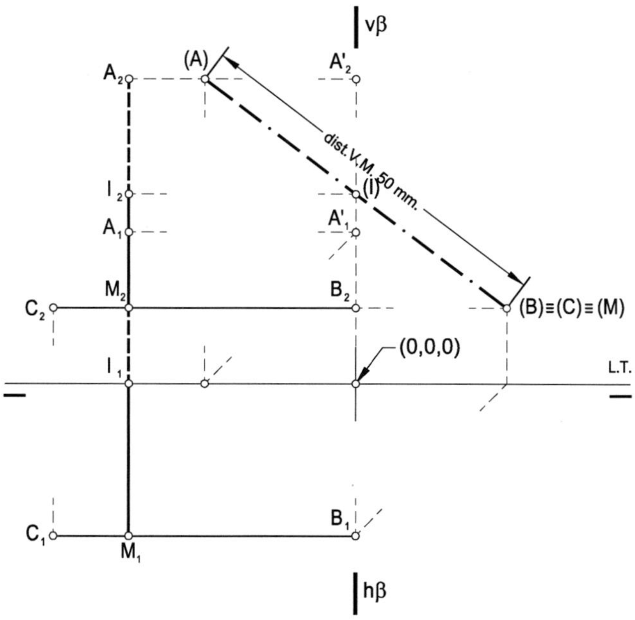

Fig. 12.1

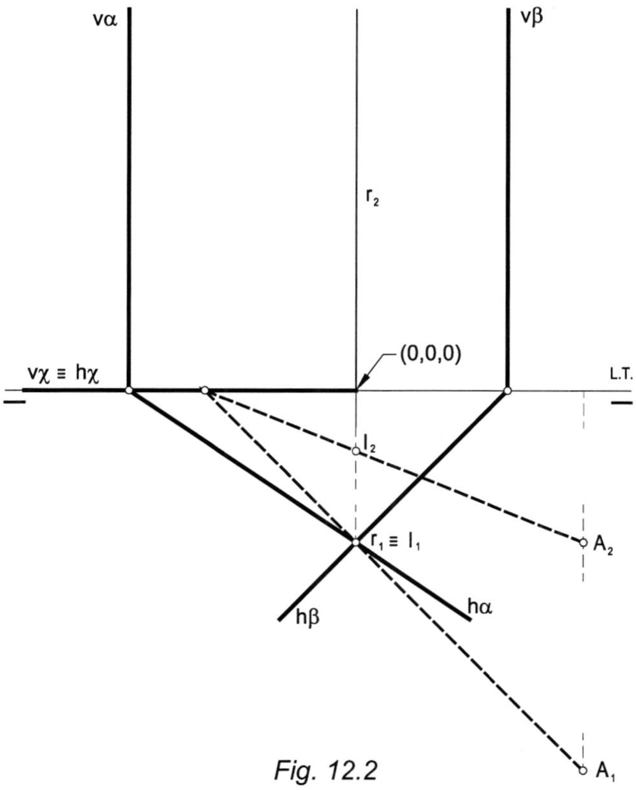

Fig. 12.2

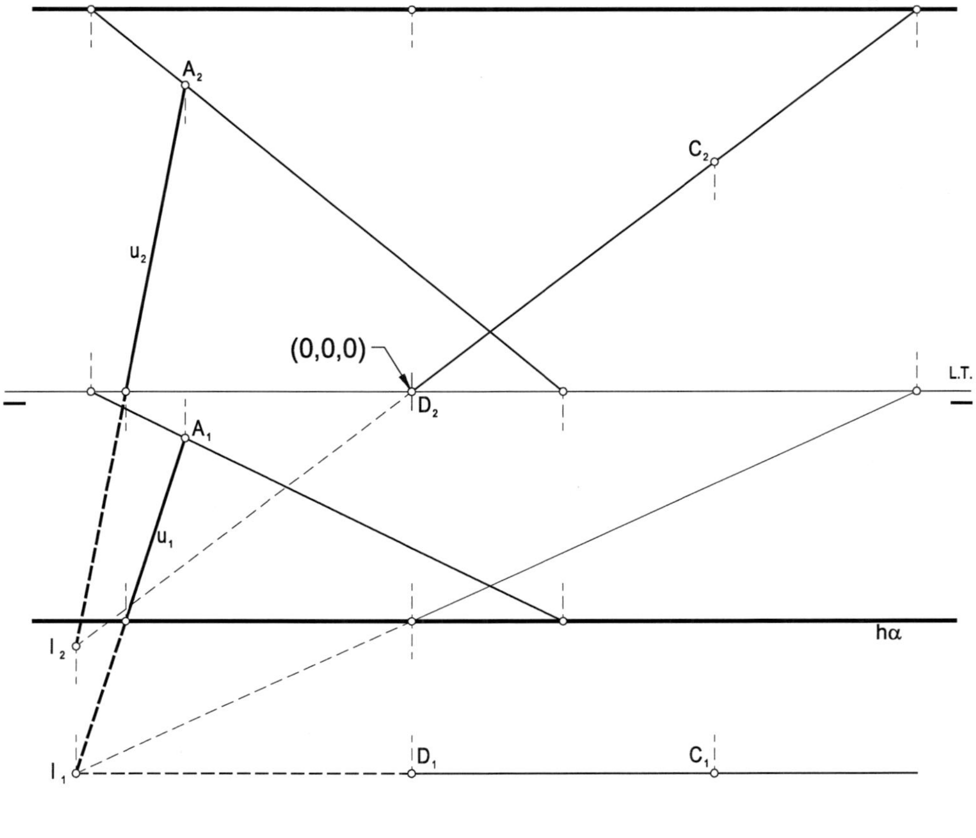

Fig. 12.3

13.1

En una finca existen dos tuberías r y s, cuyos ejes siguen la dirección recta AB y CD respectivamente, A (-6, 5, 6), B (-1, 3 ,0), C (2, 3 ,2) y D (6, 6, 6). Se desean unir ambas tuberías con otra cuya dirección sea paralela a la marcada por el punto A y el origen de coordenadas. Hallar la longitud de esta nueva tubería.

Solución:

- Recta AO → t
- Plano α definido por las rectas r y t
- N punto intersección del plano α con la recta s definida por los puntos C y D
- Por N recta solución paralela a t → NM
- V.M. de NM

13.2

Trazar la recta horizontal que se apoye en las rectas AB, DE y en la recta que pasa por el punto C y es paralela a la AB, siendo A (3, 2, 3), B (3, 5, 0), D (-1, 3, 1), E (-1, 0, 0) y C (0, 1, 2).

Solución:

- Plano α definido a partir de un plano de perfil β, con las rectas (A)-(B) y una paralela a ésta por (C)
- Plano de perfil γ que contiene a la recta DE
- Intersección del plano de perfil γ con la recta DE → punto I
- Recta horizintal solución h, que pasa por los puntos → I, F, G

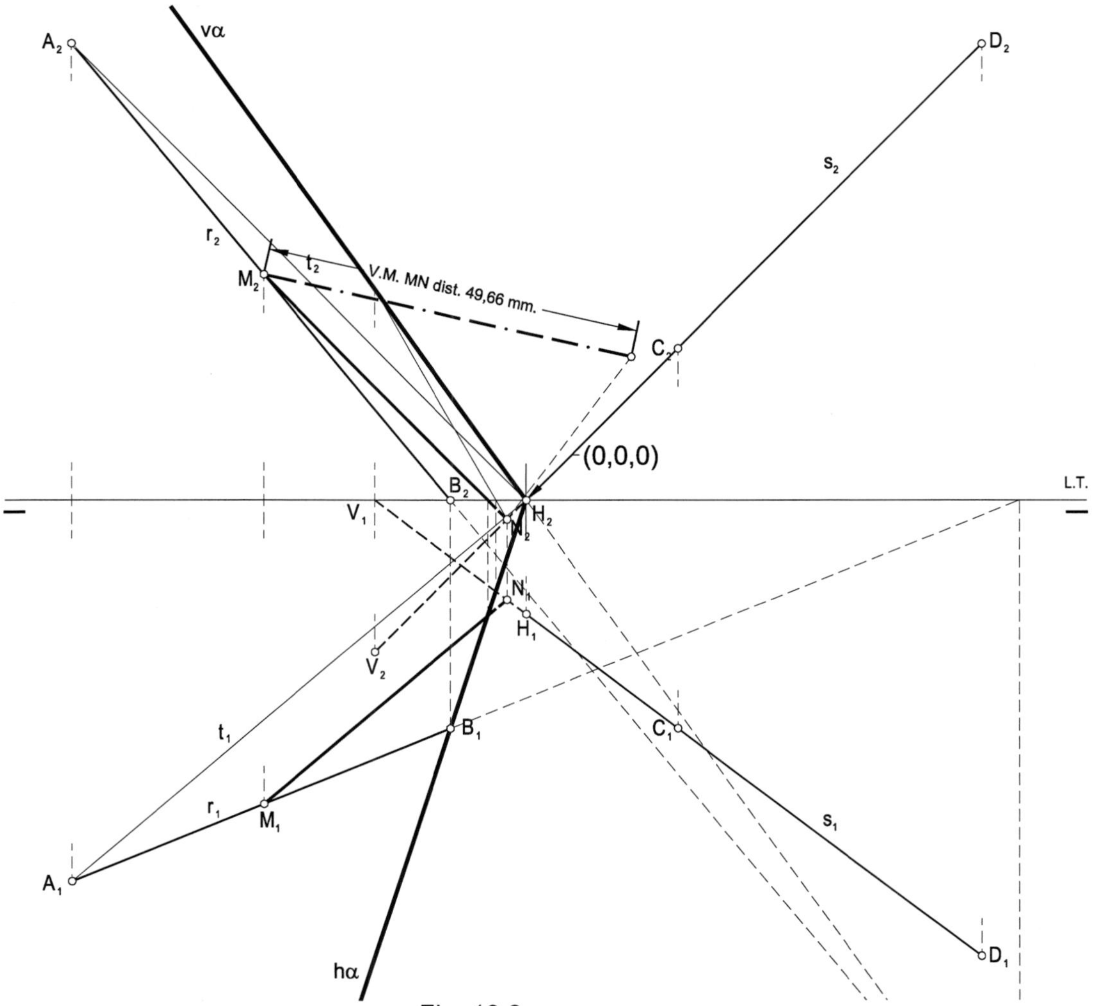

Fig. 13.2

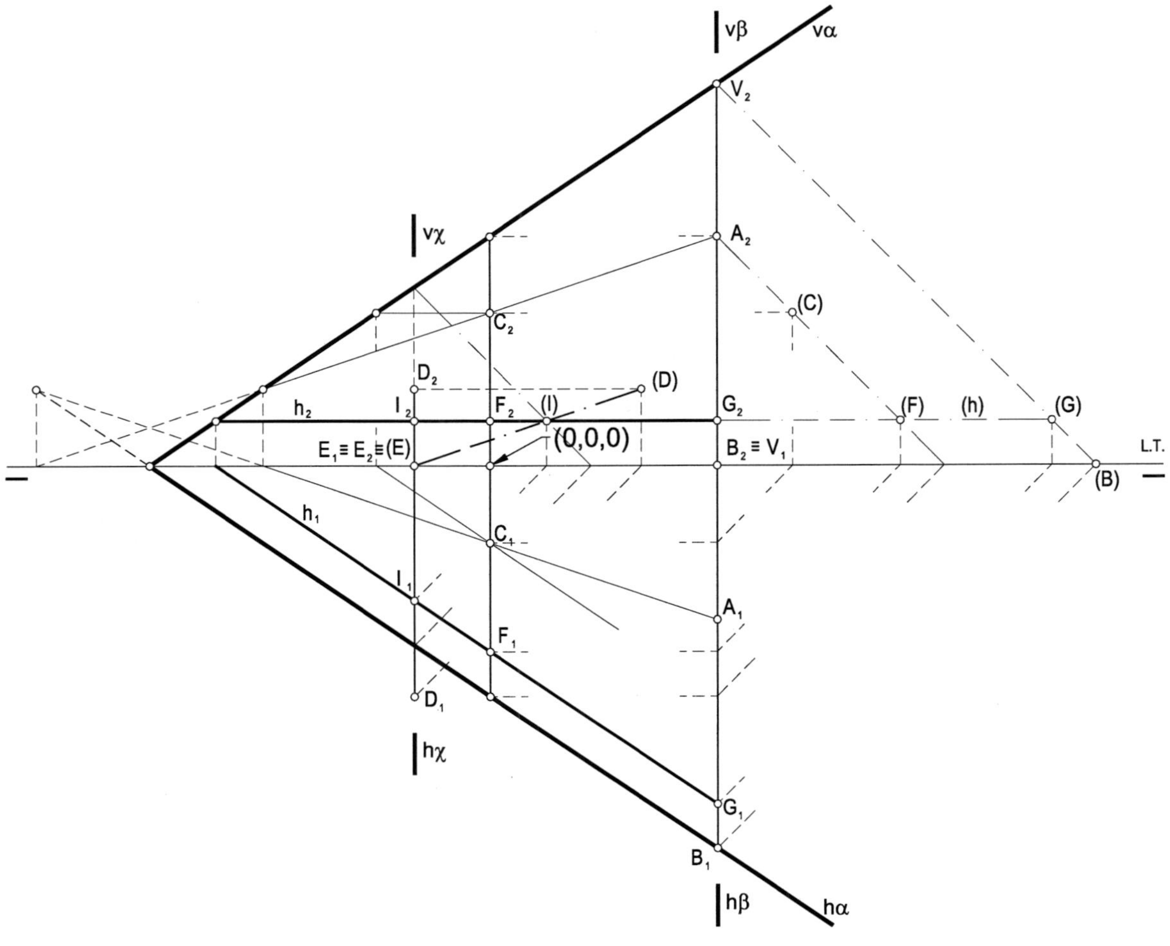

Fig. 13.2

14.1

Los puntos A (0, 0, 1) y B (0, 3, 4) definen una recta. Hallar la intersección de la recta AB con el plano α (3, 2, -6) y dibujarla con partes vistas y ocultas, sabiendo que tanto los planos de proyección como el plano α son opacos.

Solución:

- Plano de perfil β que contiene a la recta AB
- Recta m intersección de los planos α y β
- Intersección de (m) con la recta (A)-(B) → punto solución I
- Partes vistas y ocultas

14.2

Por el punto A (-1, 2, 3) trazar un plano perpendicular al α (-4, 3, ∞) y al plano que pasa por la línea de tierra y el punto B (2, 2, 4). Hallar el punto de intersección de los tres planos.

Solución:

- Recta intersección entre el plano α y el L.T. punto B → i
- A partir de una recta frontal que pase por A construimos el plano γ perpendicular a i

14.3

Hallar un punto situado en el plano α definido por los puntos A (0, 2, 6), B (-5, 6, 3), C (3, 3, 2), que equidiste de los puntos D (-3, 5, 6) y E (2, 2, 1) y que se encuentre en el plano vertical de proyección. Comprobar que la distancia del punto obtenido es equidistante del D y E, y obtener su valor. (No hallar las trazas del plano α.)

Solución:

- Por J plano δ perpendicular a la recta DE
- Intersección del plano δ con el plano definido por ABC
- Punto O solución
- Comprobar la igualdad de los segmentos OD y OE mediante su V.M.

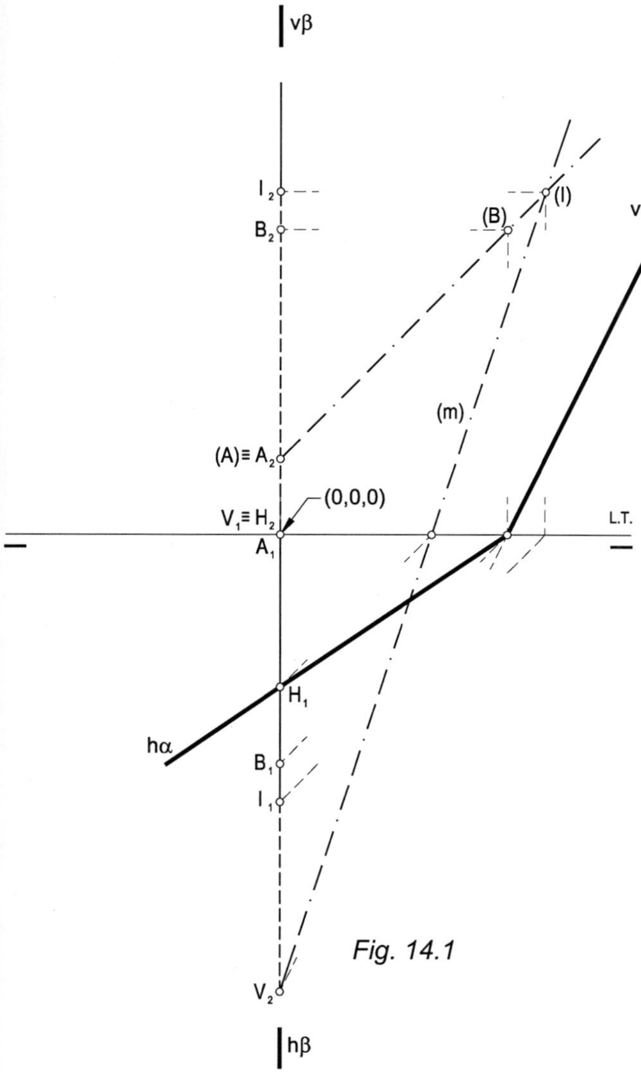

Fig. 14.1

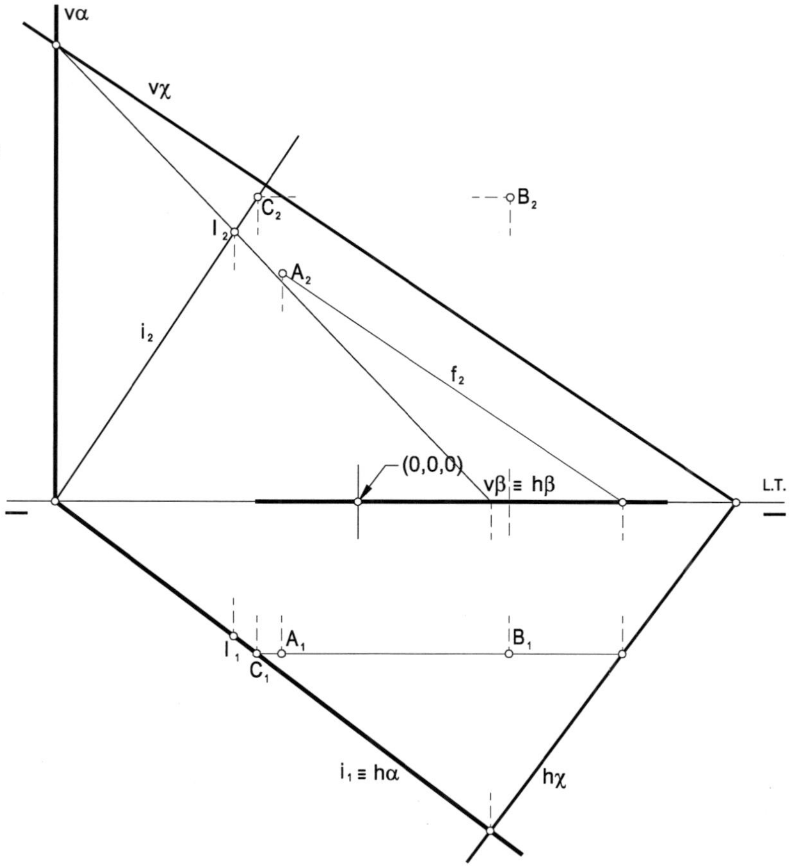

Fig. 14.2

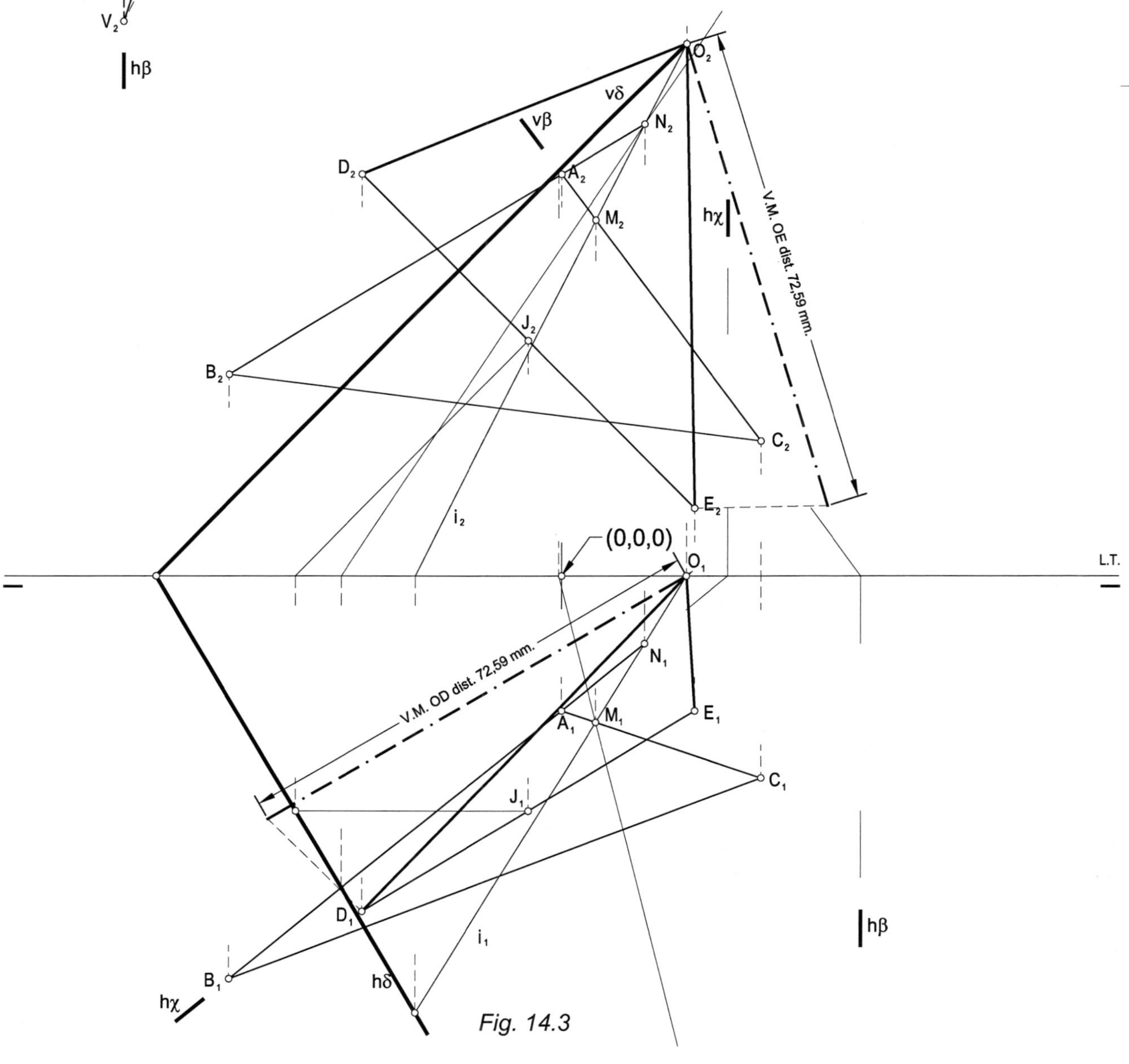

Fig. 14.3

15.1

Hallar la intersección de la recta A (0, 6, 1), B (0, 2, 4) con el plano α (2, 4, -4), y dibujar la recta AB con partes vistas y ocultas, sabiendo que el plano α y los planos de proyección son opacos.

Solución:

- Plano de perfil β que contenga a la recta AB
- Intersección del plano α y β → u
- Abatimiento sobre el P.V. de la recta AB y la recta u
- Intersección de (A)-(B) con (u) → (I)
- Desabatimiento del punto I y partes vistas y ocultas de la recta AB

15.2

Hallar el punto de intersección entre el plano α (-2, 1, -5), el plano β que pasa por línea de tierra y por el punto D (0, 2, 3) y el plano γ definido por los puntos; A (-3 ,2, 2), B (0, 1, 2) y C (2, 2, 2).

Solución:

- Intersección del plano α con el plano γ definido por ABC → recta h
- Intersección del plano β con el plano γ definido por ABC → recta paralela a la L.T. m
- Intersección de las rectas h y m → E punto solución

15.3

Por el punto A (0, 2, 3) trazar una recta que sea paralela al segundo bisector y ortogonal a la recta BC, siendo B (-3, 1, 4), C (2, 3, 1).

Solución:

- Por A plano α perpendicular a la recta BC
- Abatimiento del punto A mediante un plano de perfil sobre el P.V. → (A)
- Por (A) construcción de un plano β paralelo al 2º bisector → (wβ) y desabatimiento
- Intersección del plano α y β → r recta solución paralela al 2º bisector

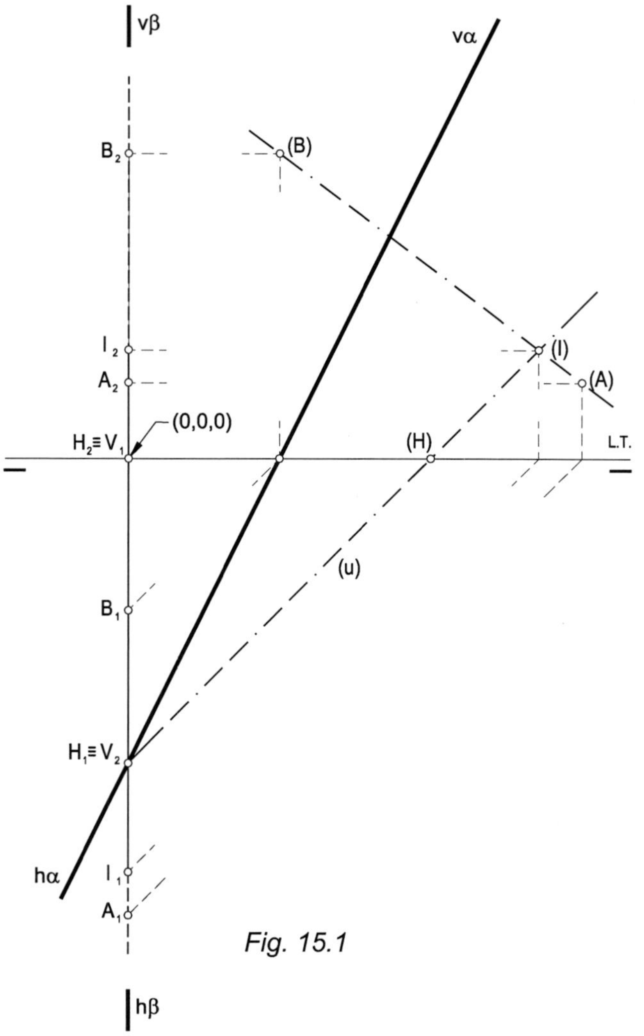

Fig. 15.1

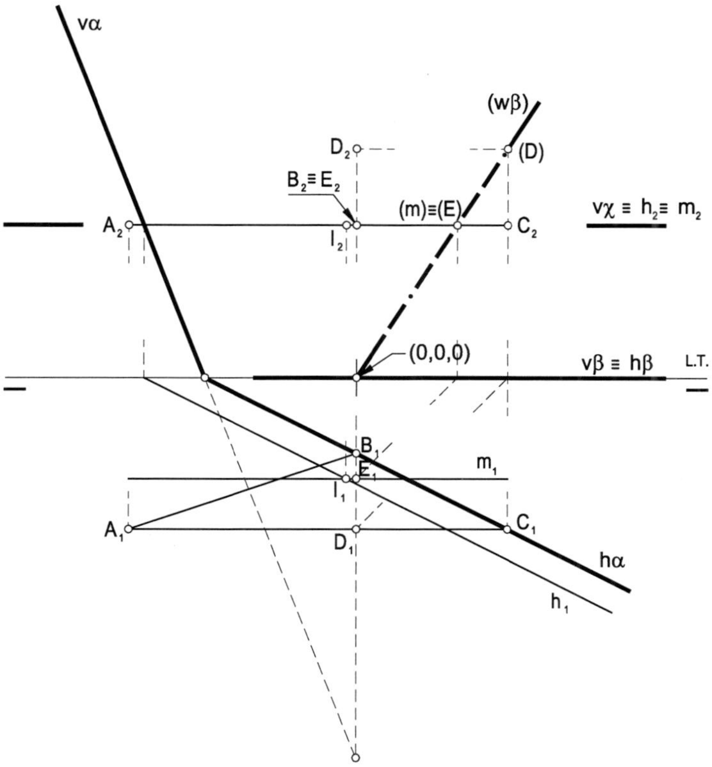

Fig. 15.2

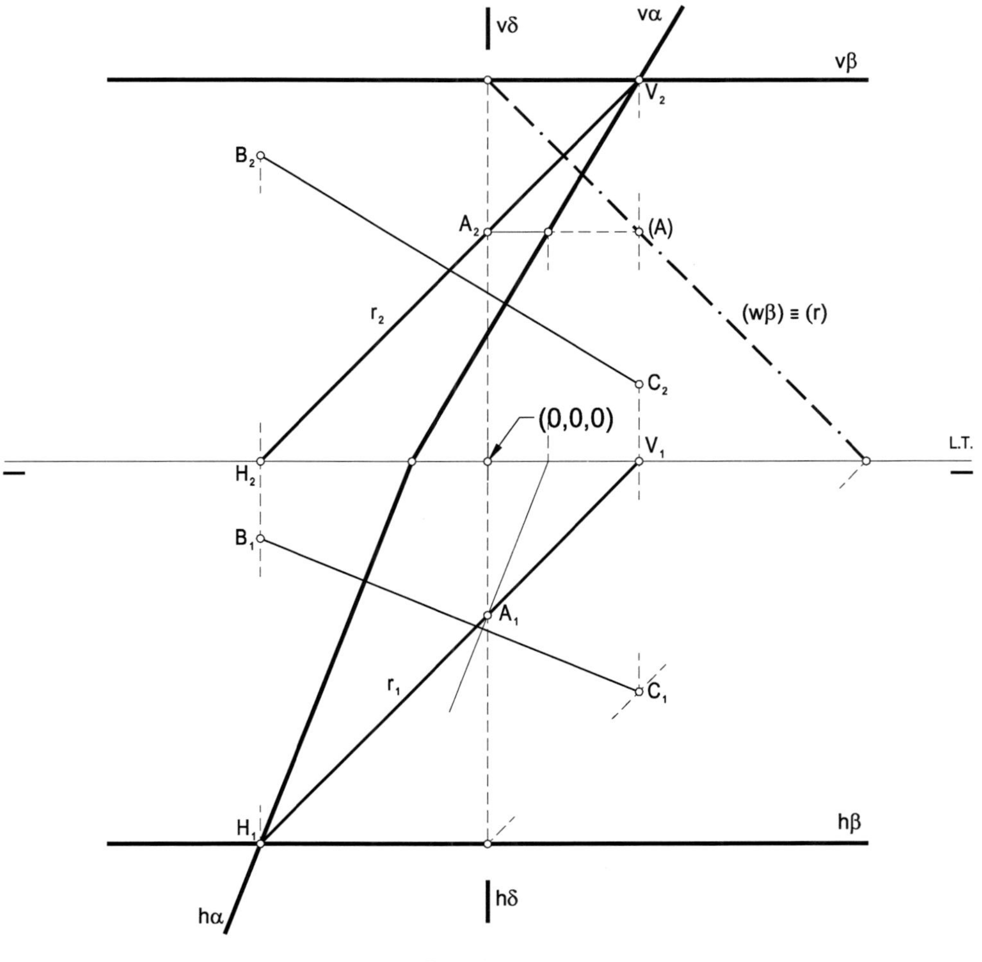

Fig. 15.3

16.1

Dado el punto A (0, 2, 3) y la recta B (-6, 5, 0) C (-1, 0 ,3), trazar un plano que equidiste del punto A, de la recta BC y que sea paralelo a la recta DE, siendo E (7, 1, 0), D (3, 0, 6).

Solución:

- Por A recta cualquiera que de corte con la recta BC → F
- M punto medio de AF
- Por M recta paralela a BC y recta paralela a DE
- Plano α solución, a partir de las trazas de las rectas anteriores que pasan por el punto M

16.2

Hallar la mínima distancia y la perpendicular común entre las rectas AB y CD siendo: A (-2, 1, 4), B (4, 3, 0), C (1, 2, 5) y D (-4, 4, 2).

Solución:

- Por A recta paralela a CD
- Plano α definido por r y t
- Por C recta perpendicular al plano α
- E punto intersección con el plano α → CE mínima distancia y V.M.
- Por E_1 recta paralela a s_1 hasta r_1 → F_1
- Por F_1 recta paralela a C_1- E_1 → F_1- G_1 perpendicular común

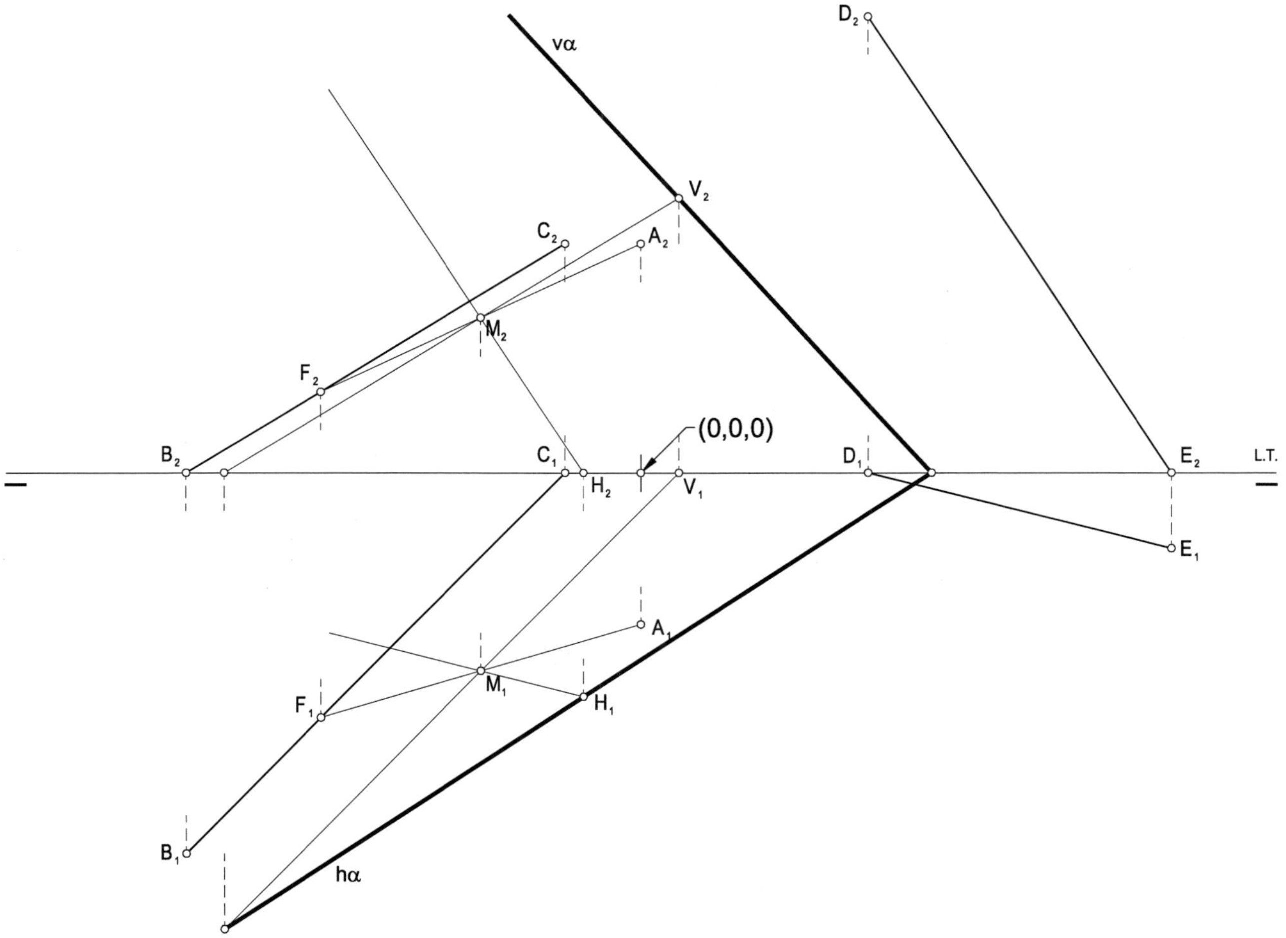

Fig. 16.1

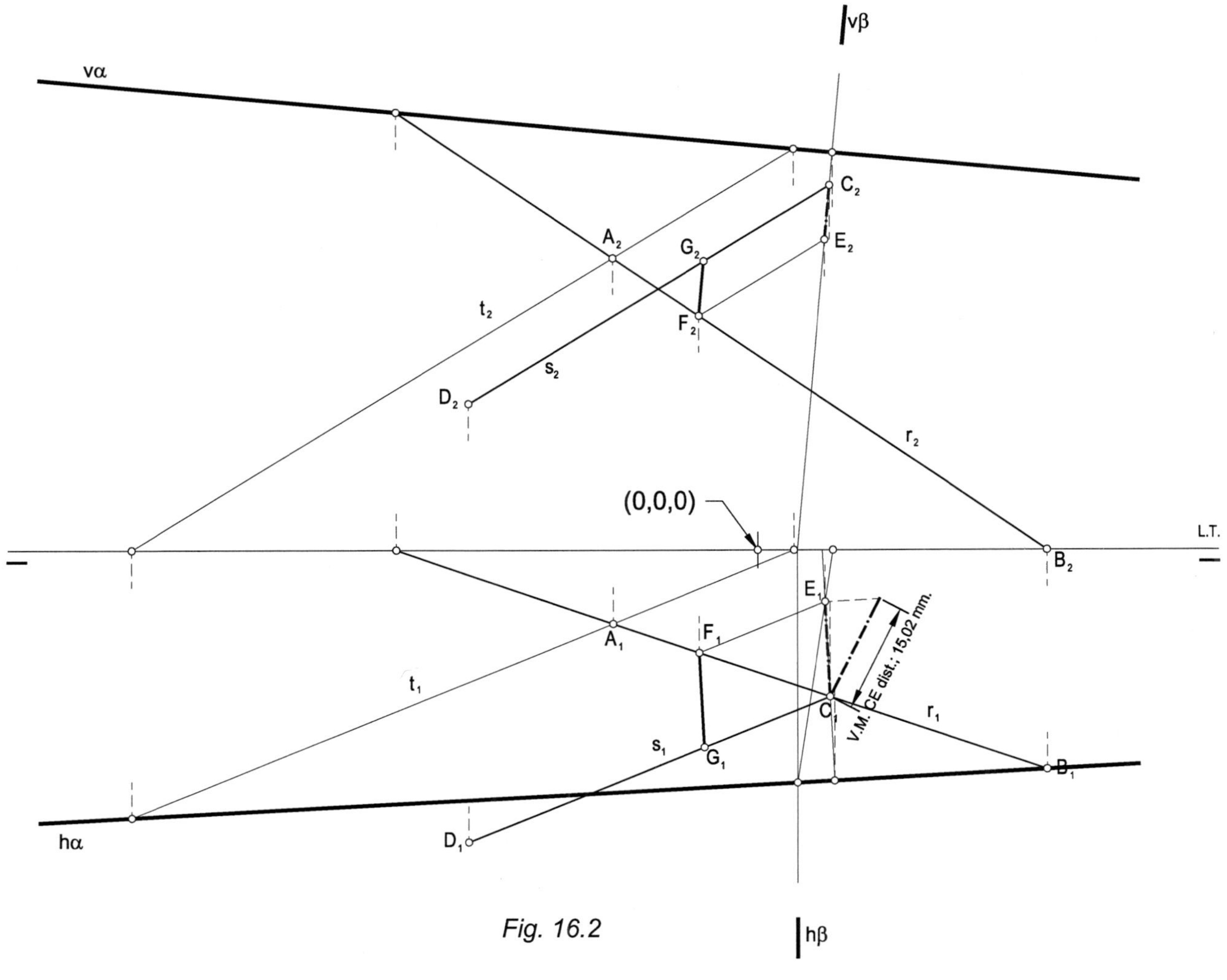

Fig. 16.2

17.1

Hallar el punto de intersección del segmento A (0, 3, 1), B (0, 1, 4) con el plano α (-2, -5, 2) y dibujar el segmento AB con partes vistas y ocultas, sabiendo que tanto el plano α como los planos de proyección son opacos.

Solución:

- Plano de perfil β que contiene a la recta AB y abatimiento sobre el P.V. → (A)-(B)
- Abatimiento de la recta intersección de los planos α y β definida por (H)-(V)
- Intersección de la recta AB con el plano α → punto I
- Partes vistas y ocultas de AB

17.2

Hallar el punto de intersección de los planos α (-3, 2, 5), ß (-3, 6, 5) y el contenido en L.T. y pasa por A (0, 2, 3).

Solución:

- Punto I, es el punto intersección de todas las trazas de los tres planos; α, β y δ.

17.3

El plano α está definido por los puntos A (0, 1, 5), B (-3, 6, 2) y C (2, 2, 2). Dibujar los planos paralelos al α que disten 3 cm sin hallar las trazas del plano α.

Solución:

- Recta horizontal h y recta frontal f del plano α definido por ABC
- Por M punto medio de BC recta perpendicular al plano α
- Medición de la equidistancia de 3 cm sobre la recta perpendicular → dist.; ME ≡ MD
- Plano parelelo al α por el punto E → plano β
- Plano parelelo al α por el punto D → plano γ

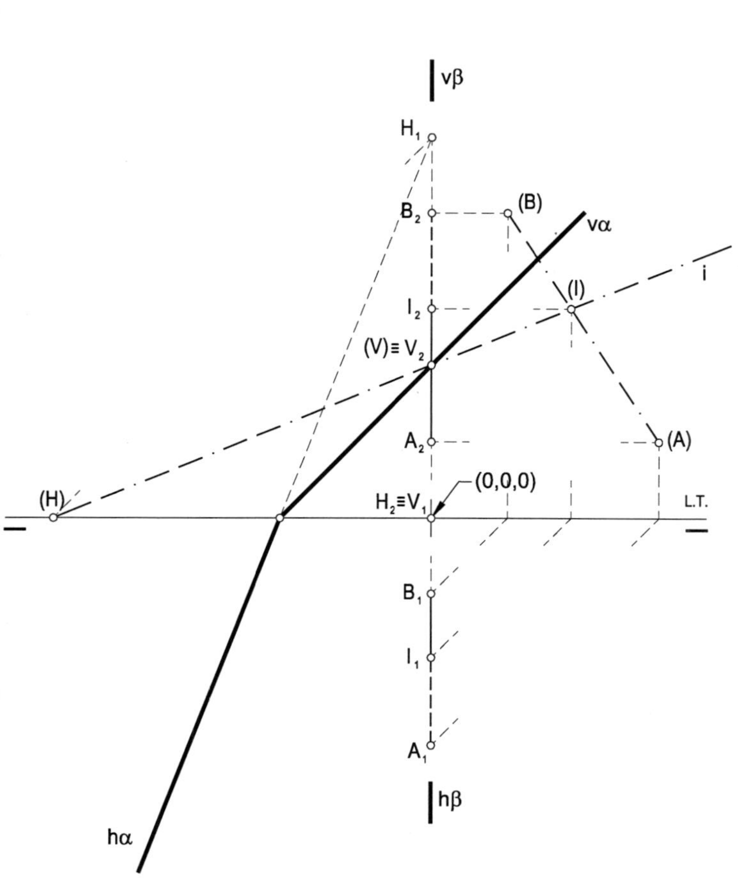

Fig. 17.1

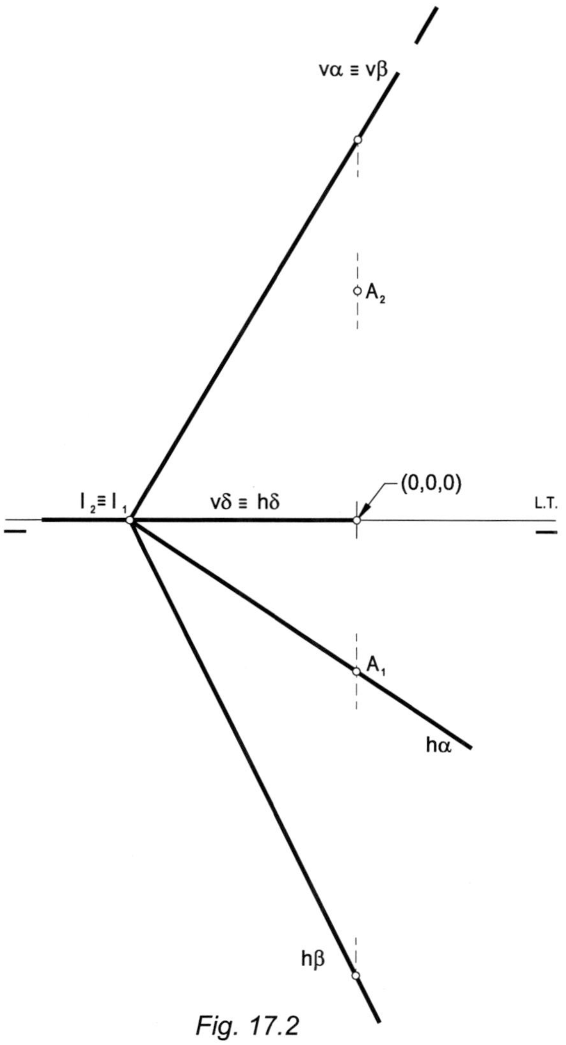

Fig. 17.2

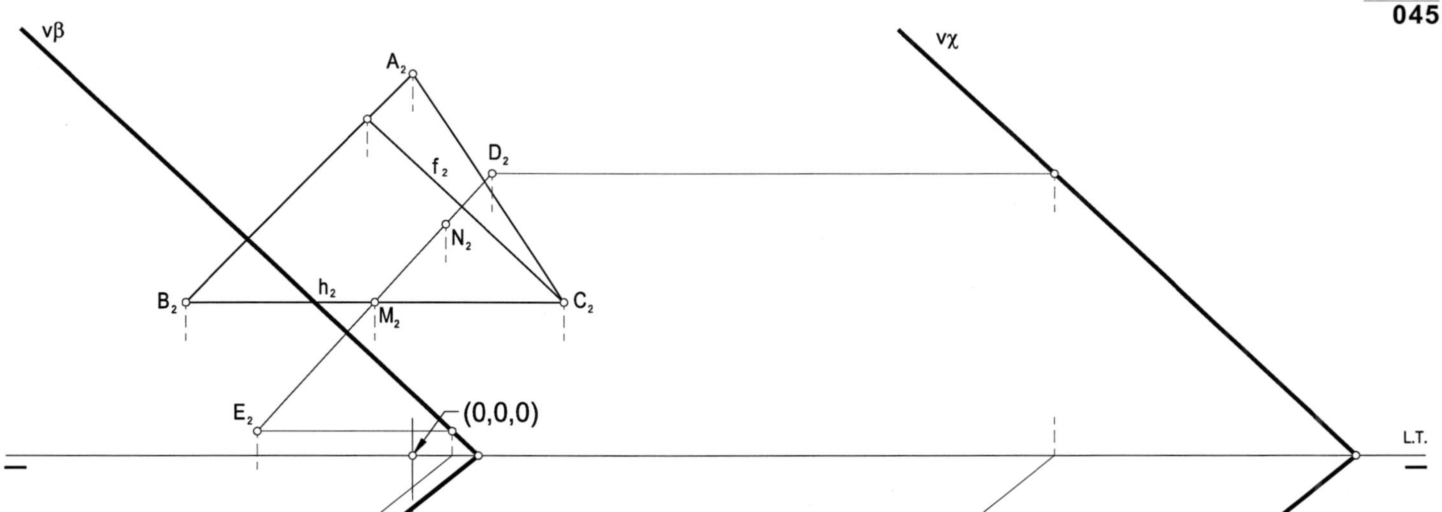

Fig. 17.3

18.1

Dado el punto A (2, 3, 4) y la recta BC, B (0, 4, 0), C (-5, 0, 5), trazar un plano que equidiste del punto y de la recta y sea perpendicular al segundo bisector.

Solución:

- Recta AD, siendo D el punto medio de BC
- M punto medio de AD
- Por M recta VH paralela a BC
- Construcción del plano α perpendicular al 2º bisector que pasa por M → las trazas del plano α se coinciden

18.2

Determinar el camino más corto que enlaza los vértices de los planos α (-5, 3, 4) y ß (3, 2, 6), sin salirse de ellos. Realizar una breve exposición de cómo se ha resuelto el ejercicio.

Solución:

- Recta i intersección de los planos α y β
- El camino más corto desde los vértices de los planos hasta la recta i son dos rectas perpendiculares a la recta i. Para ello colocamos un plano δ de perfil y lo abatimos sobre el P.V., y trazamos una recta perpendicular en el abatimiento desde los vértices hasta (A).
- Desabatimiento del punto (A) → A
- Construcción de la recta m y n desde los vértices de los planos α y β hasta el punto A
- Abatimiento del punto A sobre el P.V. para obtener la V.M. de las rectas m y n

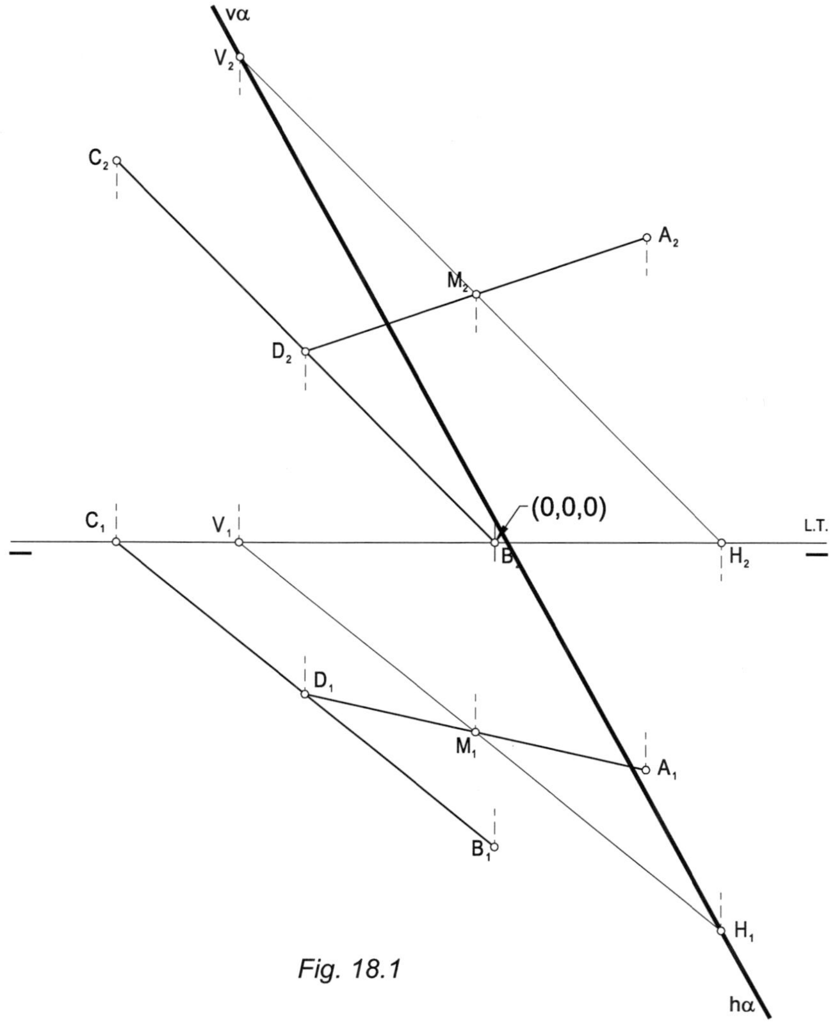

Fig. 18.1

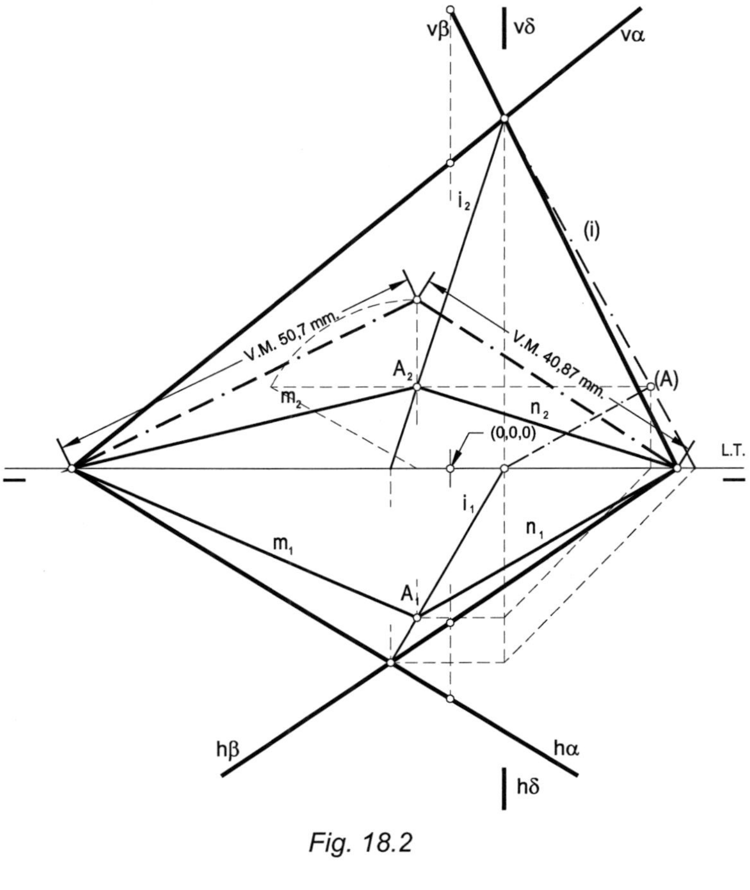

Fig. 18.2

19.1

Hallar la intersección del plano α (-2, -3, 3) con la recta AB, siendo A (0 2, 3) y B (0, 0, 6). Dibujar la recta con partes vistas y ocultas, sabiendo que tanto los planos de proyección como el plano α son opacos.

Solución:

- Plano de perfil β que contenga a la recta AB
- Intersección del plano α y β → i
- Abatimiento sobre el P.V. de la recta AB y la recta i
- Intersección de (A)-(B) con (i) → (I)
- Desabatimiento del punto I y partes vistas y ocultas de la recta AB

19.2

Hallar la intersección del plano α (4, 3, 4) y β (-2, -4, 3) y del plano que pasa por L.T. y el punto A (2, 4, 3).

Solución:

- Recta r intersección de α y β
- Construcción de un P.H. δ por A
- Punto intersección de α, γ, δ → B
- Recta t intersección de α y γ
- Intersección de los planos α, β, γ, o bien intersección de las rectas r y t → punto solución I

19.3

Trazar dos planos paralelos a 3 cm de distancia, del plano γ definido por los puntos A (-1, 6, 5), B (2, 2, 1) y C (-4, -1, 3), sin hallar las trazas del plano definido por los tres puntos.

Solución:

- Recta horizontal h y recta frontal f del plano γ definido por ABC
- Por B recta perpendicular al plano γ
- Medición de la equidistancia de 3 cms. sobre la recta perpendicular → dist.; BD ≡ BE
- Plano parelelo al γ por el punto E → plano β
- Plano parelelo al γ por el punto D → plano α

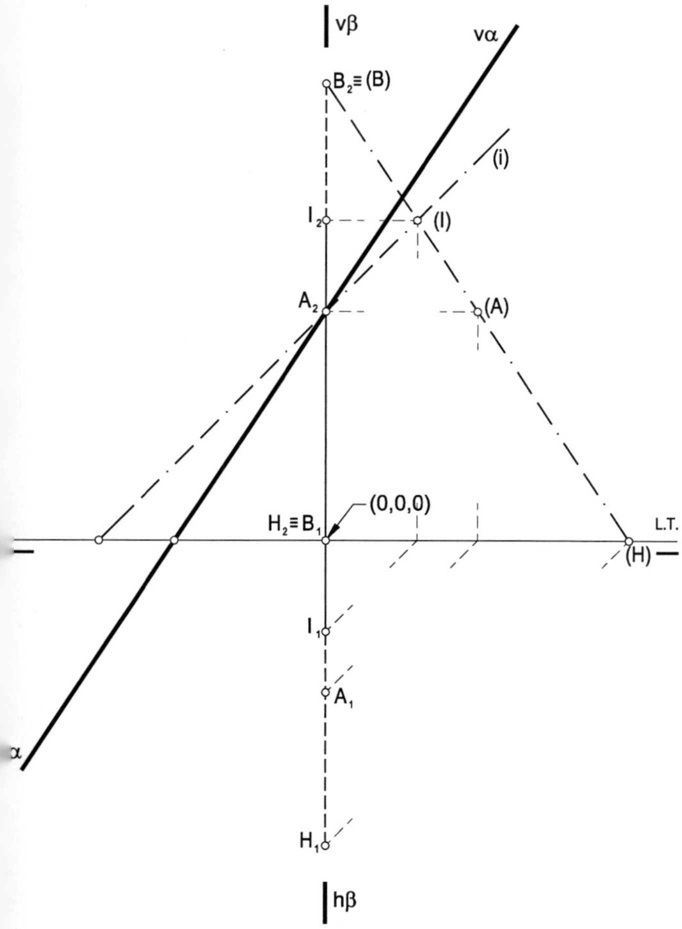

Fig. 19.1

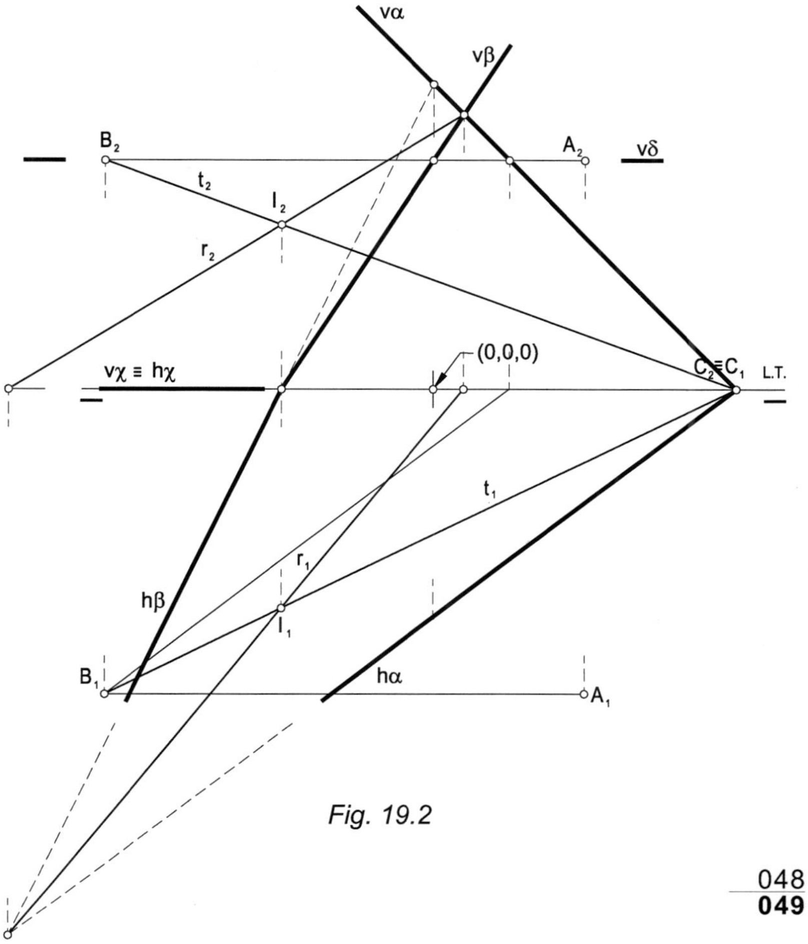

Fig. 19.2

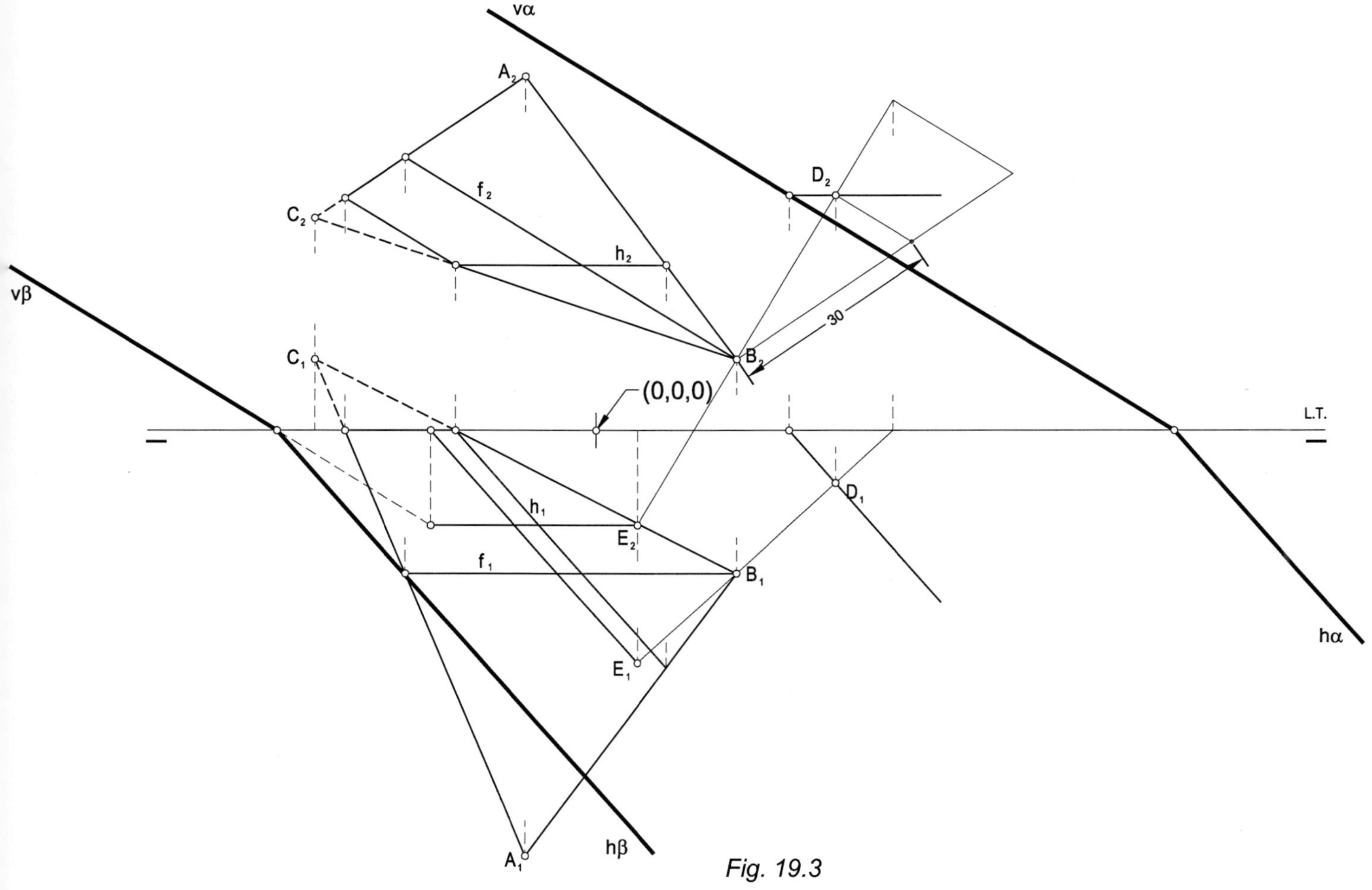

Fig. 19.3

20.1

Hallar un punto situado en el primer bisector que tenga de cota 3 cm y equidiste de los puntos A (-3, 4, 3) y B (3, 1, 5) y obtener la verdadera magnitud del punto A y B al de equidistancia.

Solución:

- Por M punto medio de AB, plano α perpendicular a AB
- Plano β paralelo al P.H. de cota 3 cm
- Recta h horizontal del plano α de cota 3 cm
- Recta h' horizontal del 1er. bisector de cota 3 cm
- Intersección de h con h' → punto I
- V. M. de los segmentos IA ≡ IB

20.2

Dibujar la perpendicular común y hallar la mínima distancia entre la L.T. y la recta definida por A (-4, 3, 4) y B (3, 4, 2).

Solución:

- Plano β de perfil que pasa por el punto B
- Abarimiento del plano de perfil sobre el P.V. → (A), (B), (L.T.)
- Recta (m) perpendicular a (A) - (B), desde (LT), y desabatimiento
- Recta m → mínima distancia y perpendicular común entre la L.T. y la recta AB

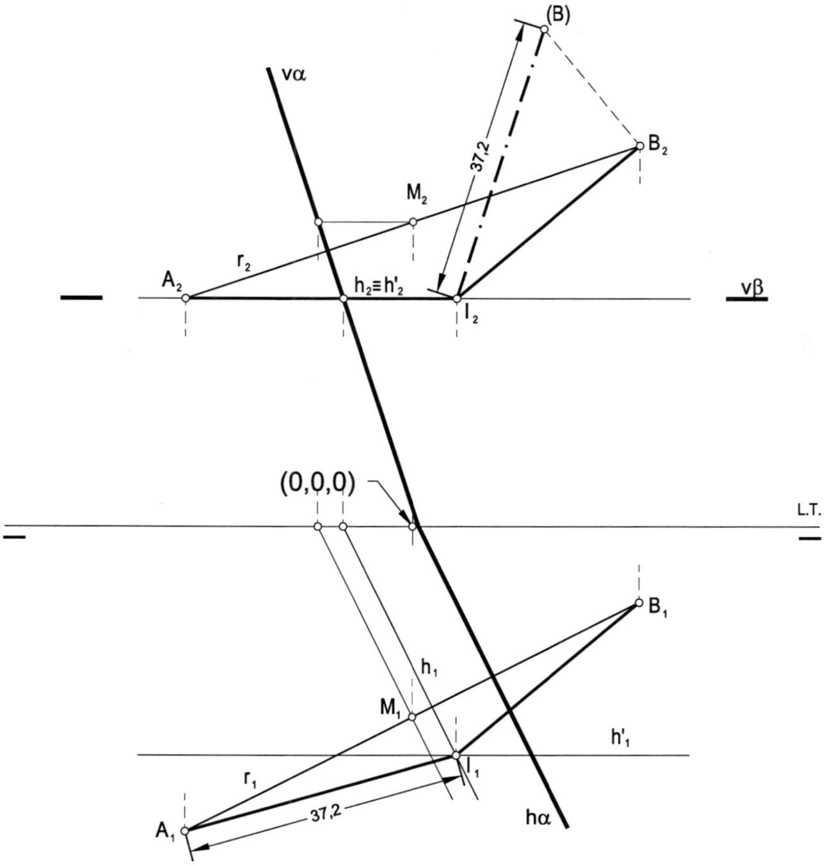

Fig. 20.1

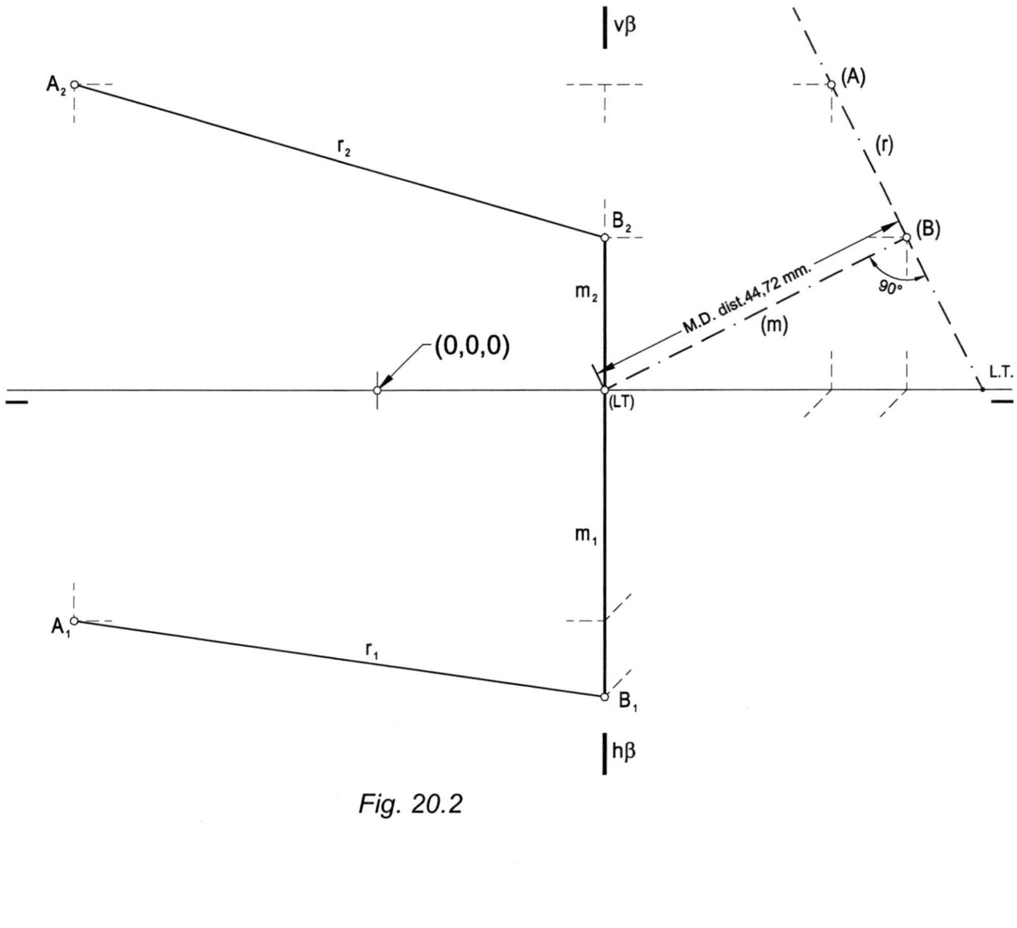

Fig. 20.2

21.1

Los puntos A (3, -2, 2) y B (-2, 1,-1) definen una recta. Se pide hallar las trazas de la recta, puntos de intersección con los bisectores, partes vistas y ocultas de la recta, suponiendo que los planos de proyección son opacos.

Solución:

- Recta contenida en el segundo bisector
- Trazas en L.T.
- Punto de corte con el primer bisector en L.T.
- Toda la recta oculta (pasa por el segundo y el cuarto diedro)

21.2

Hallar la recta de intersección de los planos α (3, 2, 4) y ß (3, -4, -2) y dibujarla con partes vistas y ocultas suponiendo que los planos de proyección son opacos.

Solución:

- Un punto de la recta está en L.T. (donde se cortan los planos).
- Otro punto lo obtenemos cortando por un plano horizontal
- La recta intersección es oculta por estar contenida en el segundo bisector

21.3

Hallar la intersección de la recta A (-3, 6, 5) B (3, -2, 1) con el triangulo M (-6, 1, 2), N (3, 2, 6) y P (2, 6, 1) suponiendo que tanto el triángulo como los planos de proyección son opacos.

Solución:

- Trazamos el punto proyectante vertical de AB para hallar I
- Recta vista a la izquierda, mirando el alejamiento de dos puntos que parezcan coincidentes
- Igual en proyección horizontal

21.4

Hallar la distancia desde el punto A (-3, 2, 4) a la recta B (-2, 1, 1) C (3, 4, 5).

Solución:

- Por el punto A trazo el plano perpendicular a BC
- Intersección del plano y la recta, punto I
- AI es la solución, V.M. por diferencia de alejamientos

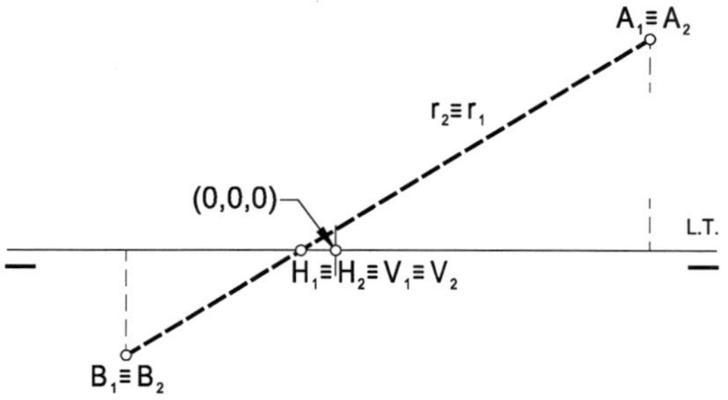

Fig. 21.1

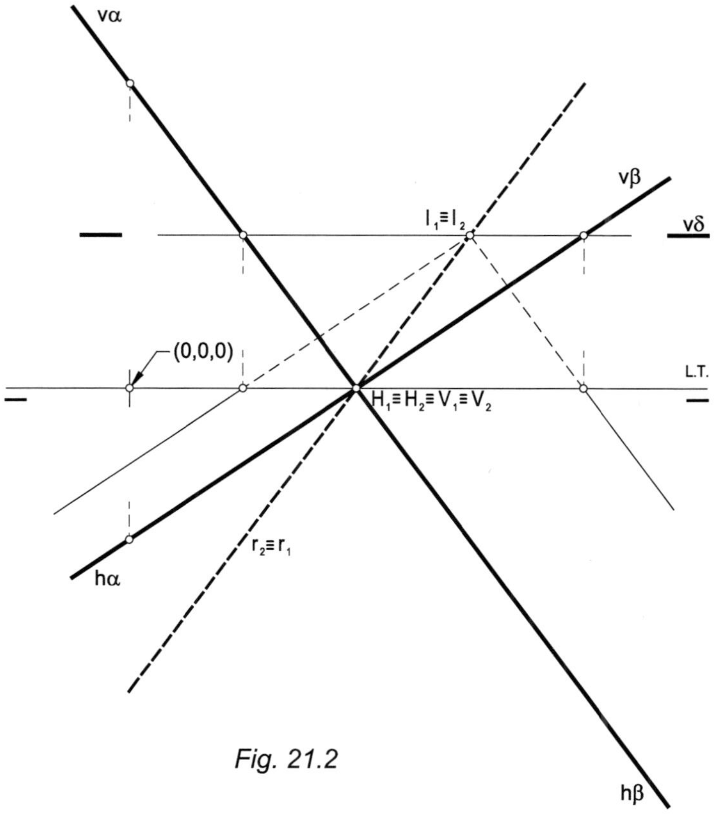

Fig. 21.2

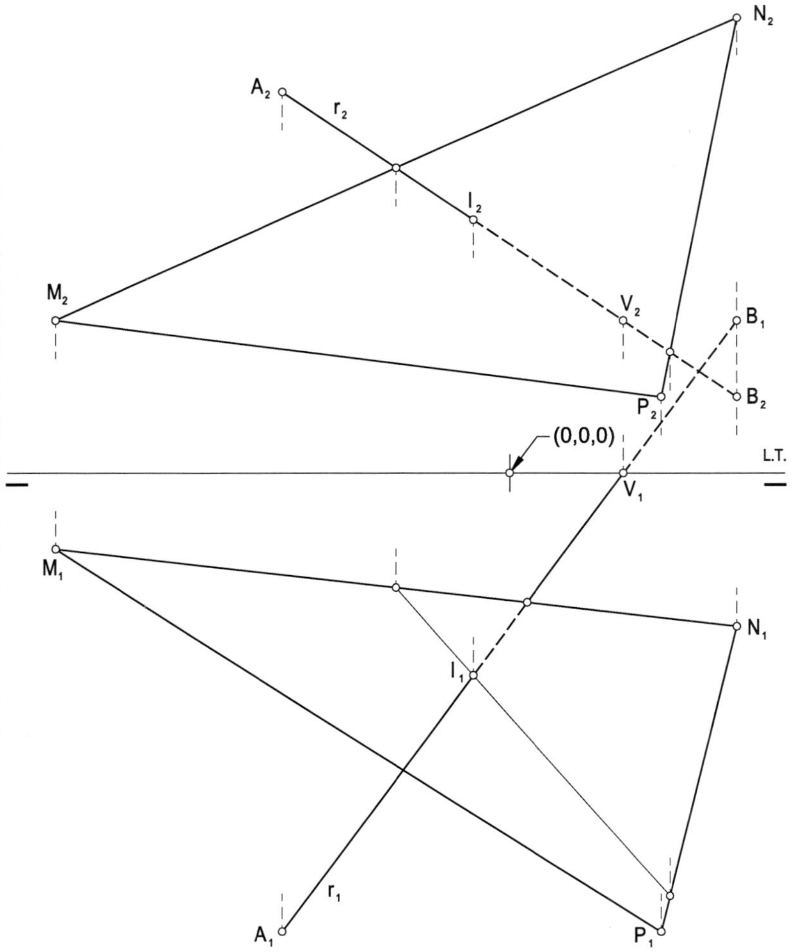

Fig. 21.3

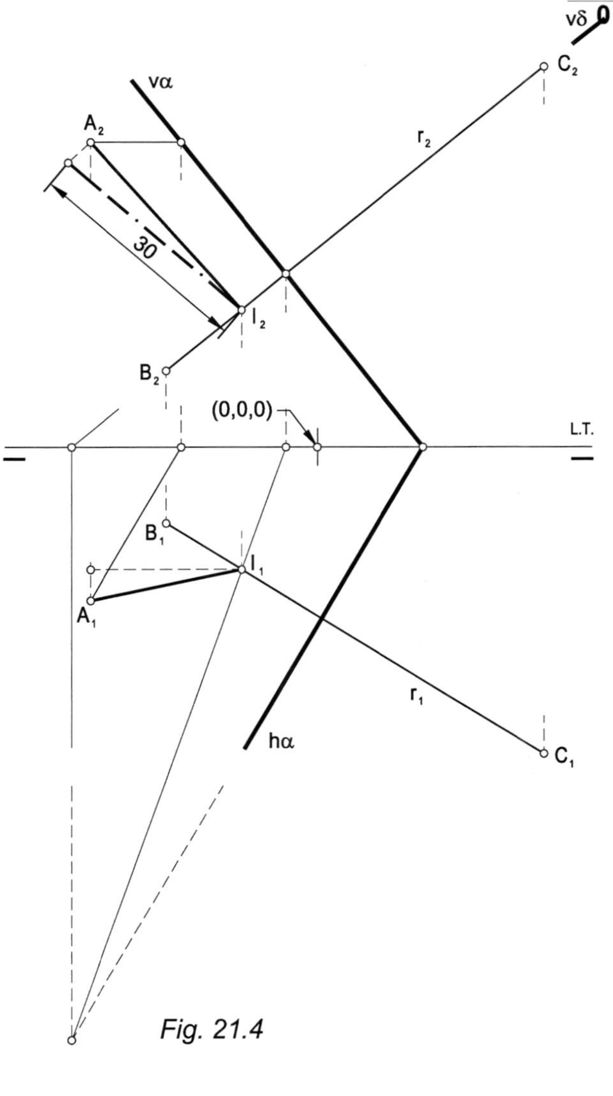

Fig. 21.4

22.1

Determinar las trazas del plano α, que corta el primer bisector según la recta *r* y al segundo bisector según la recta *s*, sabiendo que la recta *r* pasa por el punto A (-2, 3, 3) y la recta *s* pasa por los puntos B (3, 0, 0) y C (0, 3, Z).

Solución:

- Plano definido por tres puntos
- C está contenido en el segundo bisector, por lo que su cota Z vale 3.
- B coincide con el vértice del plano.
- Cortando por un plano horizontal, hallamos las trazas del plano.

22.2

Por el punto A (-3, 2, 0) pasa una recta paralela a los planos α (-4, 3, 4.5) y ß (2, 4, -4). Hallar la intersección de dicha recta con el plano que define la L.T. y el punto B (0, 5, 3).

Solución:

- Por el punto A trazamos una recta m, paralela a la recta intersección de los dos planos.
- Plano proyectante vertical que contiene m
- Intersección del plano proyectante y el plano que pasa por B
- Utilizamos un plano auxiliar horizontal, la intersección de los tres planos define el punto I.

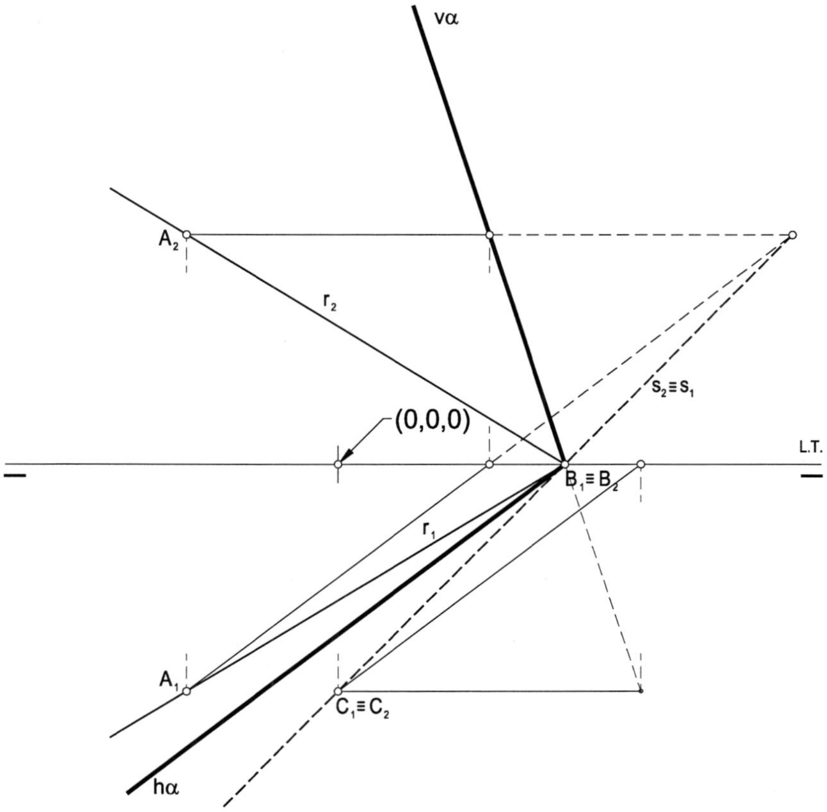

Fig. 22.1

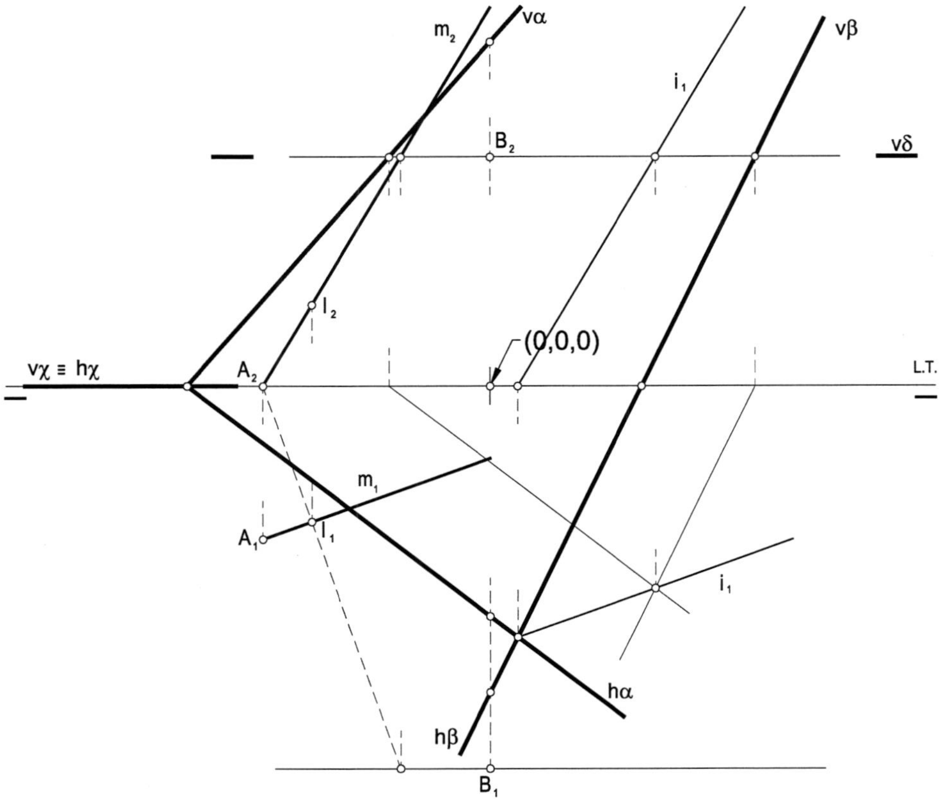

Fig. 22.2

23.1

Los puntos A (0, 4, 2) y B (0, 1, -3) definen una recta. Se pide hallar las trazas de la recta, diedros por los que pasa, puntos de intersección con los bisectores, partes vistas y ocultas de la recta suponiendo los planos de proyección opacos.

Solución:

- Recta AB es de perfil, abatiendo vemos que pasa por 1er, 4º y 3er diedro.
- En el plano horizontal anterior, H y en vertical inferior V
- Corte al primer bisector en B' y a l segundo en B"
- Desabatimos, parte vista en el primer diedro

23.2

Hallar la recta intersección del plano α (5, 3, 4) y el plano L.T. punto I (0, 2, 3). Dibujarla con partes vistas y ocultas.

Solución:

- Un punto de intersección es el vértice del plano.
- Pasando un plano horizontal por I, obtenemos B.

23.3

Hallar la intersección de la recta A (-3, 6, 5) y B (3, -2, 1) con el plano α (-1.5, 1, -3). Dibujarla con partes vistas y ocultas suponiendo que tanto los planos de proyección como el plano α son opacos.

Solución:

- Plano proyectante horizontal de AB
- Intersección de ambos planos, recta V_2H_2, que corta a A_2B_2 en I
- Las partes vistas se determinan tomando puntos coincidentes y mirando cota (en el plano horizontal) y alejamiento (en el plano vertical).

23.4

Hallar la distancia desde el punto A (0, 3, -1) al plano α (∞, 5, 3), en posición y en verdadera magnitud.

Solución:

- La recta solución es de perfil.
- En abatimiento, obtenemos V.M. y desabatiendo IA → solución.

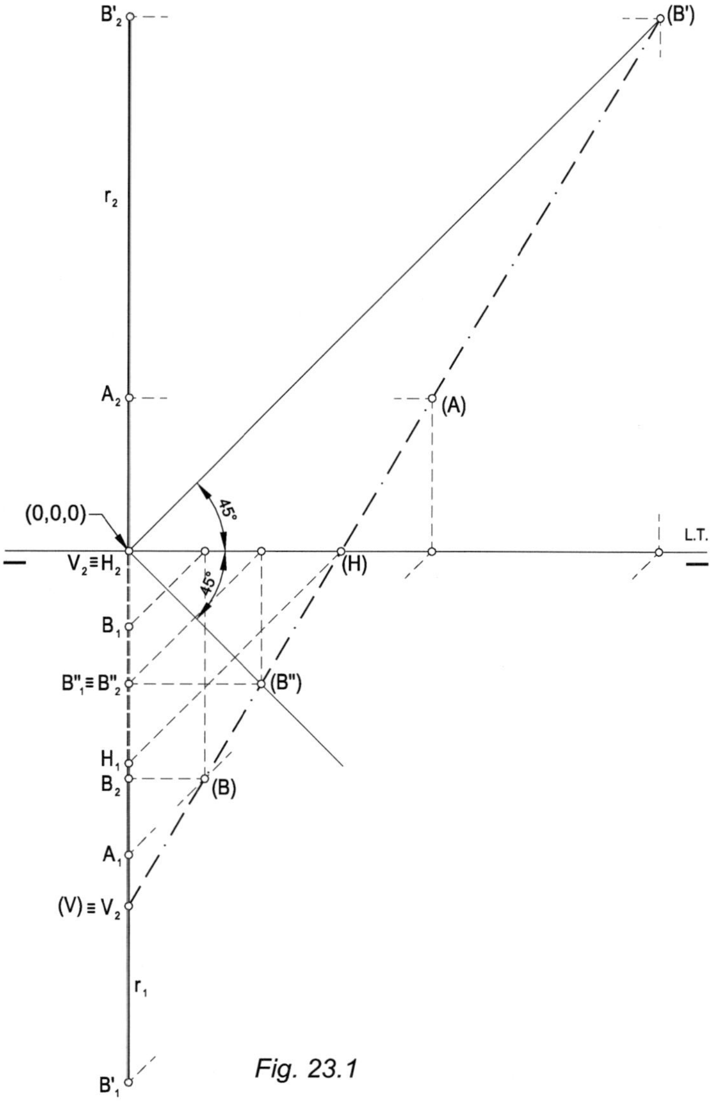

Fig. 23.1

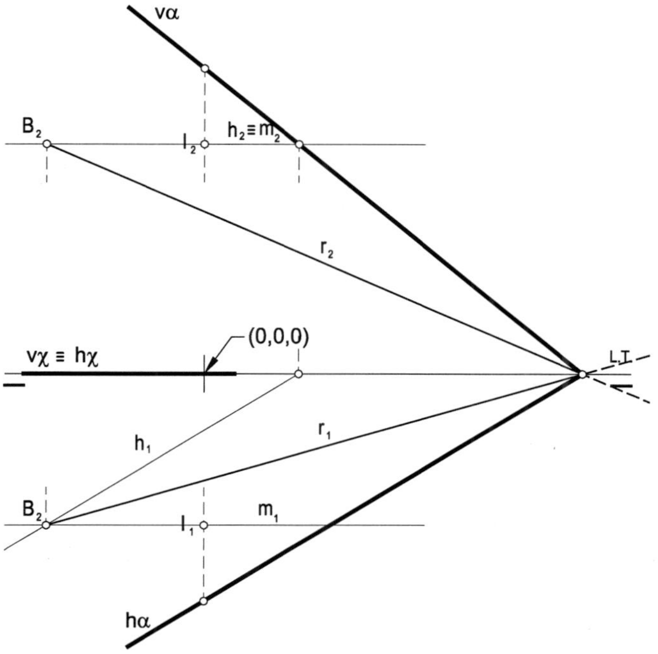

Fig. 23.2

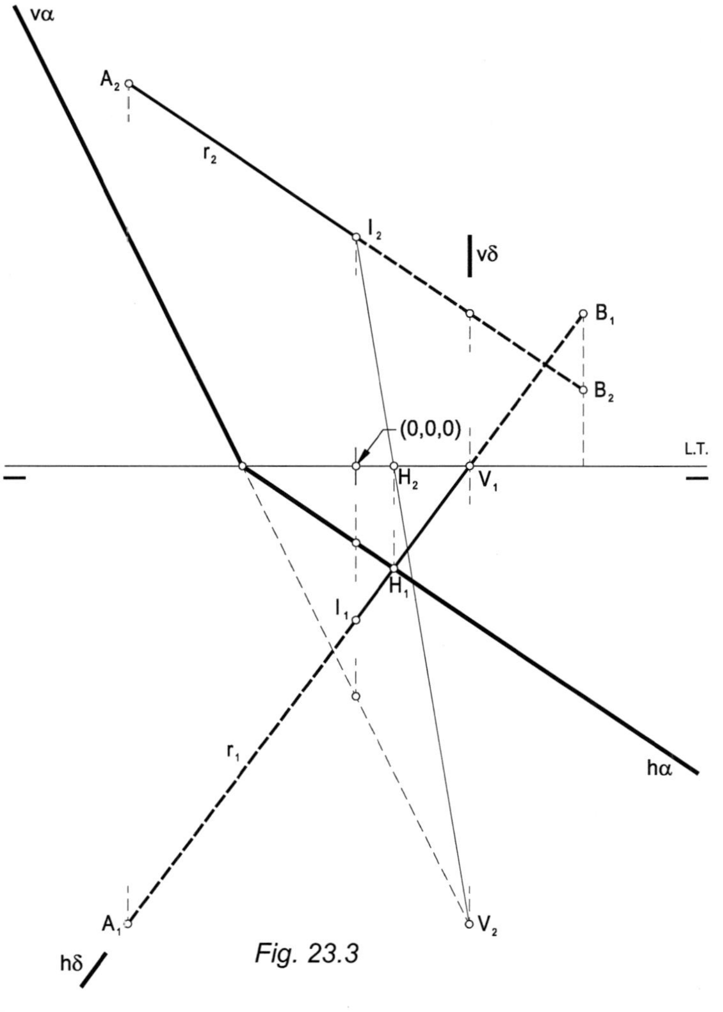

Fig. 23.3

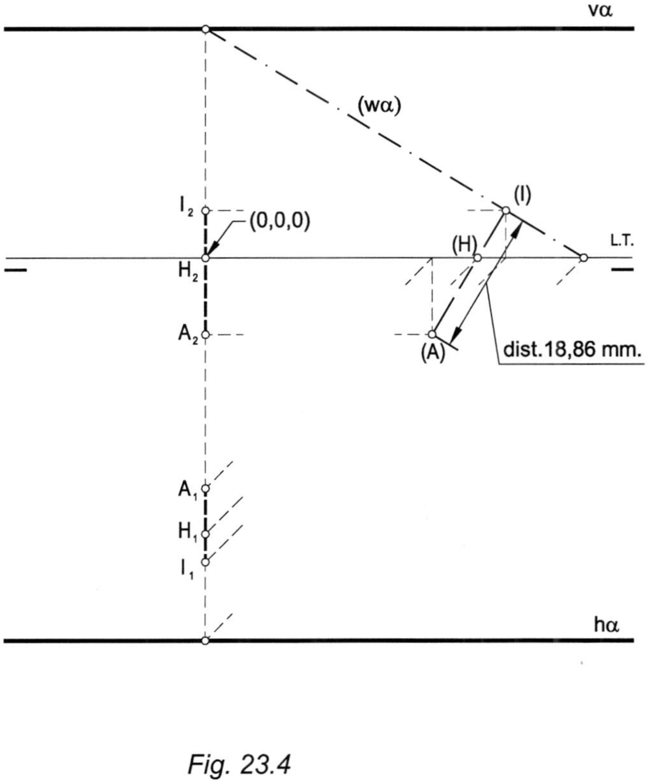

Fig. 23.4

24.1

Sin utilizar las trazas del plano α, definido por los puntos A (-2, 6, 4) B (0,-2,6) y C (6, 6, 2), trazar por el punto D (5, 1, -2) un plano β paralelo al α, definiéndolo por sus trazas.

Solución:

- ABC definen un triángulo.
- La intersección del triángulo con un plano horizontal no permite conocer la dirección de la traza horizontal.
- La traza vertical la conocemos al hallar las trazas verticales de AB y BC.
- Por D pasamos un plano con las trazas paralelas a las del triángulo.

24.2

Definida la recta a por los puntos M(-6,0,0) y N(0,-4,6) y la recta b por los puntos P(6,2,3) y Q(0,2,5). Determinar la mínima distancia entre las rectas a y b en posición y magnitud.

Solución:

- PQ definen una recta frontal.
- Por A, recta paralela a MN que junto a PQ define un plano.
- La intersección del anterior plano con un plano horizontal que pasa por P define la recta h.
- Conocemos la dirección de horizontales y frontales.
- Por A perpendicular común y se halla el punto B, por intersección con el plano definido anteriormente
- Desplazamos AB paralelamente hasta cortar a MN.
- MI es la solución, VM por diferencia de cotas

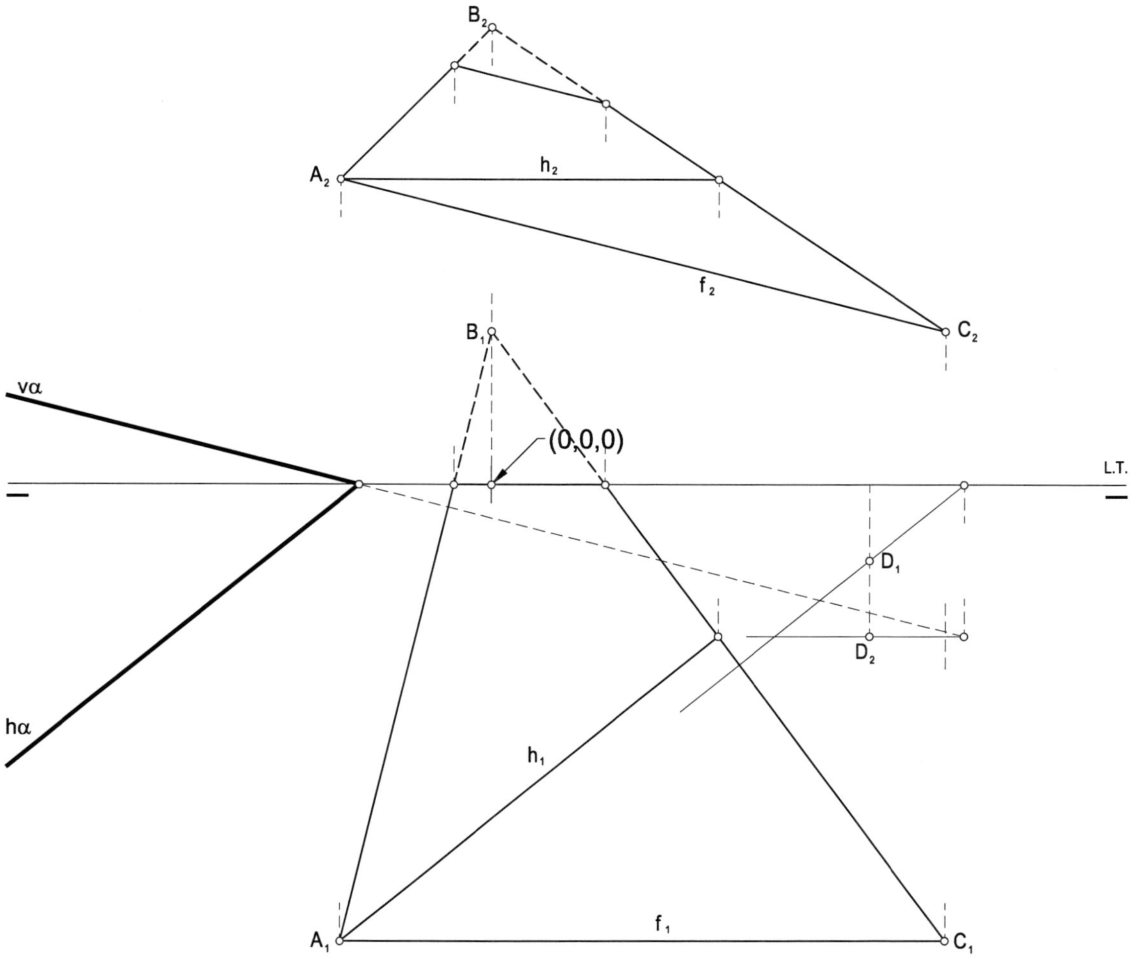

Fig. 24.1

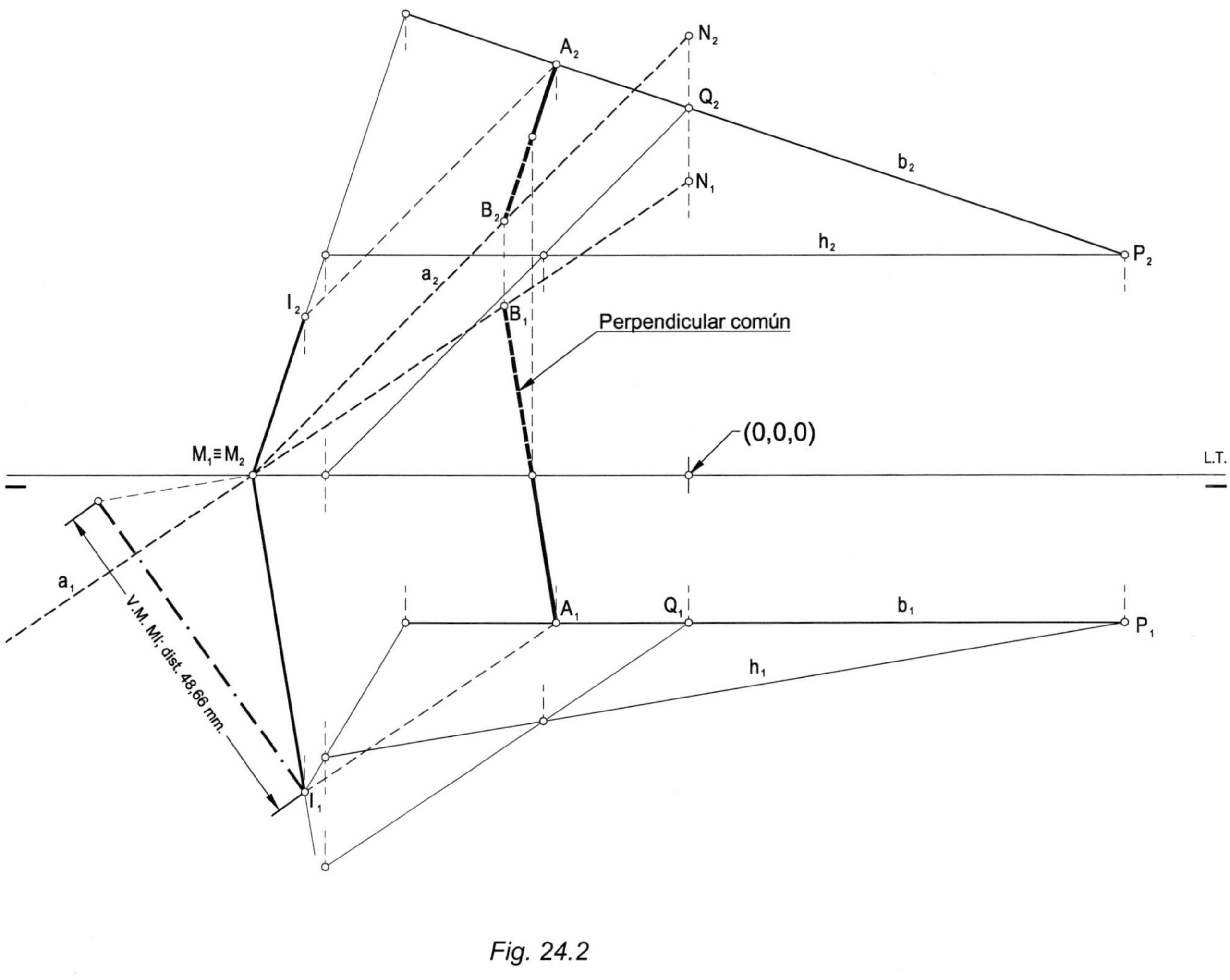

Fig. 24.2

25.1

Los puntos A (0, 1, 4) y B (0, 4, -2) definen una recta. Se pide hallar las trazas, el punto de intersección con el primer bisector, partes vistas y ocultas de la recta, sabiendo que tanto los planos de proyección como el primer bisector son opacos.

Solución:

- Recta AB es de perfil, por abatimiento
- En el plano horizontal anterior, H y en vertical superior V
- Corte al primer bisector en I
- Desabatimos, parte vista I_2, I_1

25.2

Hallar la intersección de los planos α (3, 2, -4) y β (8, 5.3, 4).

Solución:

- Trazas horizontales de ambos planos paralelas
- Intersección será una recta horizontal que pasa por el punto de corte las trazas verticales de ambos planos.

25.3

Hallar la intersección de la recta E (0, 4, 0), F (5, 2, 6) con el plano definido por los puntos A (3, 5, 1), B (7, 1, 5) y C (-1, 0.5, 5), sin hallar sus trazas. Dibujar la recta EF, con partes vistas y ocultas sabiendo que los planos de proyección y el plano ABC son opacos.

Solución:

- ABC define un plano.
- Plano proyectante por EF
- Intersección punto I, partes vistas como en ejercicios anteriores.

25.4

Hallar un punto sobre L.T. que equidiste de los puntos A (-3, 1, 4) y B (3, 5, 0) y hallar la distancia del punto a la recta AB en verdadera magnitud.

Solución:

- Plano perpendicular a AB por su punto medio (todos los puntos del plano equidistan de A y B).
- La solución es la intersección del plano con L.T.
- Comprobamos que IA y IB en VM miden lo mismo.

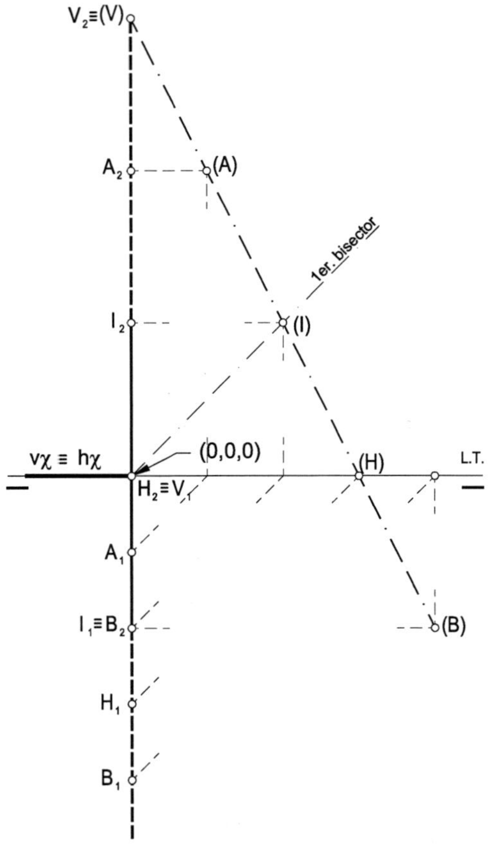

Fig. 25.1

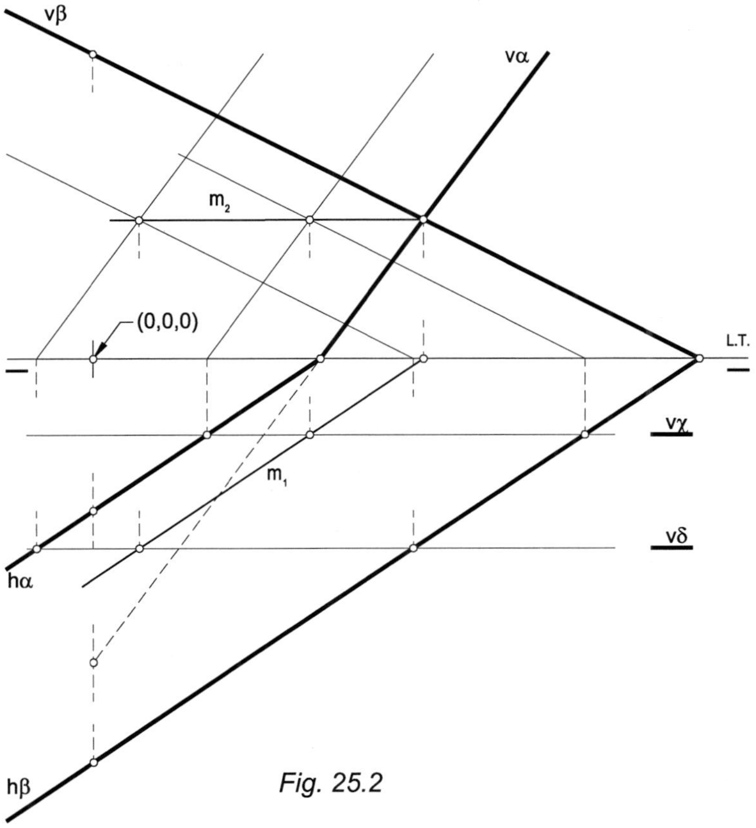

Fig. 25.2

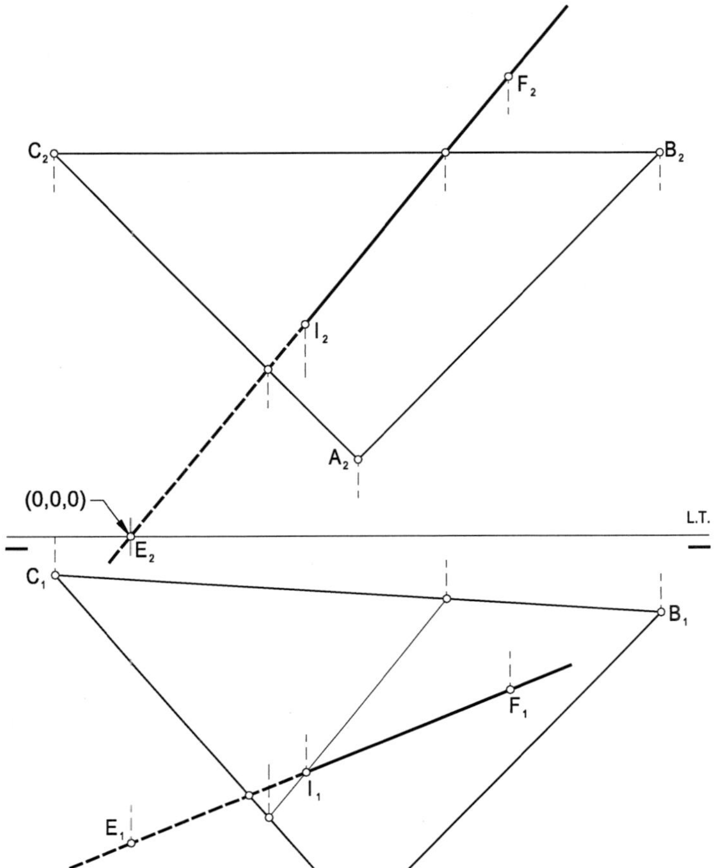

Fig. 25.3

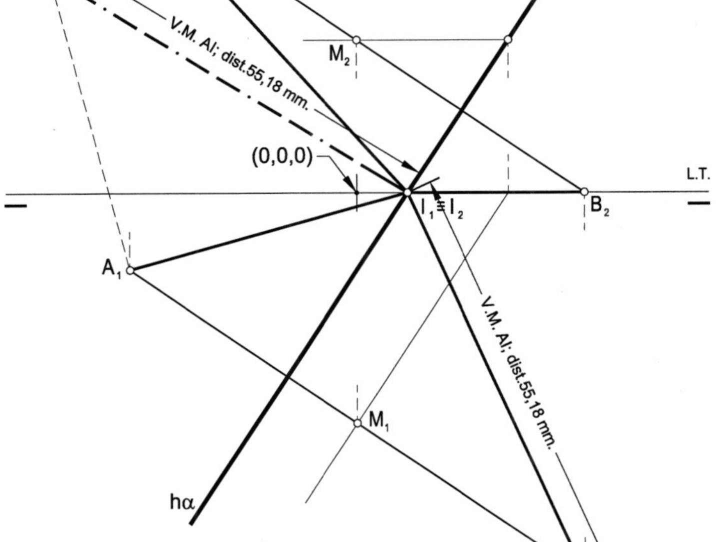

Fig. 25.4

26.1

Dado un plano definido por los puntos A (1, 5, 1) B (4, 1, 5) y C (6, 0, 2), trazar los planos paralelos a 3 cm de distancia de ABC.

Solución:

- Trazas del plano α
- Por el vértice del plano definido por los tres puntos, trazamos una recta perpendicular.
- En V.M. medimos 3 cm
- Pasamos un plano paralelo al original por D, por simetría hallamos el otro plano.

26.2

Por el punto A (3, 2, 4) trazar una recta ortogonal a la recta B (1, 0, 2), C (5, 2, 4) y que se corte con la recta D (2, 3, 3), E (6, 2, 1).

Solución:

- Por A plano perpendicular a la recta BC
- I intersección de dicho plano con DE
- IA es la solución

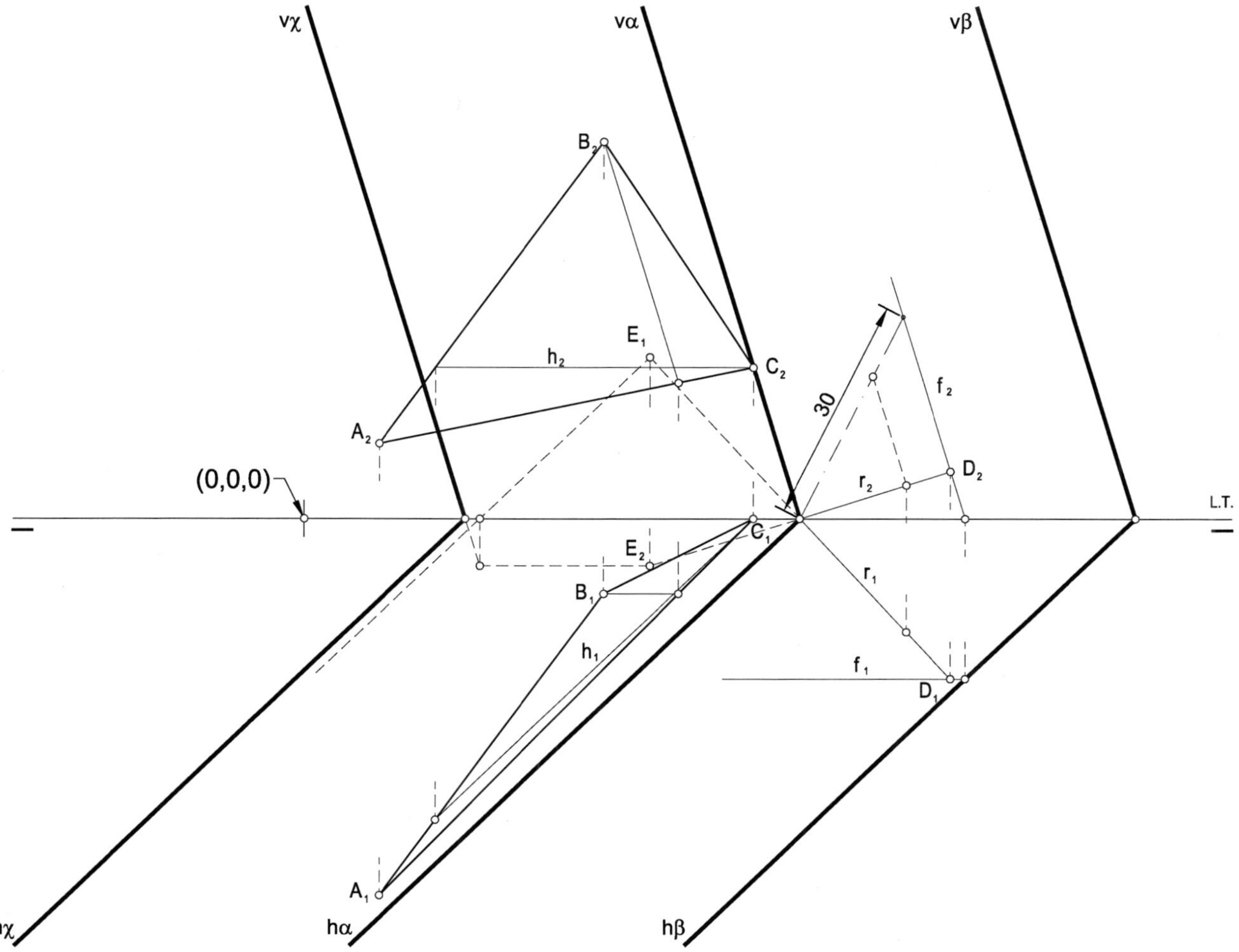

Fig. 26.1

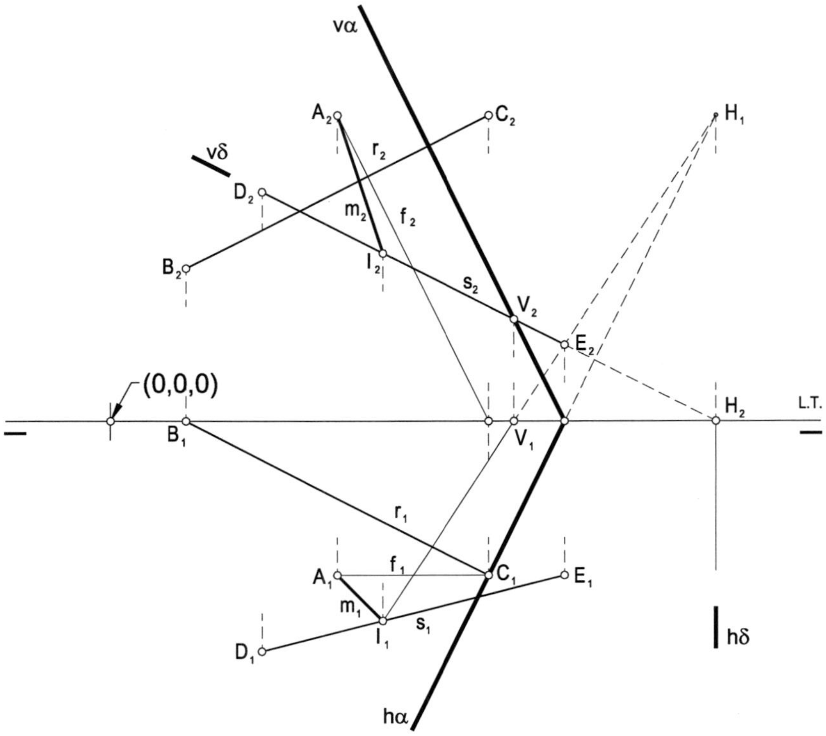

Fig. 26.2

27.1

Por el punto C (0, 4, 3) trazar la recta paralela a la A (-3, 1, 2), B (2, 2, 1) y hallar la distancia entre ambas rectas.

Solución:

- Recta paralela a AB por C
- Plano perpendicular a AB que pase por C
- Intersección de AB con el plano define I, IC es la distancia y VM por diferencia de cotas.

27.2

Determinar las trazas verticales de los planos α y ß, sabiendo que el punto A (0, 2, 3) pertenece a la intersección de ambos planos y que las trazas horizontales de α y ß son paralelas a L.T. teniendo de alejamiento 4 y 5 cm cada una respectivamente. Hallar la intersección de los planos α y ß con el plano que pasa por línea de tierra y el punto B (0, 4, 1).

Solución:

- Ambos son planos paralelos a L.T.
- Por abatimiento conocemos las trazas verticales.
- En el perfil resolvemos las intersecciones con el plano de L.T., i i'.

27.3

Por el punto E (5, 2, 3) trazar una recta que sea ortogonal a la recta A (-5, 1, 2), B (0, 4, 5) y a la recta C (0, 4, 2), D (4, 1, 4.4). Hallar la intersección de la recta ortogonal con el plano α (4, 1, -3) y dibujarla con partes vistas y ocultas, sabiendo que el plano α es opaco.

Solución:

- Por E, plano perpendicular a AB, plano perpendicular a CD
- La recta intersección de ambos planos es la solución.

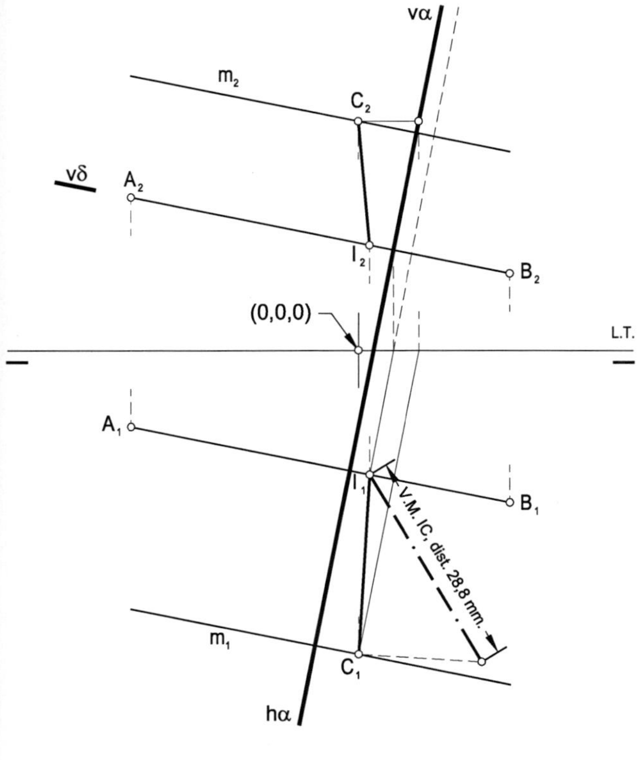

Fig. 27.1

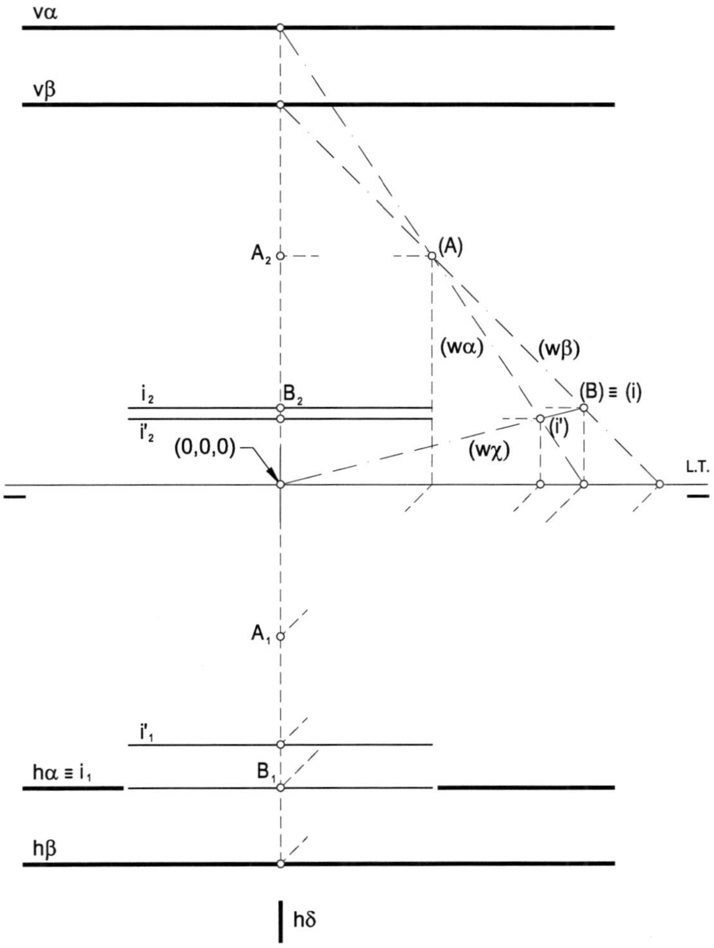

Fig. 27.2

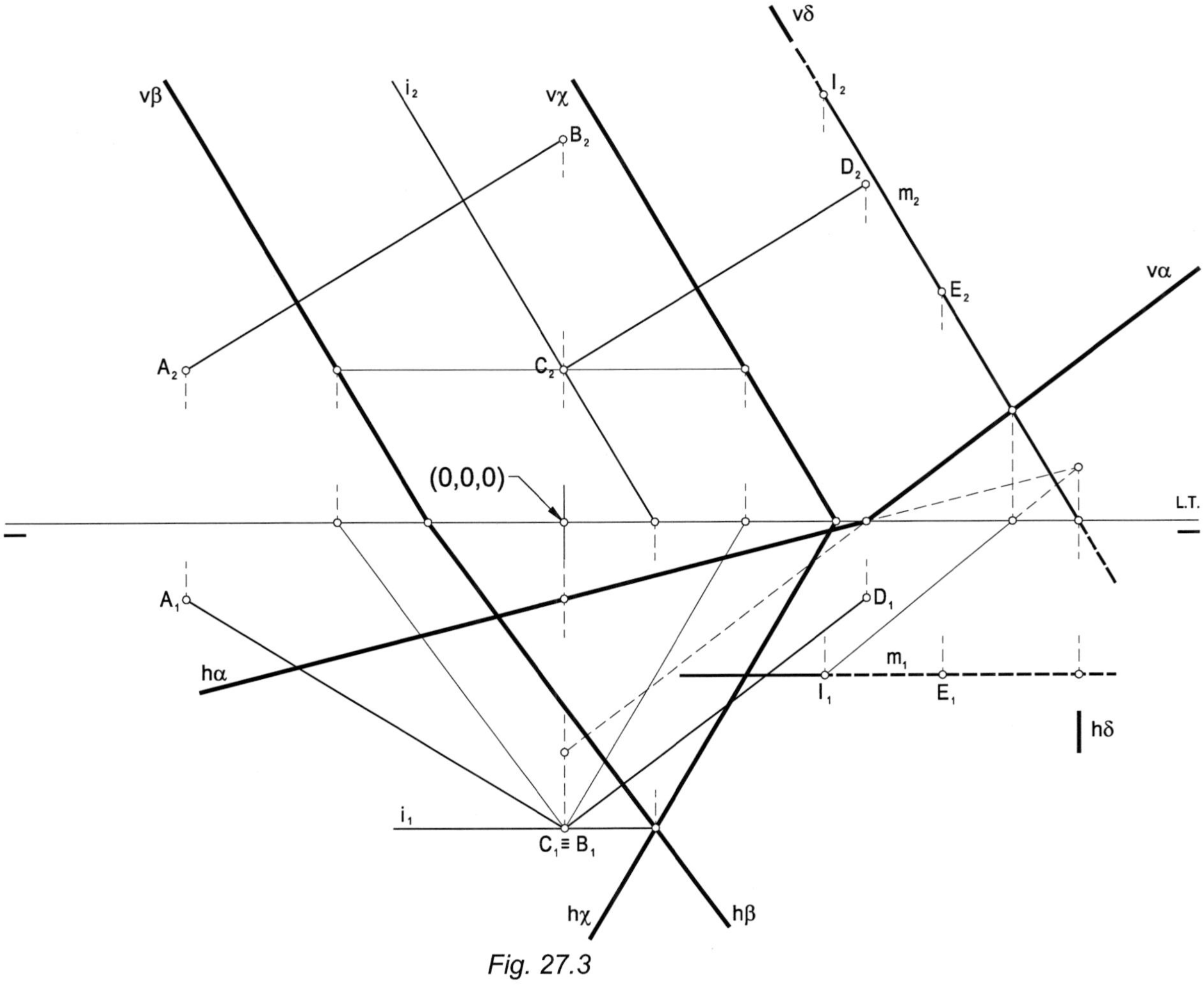

Fig. 27.3

28.1

Hallar la distancia del punto C (3, 5, 3) a la recta A (-2, 2, 4) B (-2, 3, 2).

Solución:

- AB es una recta de perfil.
- En el abatimiento hallamos el punto de intersección de AB con su perpendicular por C (casualmente es B).
- La distancia es CB, VM por diferencia de cotas

28.2

El punto A (-2, 1, 3) pertenece al plano α (-2, 3, Z) y al plano β (3, 4, Y). Definir ambos planos con sus trazas y hallar la intersección de α y ß con el plano que pasa por L.T. y el punto B (0, 2, 3).

Solución:

- Por A una horizontal al plano α y obtenemos la traza vertical de α.
- Por A una horizontal al plano β y obtenemos la traza vertical de β.
- La intersección de ambos planos es la recta VAH
- La intersección de la recta con el plano de L.T. nos da el punto solución I.

28.3

Por el punto A (-1, 4, 2) trazar una recta perpendicular al plano definido por los puntos; B (3, 3, 6), C (-4, 5, 2) y D (0, 1, 5) y hallar la intersección con el plano, dibujándola con partes vistas y ocultas, suponiendo que el plano es opaco.

Solución:

- ABC definen un plano.
- Cortando por los planos H (horizontal) y F (frontal), obtenemos las rectas h y f.
- Por A_2 perpendicular a la frontal f y por A_1 perpendicular a h
- Intersección plano con recta, mediante plano proyectante vertical, punto I
- Partes vistas y ocultas como en casos anteriores

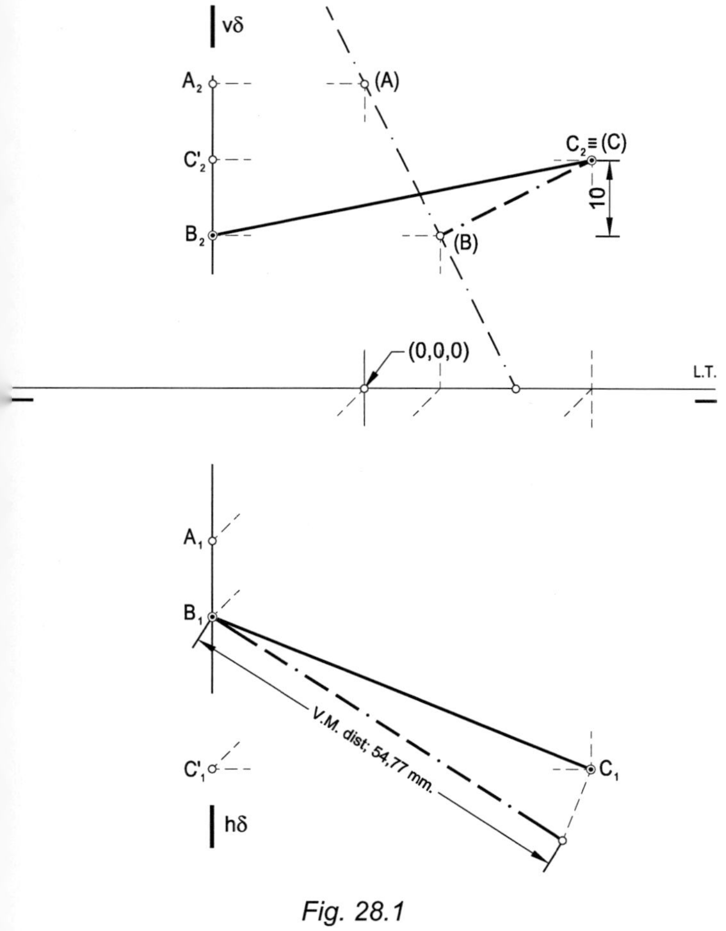

Fig. 28.1

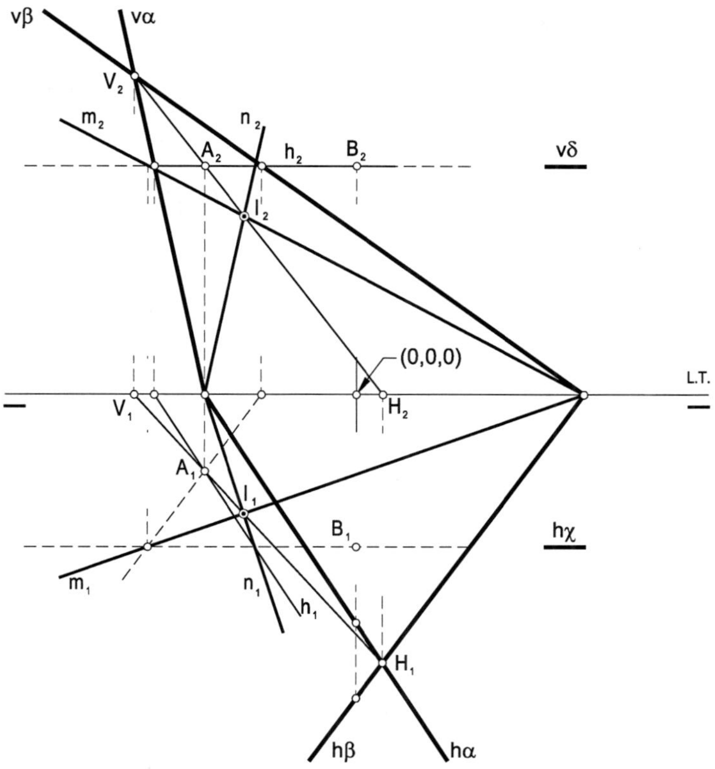

Fig. 28.2

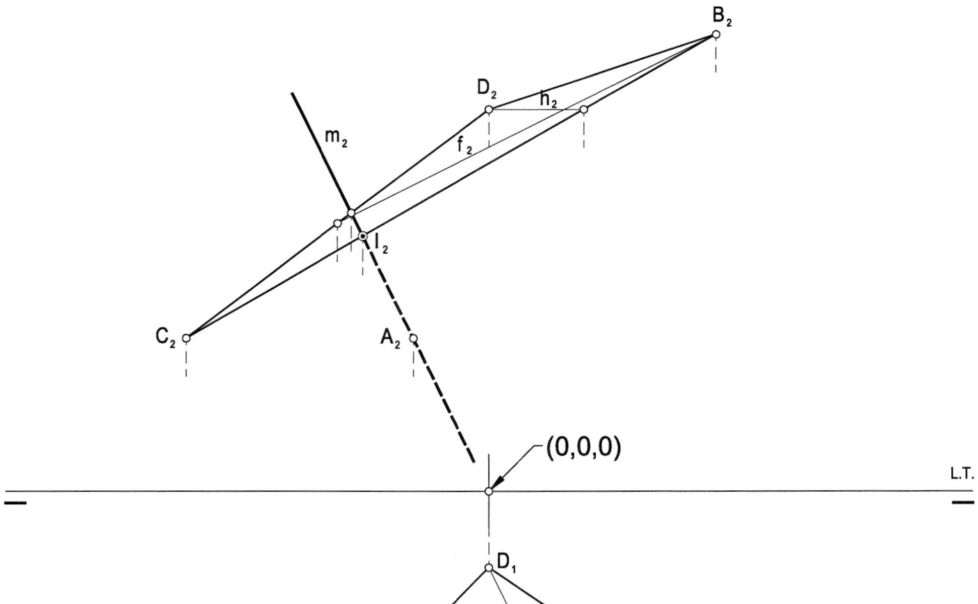

Fig. 28.3

29 El eje de una tubería está representado por la recta A (-4, 3, 4) B (1, 2, 0) y el de otra tubería por la recta C (-3, 2, 5) D (4, 5, 2). Se desea unir las dos tuberías, mediante una tercera que tenga la longitud mínima. Situar dicha tubería y hallar su longitud. Realizar una breve explicación del procedimiento. Cotas en cm y escala 1/1.

Solución:

- Consiste en hallar la perpendicular común.
- Por un punto F de CD trazamos una paralela a AB (definen un plano).
- Hallar la dirección de las frontales f y de las horizontales, h.
- Por un punto B de AB, trazamos la perpendicular a las direcciones.
- Punto de intersección de la perpendicular con el plano, punto E
- Desplazamos paralelamente el segmento hasta que corte a CD, MN, VM por diferencia de cotas.

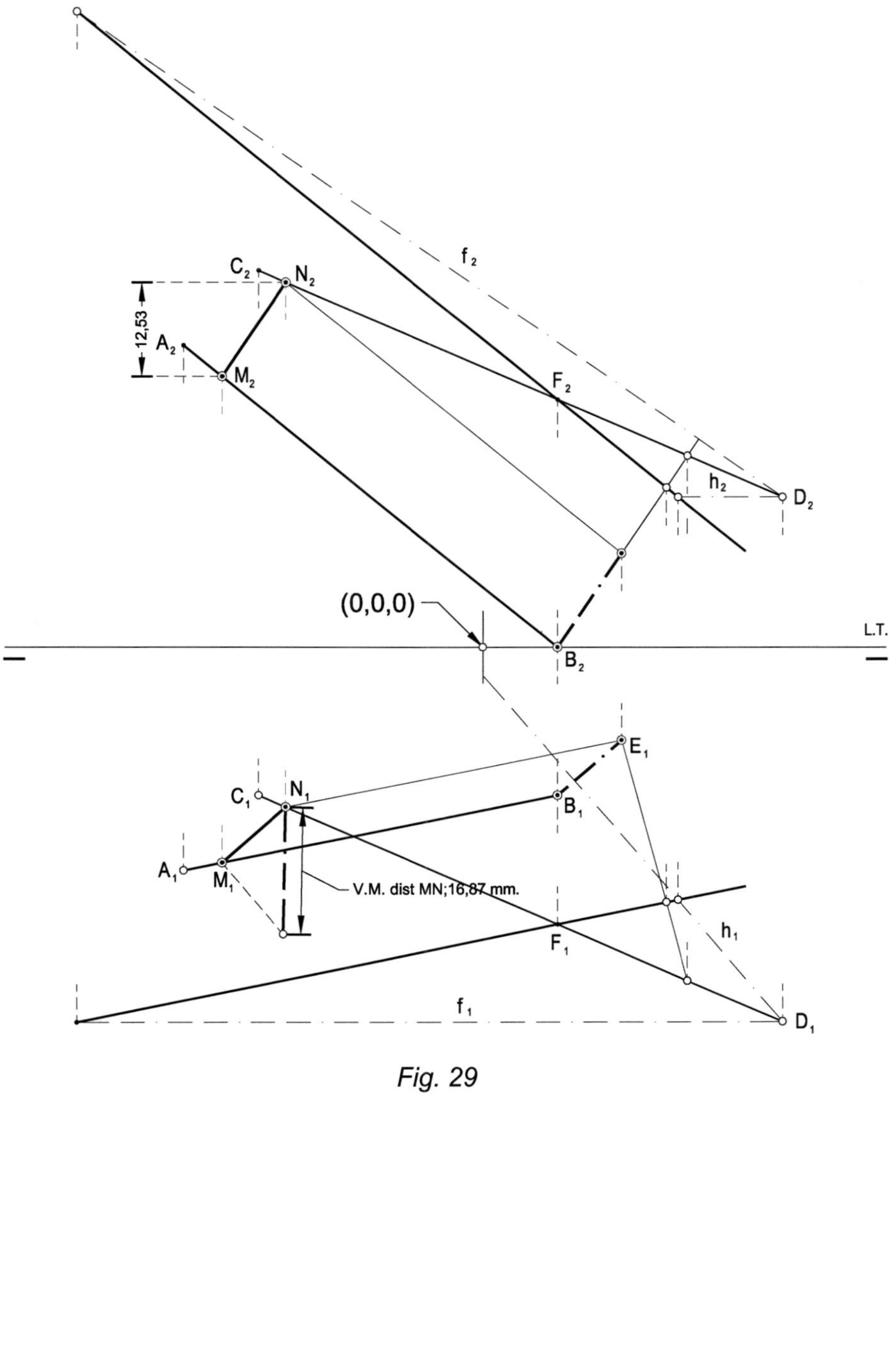
f 2
C2
N2
12,53
A2
M2
F2
h2
D2
(0,0,0)
L.T.
B2
E1
C1
N1
B1
A1
M1
V.M. dist MN;16,87 mm.
h1
F1
f1
D1

Fig. 29

30.1

El punto F (-10, 7, 6) es un foco de luz y se desea hallar el rayo de luz que partiendo del foco F corta a la vez las rectas AB y CD. A (-4, 5, 0), B (0, 2, 4), C (2, 1, 0) y D (6, 6, 5).

Solución:

- El punto F y una de las rectas definen un plano.
- La intersección del plano con la otra recta nos da un punto.
- La unión de F con el punto de intersección es la solución.

30.2

Por el foco F (-10, 7, 5) trazar un rayo de luz que a la vez ilumine las rectas AB y CD. A (-5, 0, 1), B (-1, 5, 4), C (-1, 2, 1) y D (4, 4, 5).

Solución:

- El punto F y una de las rectas (CD) definen un plano.
- La intersección del plano con la otra recta nos da un punto, M.
- La unión de F con el punto de intersección M es la solución.

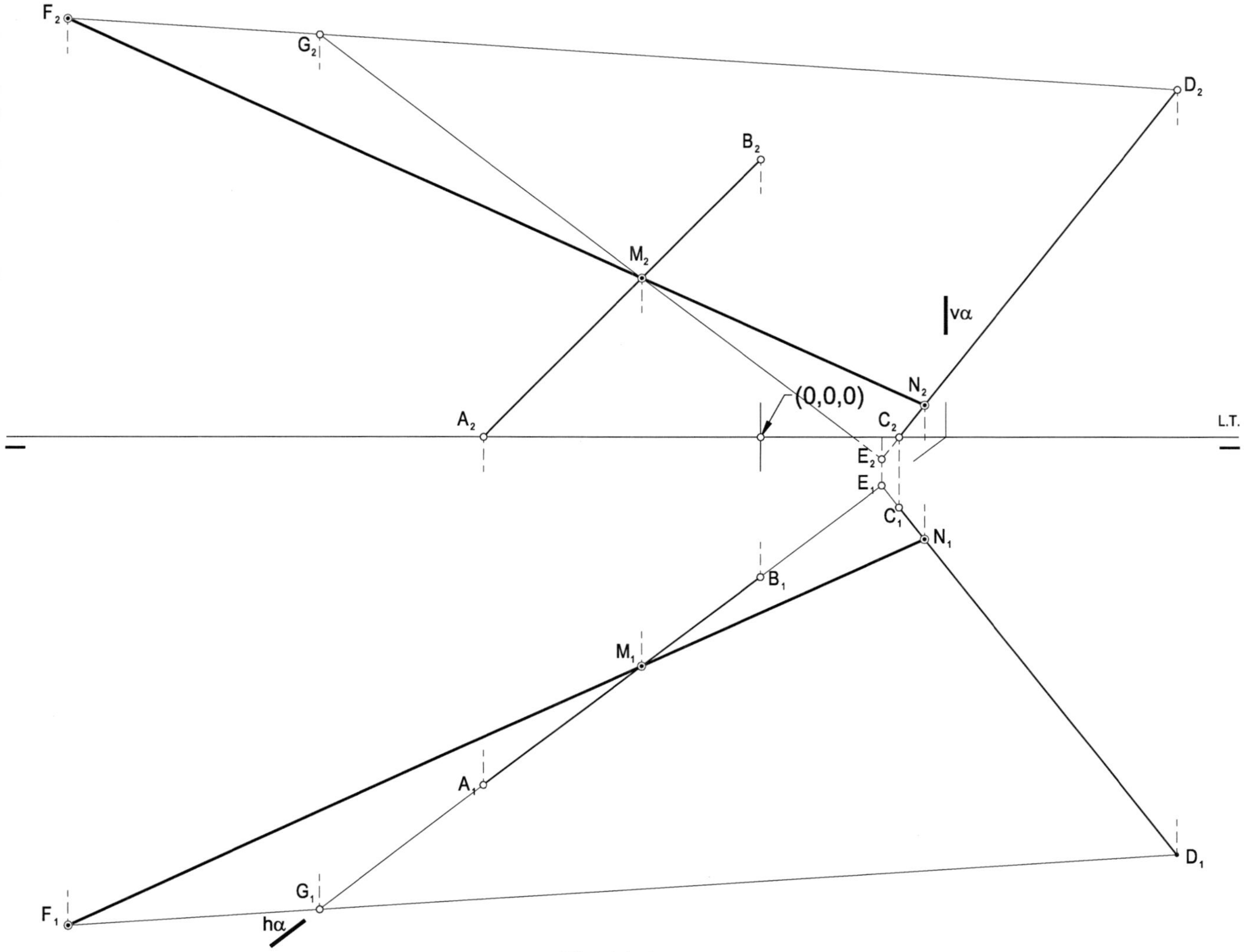

Fig. 30.1

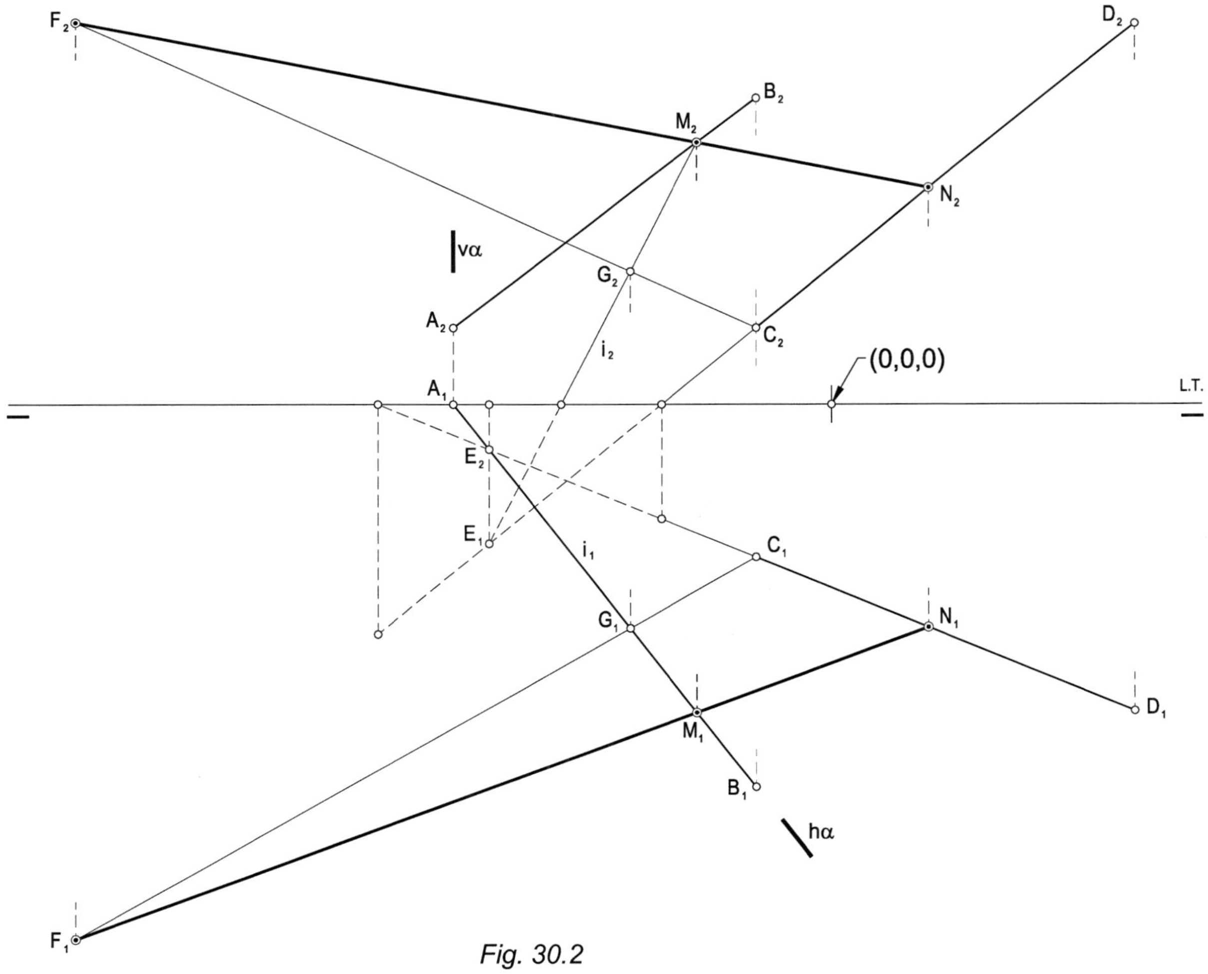

Fig. 30.2

31.1

Por el punto A (1, 3, 3) trazar una recta horizontal que forme 45º con el plano vertical, traza a la derecha y por el punto B (-2, 2, 3) dibujar una recta frontal que forme 60º con el plano horizontal traza a la derecha. Hallar la mínima distancia y la perpendicular común entre ambas rectas.
Cotas en metros. Escala 1/100.

Solución:

- Por el punto A recta horizontal *h*, y por B recta frontal *f*
- Por A plano α que contiene a *h* y es paralelo a *f*
- Por B recta *r* perpendicular al plano α
- r ∩ α → punto I (mínima distancia)
- Trasladar I paralelamente a *f* hasta la recta *h* → punto N
- Perpendicular común MN paralela a BI

31.2

El punto O (0, 3, 4) es el centro de una esfera de radio 2 metros. Hallar los planos tangentes a la esfera paralelos al primer bisector definidos por sus trazas y los puntos de tangencia.
Cotas en metros. Escala 1/100.

Solución:

- Abatimiento de la esfera sobre el plano δ → (O) y esfera abatida
- Construcción en el abatimiento de (α) y (β) tangentes a la esfera y paralelos al 1er bisector
- Desabatimiento de los puntos 1 y 2 de tangencia
- Trazas de los planos α y β tangentes a la esfera por los punto 1 y 2 y paralelos al 1er bisector

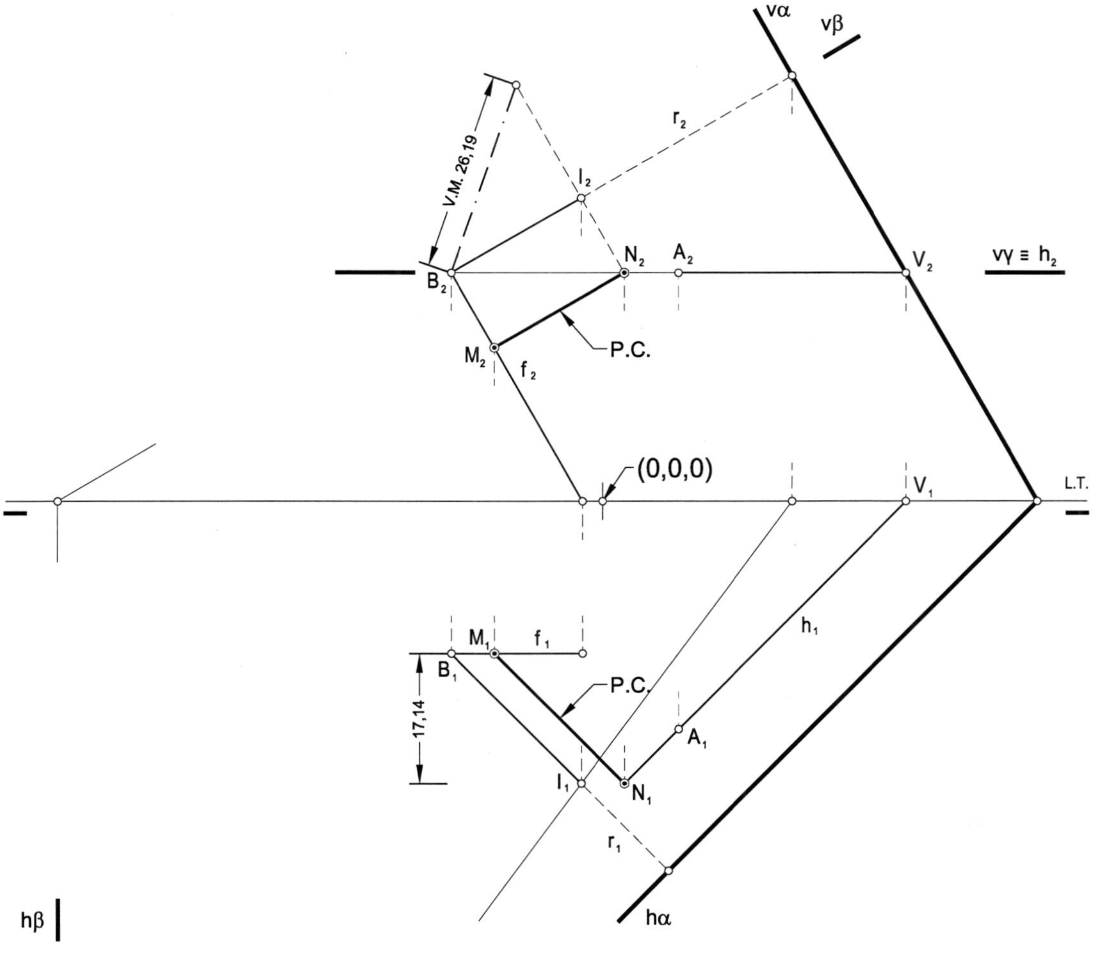

Fig. 31.1

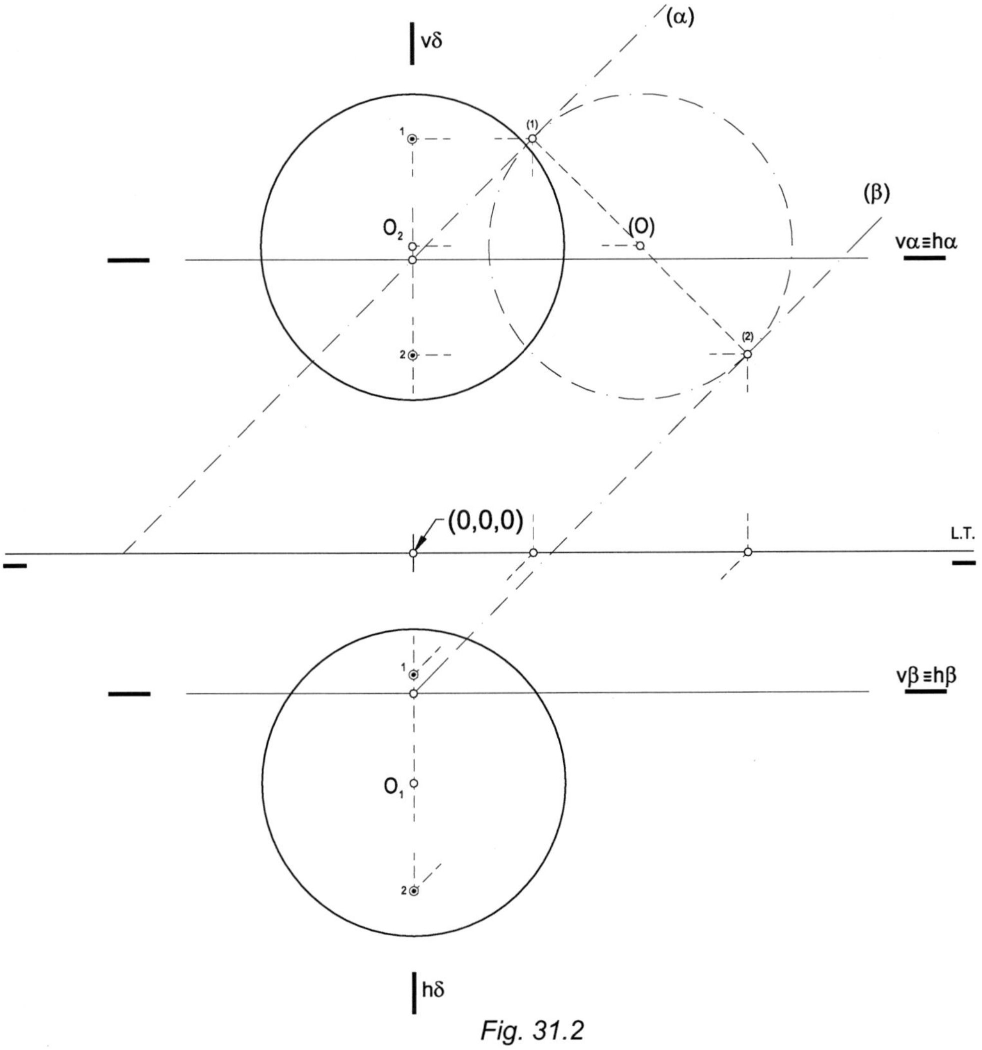

Fig. 31.2

32 Por el punto A (0, 2, 3) trazar el plano α que forma 45º y 60º con los planos vertical y horizontal respectivamente, vértice a la izquierda, y el plano ß cuyo ángulo entre trazas es de 60º y forma con el plano vertical de proyección 30º, vértice a la derecha. Se pide:

- Hallar el ángulo que forman α y β.
- Trazar las bisectrices de los ángulos que forman los planos α y ß que pasan por el punto A.

Solución:

- Construcción de los planos α y β, como se indica en el enunciado (*fig. 31b y fig. 31c)*
- Construcción de los planos α y β, que pasen por el punto A
- Recta r intersección de α y β
- Por A plano perpendicular γ a la recta r
- Intersección de los planos α, β, γ → rectas t y s
- Abatimiento sobre el P.V. de las rectas s y t para hallar el ángulo de α con β
- Rectas (m) y (n) bisectrices de las rectas (s) y (t)

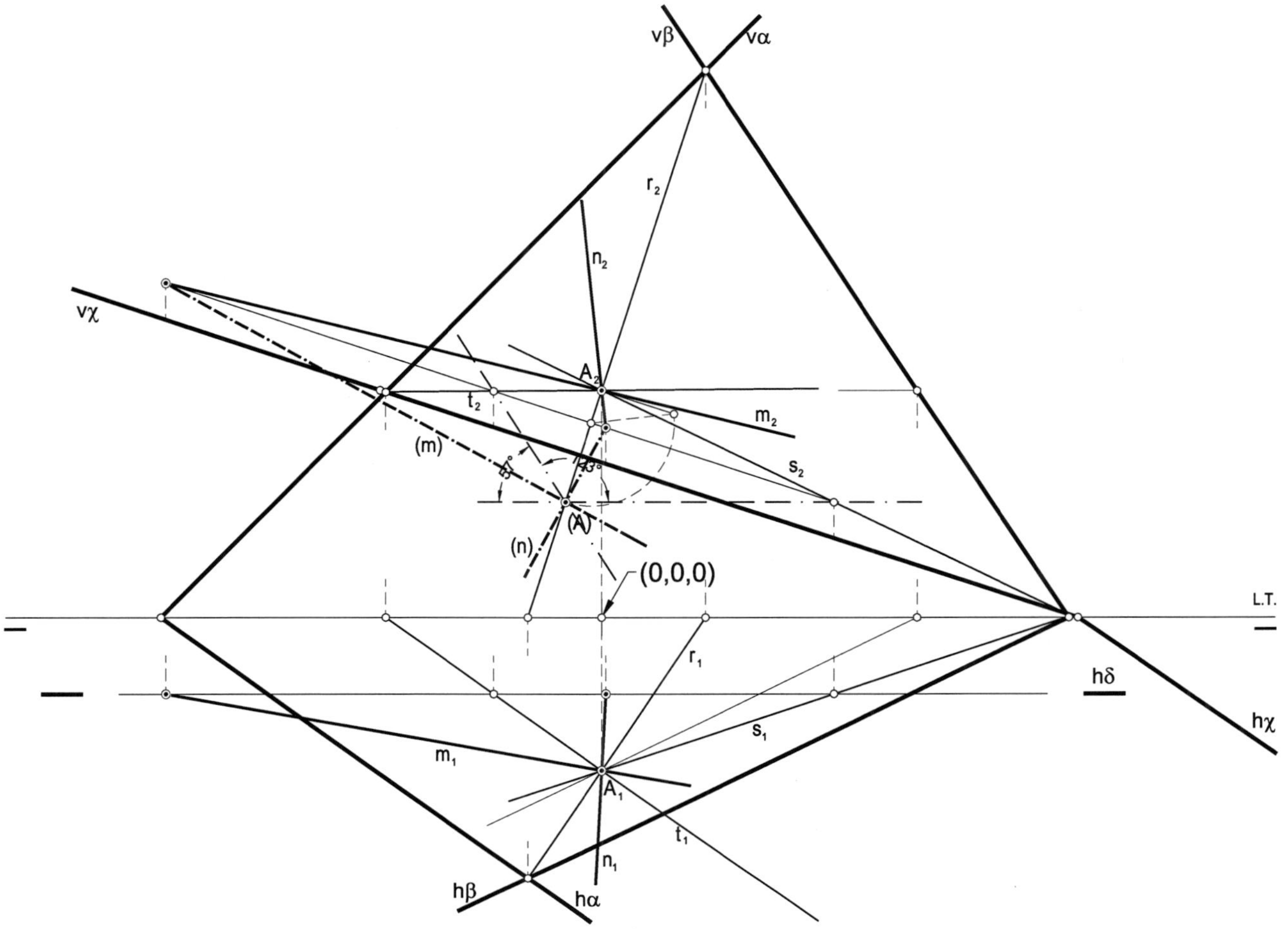

Fig. 32a

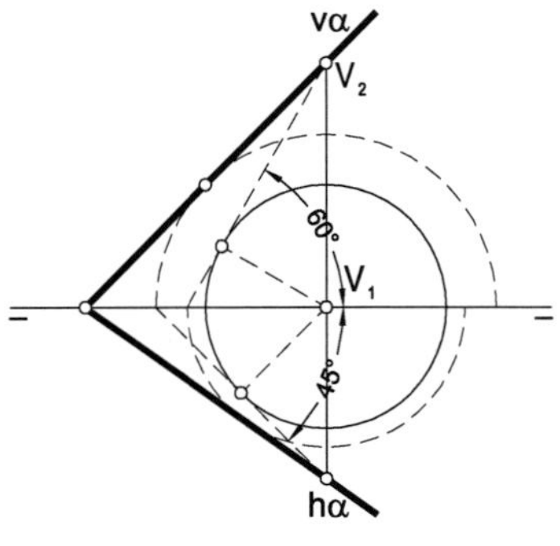

Fig. 32b

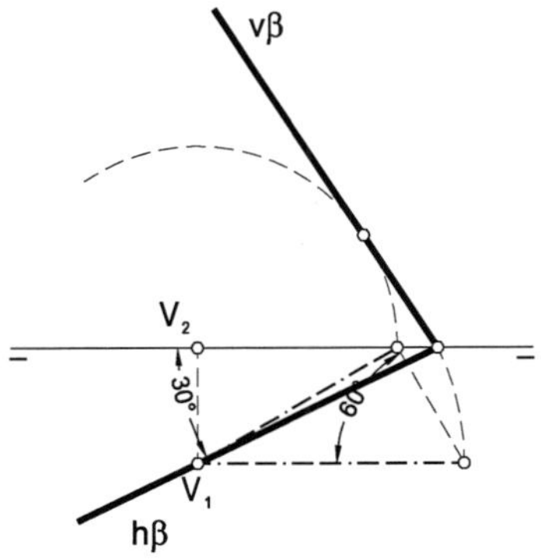

Fig. 32c

33

Por el punto A (4, 2, 3) trazar las rectas que forman 45º con el plano α (-4, 4, 6) y sean paralelas al plano β (5, 8, 4).

Solución:

- El punto A se toma como vértice de un cono cuyas generatrices formen 45 con el plano α.
- Por A una perpendicular a α, punto de intersección C, AC en VM (25.56mm) es la altura del cono, luego el radio del cono de 45º grados será de 25.56 mm.
- Abatir α con C y dibujar la base del cono.
- Por A un plano δ paralela a β
- El abatimiento de la recta intersección de α con δ → corta la base del cono en (E) y (D).
- Desabatiendo E, D y uniéndolos con A, tenemos las generatrices buscadas.

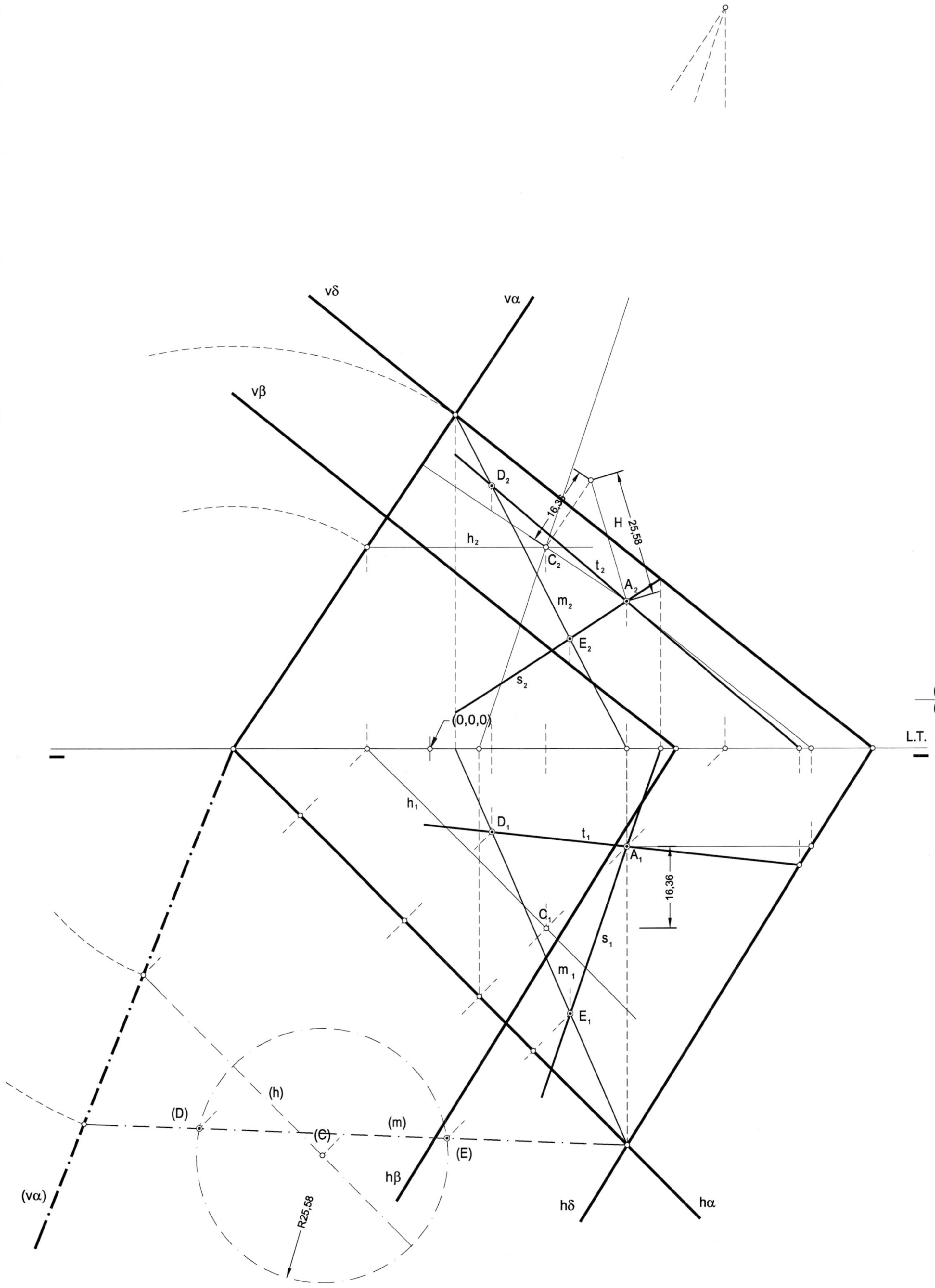

vδ
vα
vβ
D2
16,36
H
25,58
h2
C2
t2
A2
m2
E2
s2
(0,0,0)
L.T.
h1
D1
t1
A1
16,36
C1
s1
m1
E1
(h)
(D)
(C)
(m)
(E)
hβ
(vα)
R25,58
hδ
hα

Fig. 33

FIGURAS PLANAS

34.1

Los puntos A (-6, 5, 4), B (-2, 1, 1) y C(1, 3, 6) definen los vértices de un triángulo. Hallar la sombra arrojada del triángulo sobre los planos de proyección con luz paralela a 45º bajando de la izquierda. Los puntos D (3, 6, 7) y E (-4, 2, 2) definen el segmento, del cual se pide, hallar la intersección con el triangulo ABC. Dibujar dicho segmento con partes vistas y ocultas sabiendo que el triángulo es opaco y hallar la sombra arrojada del segmento sobre el triángulo y los planos de proyección con la misma dirección de luz definida anteriormente.

Solución;

- La sombra sobre los planos de proyección se obtienen a partir de las direcciones de la luz que pasan por los puntos A, B, C, hallando sus trazas → SA_1, SA_2, SB_1, SB_2, SC_1, SC_2.
- Intersección del segmento ED con el plano definido por los puntos ABC → I
- La sombra arrojada del segmento ED sobre el plano ABC → IN se obtiene a partir del punto SN_2 que es el punto intersección en las sombras arrojadas sobre los planos de proyección de los segmentos SE_2, SD_2 con SB_2, SC_2.

34.2

Los puntos A (-6,5,3), B (-2,2,6), C (2,3,4) son tres vértices consecutivos de un rectángulo plano. Se pide:

- Dibujar las proyecciones del rectángulo y hallar la sombra arrojada del rectángulo sobre los planos de proyección y el plano α (2,-4,-4).
- Hallar la intersección del segmento M (-6,7,6), N (4,0,0) con el rectángulo y hallar la sombra arrojada del segmento MN sobre los planos de proyección, sobre el plano P y sobre el rectángulo.
- La dirección de la luz es paralela a 45º bajando de la izquierda.
- Tanto los planos de proyección, como el rectángulo y el plano α son opacos.

Solución:

- El punto D se obtiene por intersección de las paralelas a BC y AD que parten de C y A.
- La sombra arrojada sobre los planos de proyección se obtiene como en casos anteriores.
- La intersección del segmento MN con el plano nos da I.
- La sombra arrojada del segmento MN sobre el rectángulo se obtiene pasando por M un rayo y hallando su intersección con el plano del rectángulo (SM).
- Sombra arrojada SM-I

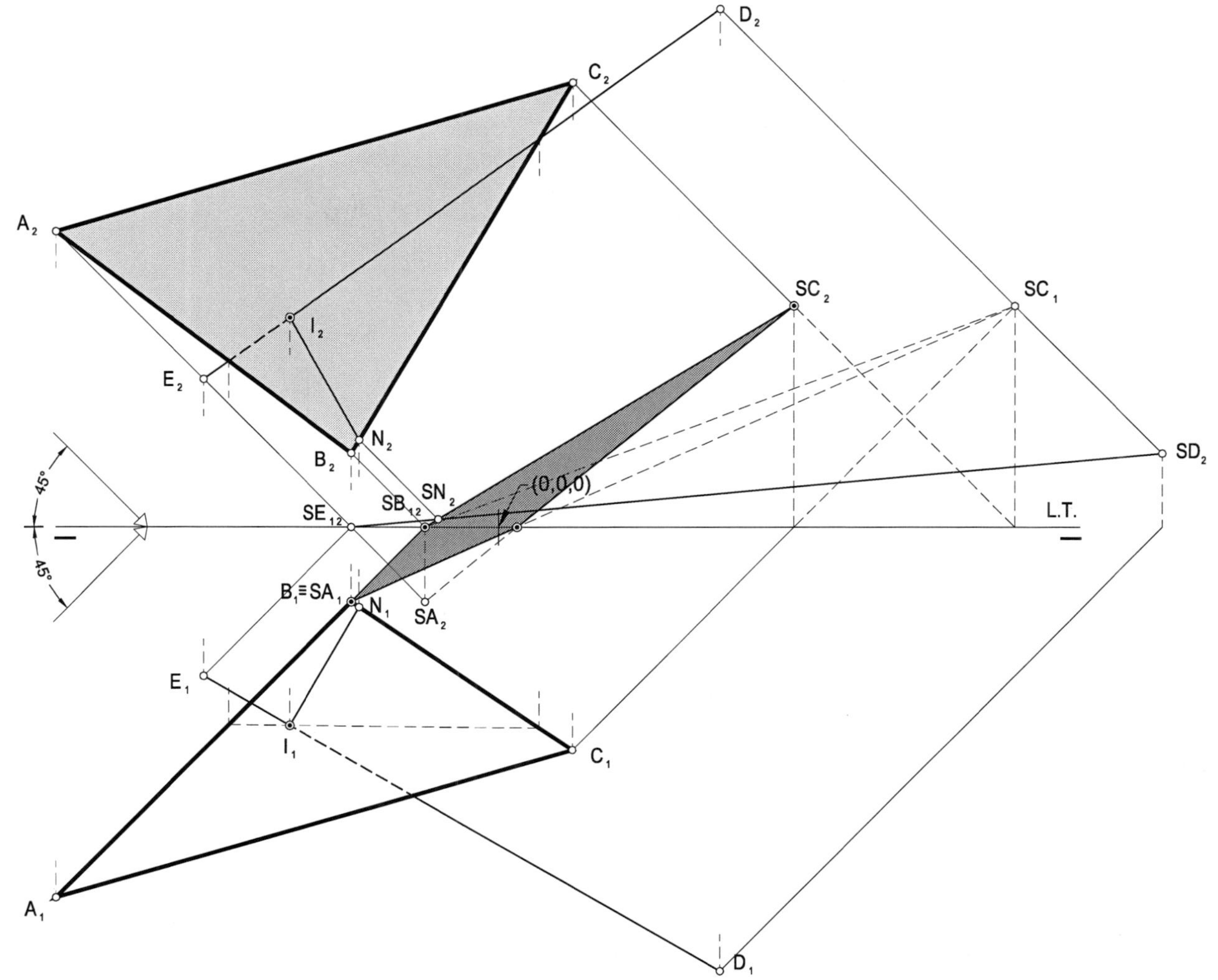

Fig. 34.1

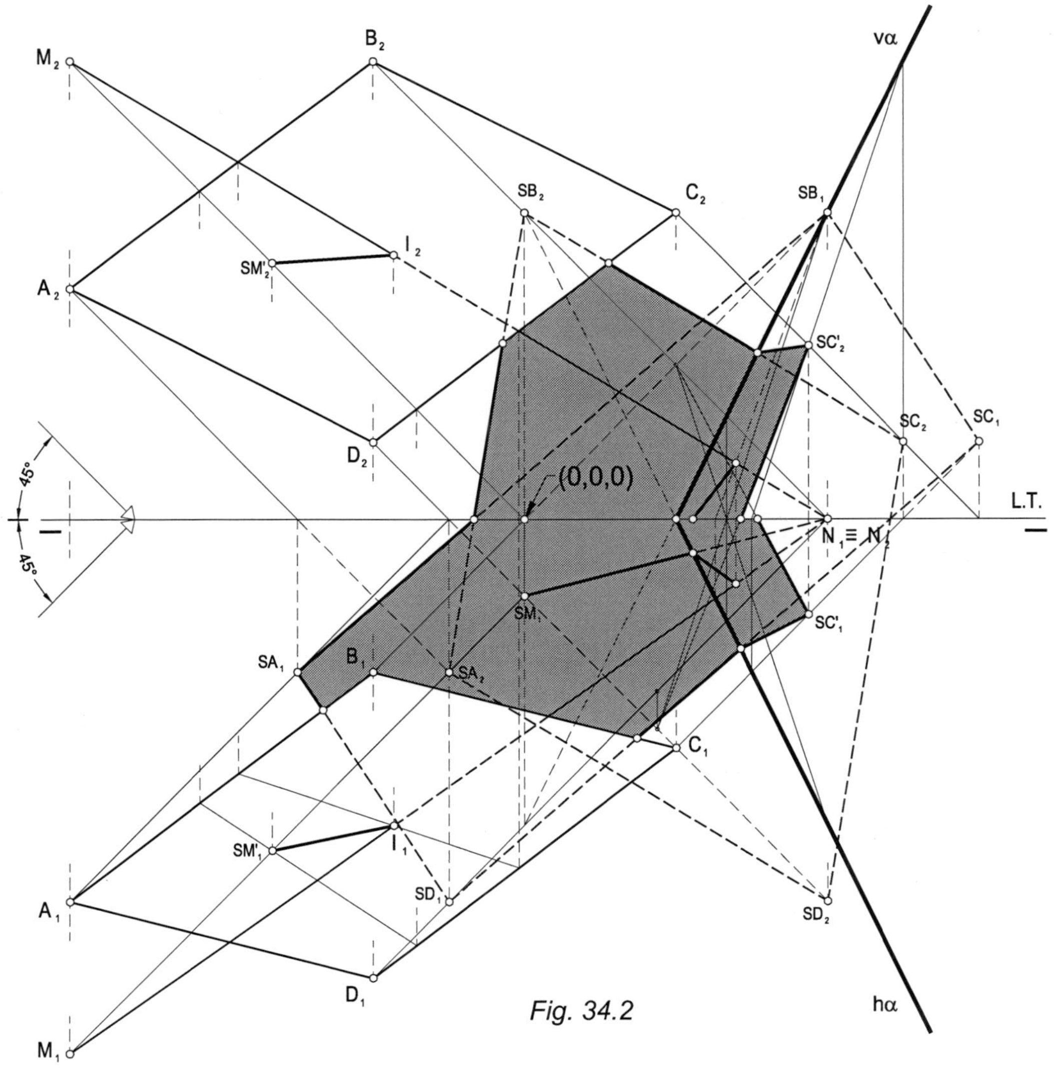

Fig. 34.2

35.1

Los puntos A (0, 7, 6), B (-5, 3, 2) y C (3, 0 ,1) definen los vértices de un triángulo escaleno y los puntos M(-6, 1, 1) y N(5, 6, 5) definen un segmento. Hallar la intersección del segmento MN con el triángulo ABC y dibujarlo con partes vistas y ocultas sabiendo que el triángulo es opaco. Dibujar la sombra del triángulo y del segmento sobre los planos de proyección y del segmento sobre el triángulo, con luz paralela a 45º bajando desde la izquierda.

Solución:

- Intersección de MN con el triángulo, punto I (intersección recta plano).
- La sombra del triángulo sobre los planos de proyección se obtiene trazando rectas paralelas a la dirección de la luz, se hallan sus trazas que unidas (las que están en el primer diedro) sabiendo que de haber sombras en ambos planos de proyección éstas se cortarán en L.T.
- La sombra del segmento MN sobre el triangulo se halla pasando un rayo por un punto del segmento; la intersección del rayo con el triángulo unida con I nos da la sombra arrojada.

35.2

Dibujar las proyecciones del cuadrilátero plano ABCD y del segmento EF y hallar todas las sombras arrojadas posibles, con luz paralela a 45º bajando de la izquierda, siendo A (-4, 4, 5), B (-2, 6, 6), C (4, 3, 2), D (1, -2, -1), E (-4, 6, 6) y F (5, 1, 1).

Solución:

- Intersección I del segmento EF con el cuadrilátero → se ha trazado el proyectante vertical del segmento EF y se obtiene el punto I de intersección, que a su vez será un punto de la sombra arrojada del segmento sobre el cuadrilátero.
- Por un punto cualquiera del segmento EF, recta paralela a la dirección de la luz e intersección con el cuadrilátero; uniendo ambos puntos se obtiene la sombra arrojada de EF con el plano ABCD.
- La sombra arrojada sobre los planos de proyección se realiza como en casos anteriores, hallando sus trazas.

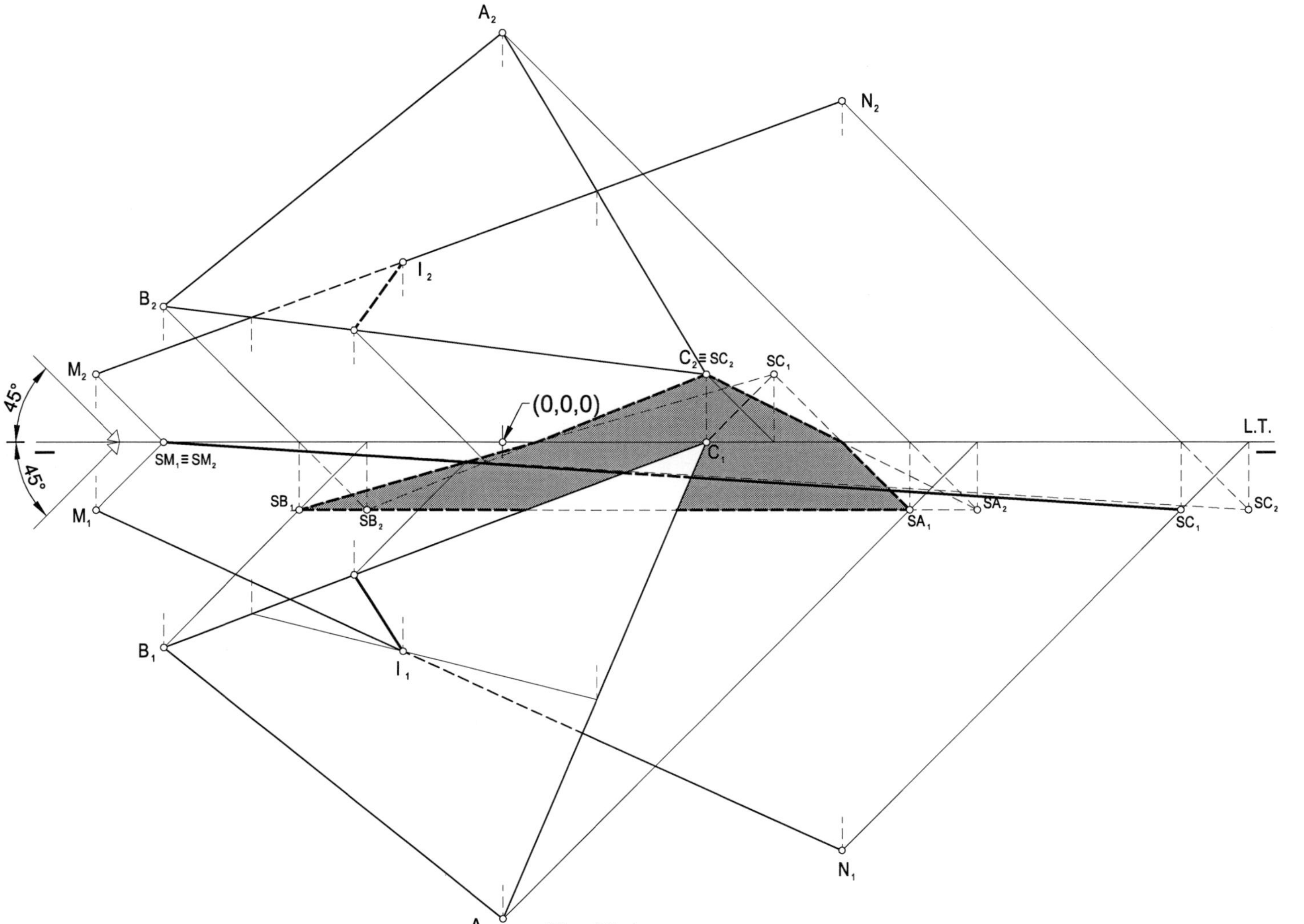

Fig. 35.1

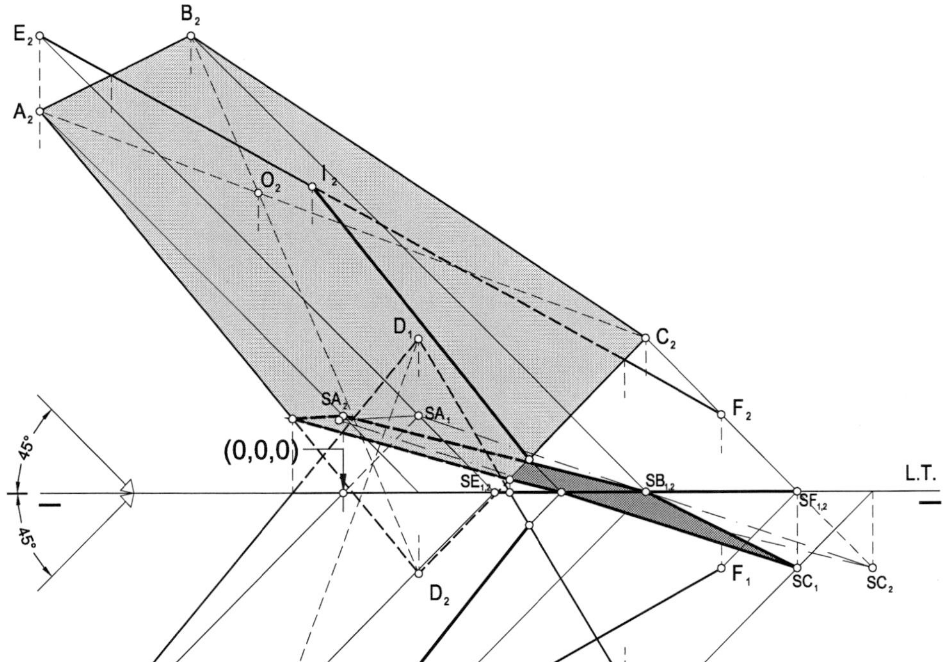

Fig. 35.2

36.1

Los puntos A (-6, 2, 4), B (-3, 6, 1), C (-2, 1, 6) y D (1, 3, Z) definen un cuadrilátero plano. Hallar la sombra del cuadrilátero sobre los planos de proyección y el plano α(-6, 6, 4) con luz paralela a 45° bajando de la izquierda, planos de proyección y plano α opacos.

• La solución se realiza de forma similar a casos anteriores.

36.2

Los puntos A (-9, 1, 2), B (-4, 6, 5) y C (1, 0, 1), definen tres vértices consecutivos de un rectángulo plano. Los puntos E (-5, 1, 2) y F (2, 3, 4) definen el segmento EF. Hallar la sombra arrojada sobre los planos de proyección del rectángulo y del segmento EF, así como la sombra que arroja dicho segmento sobre el rectángulo, con luz paralela a 45° bajando por la izquierda.

• La solución se realiza de forma similar a casos anteriores.

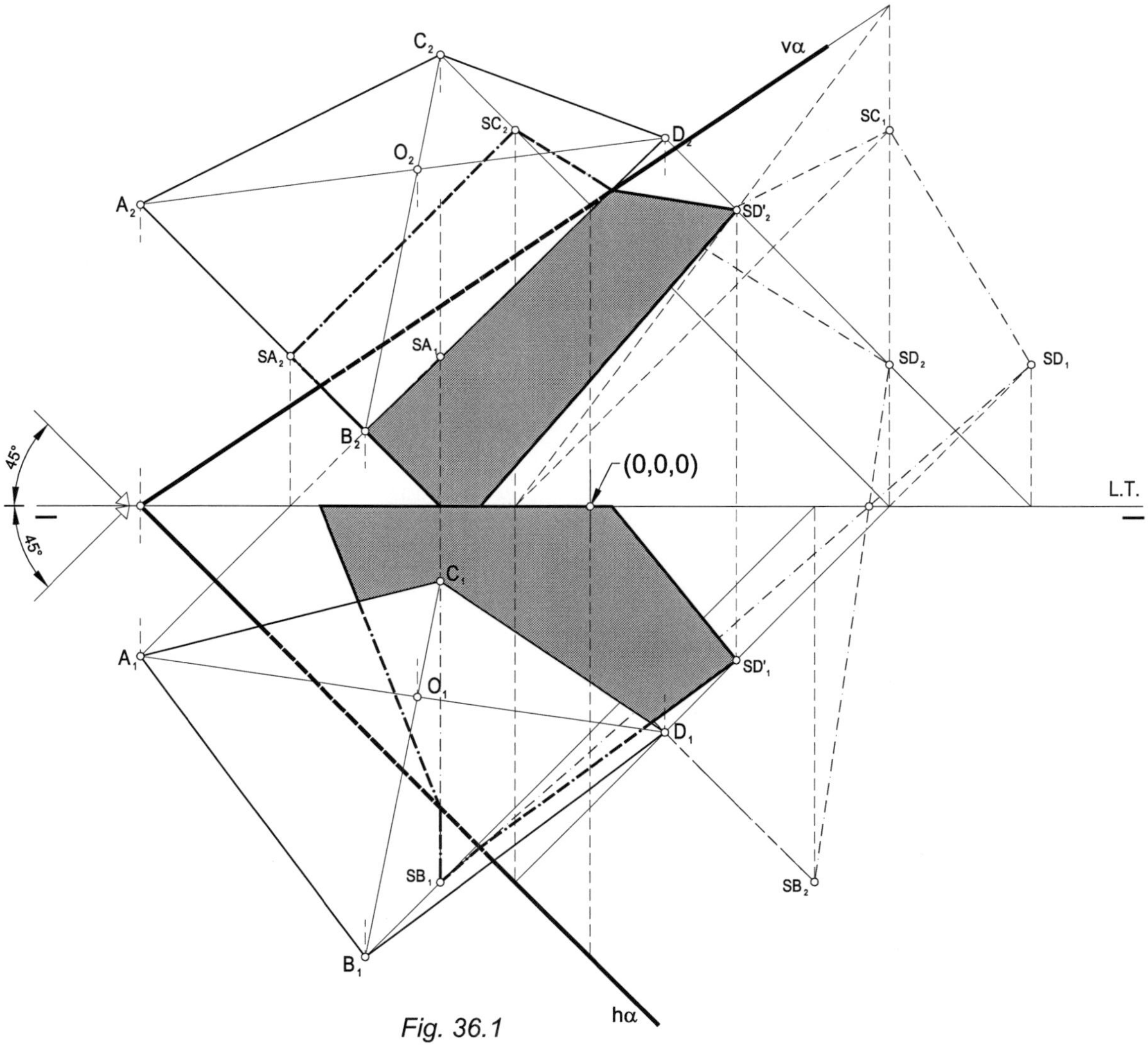

Fig. 36.1

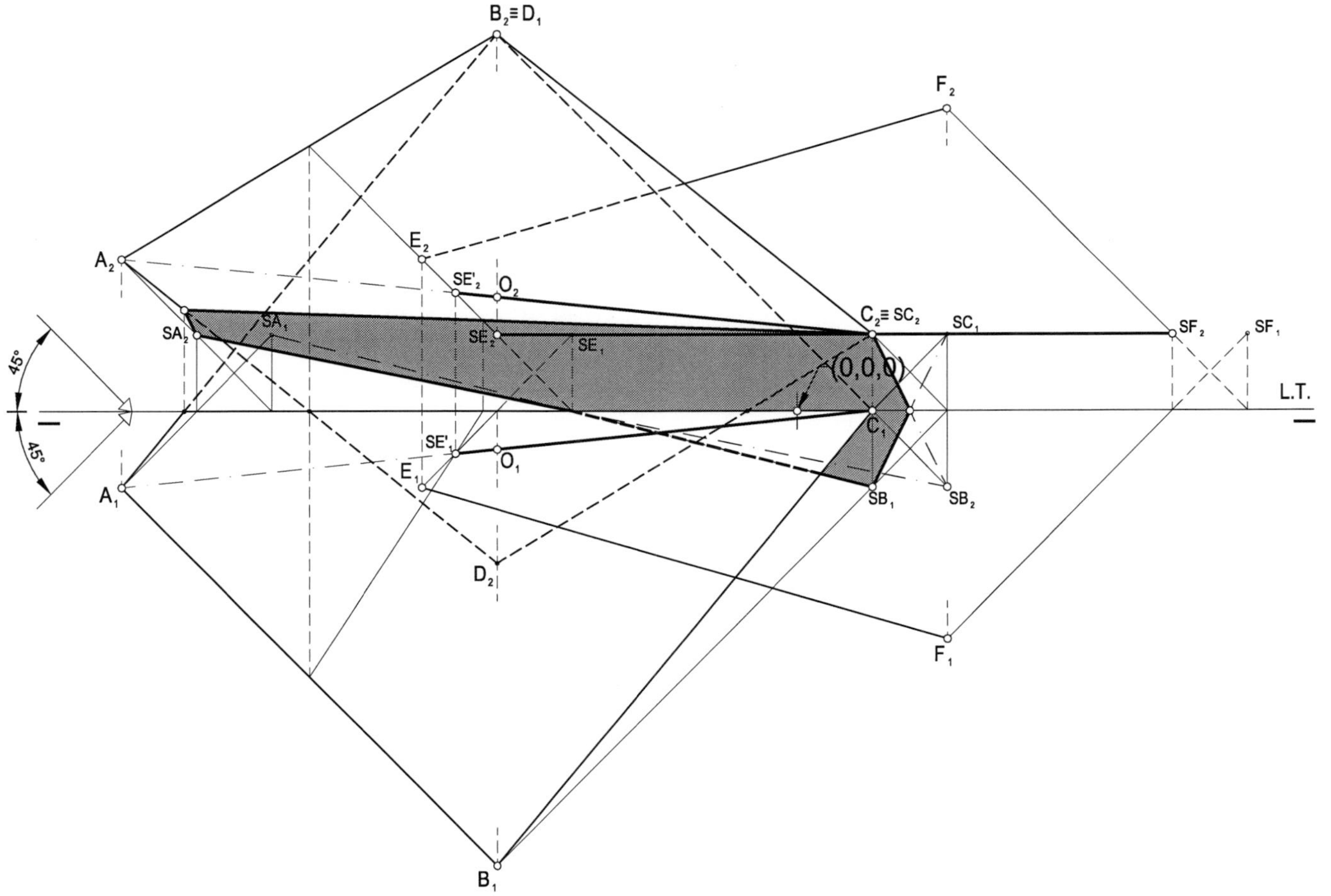

Fig. 36.2

37.1

Los puntos A (-7, 4, 6), B (-3, 2, -2) y C (0, 5, 3) son los vértices de un triángulo escaleno. Hallar la sombra propia y arrojada del triángulo sobre los planos de proyección y sobre el plano α (-2, 3, 2), con luz paralela a 45º bajando de la izquierda.

• La solución se realiza de forma similar a casos anteriores.

37.2

Hallar la sombra arrojada del triángulo de vértices ABC, A (-8, 0, 5), B (1, 3 ,0) y C (-4, 6 ,6), sobre los planos de proyección y sobre el plano α (-5, 5, 6) con luz paralela a 45º bajando de la izquierda, suponiendo que tanto el triángulo como los planos de proyección y el plano α son opacos.

• La solución se realiza de forma similar a casos anteriores.

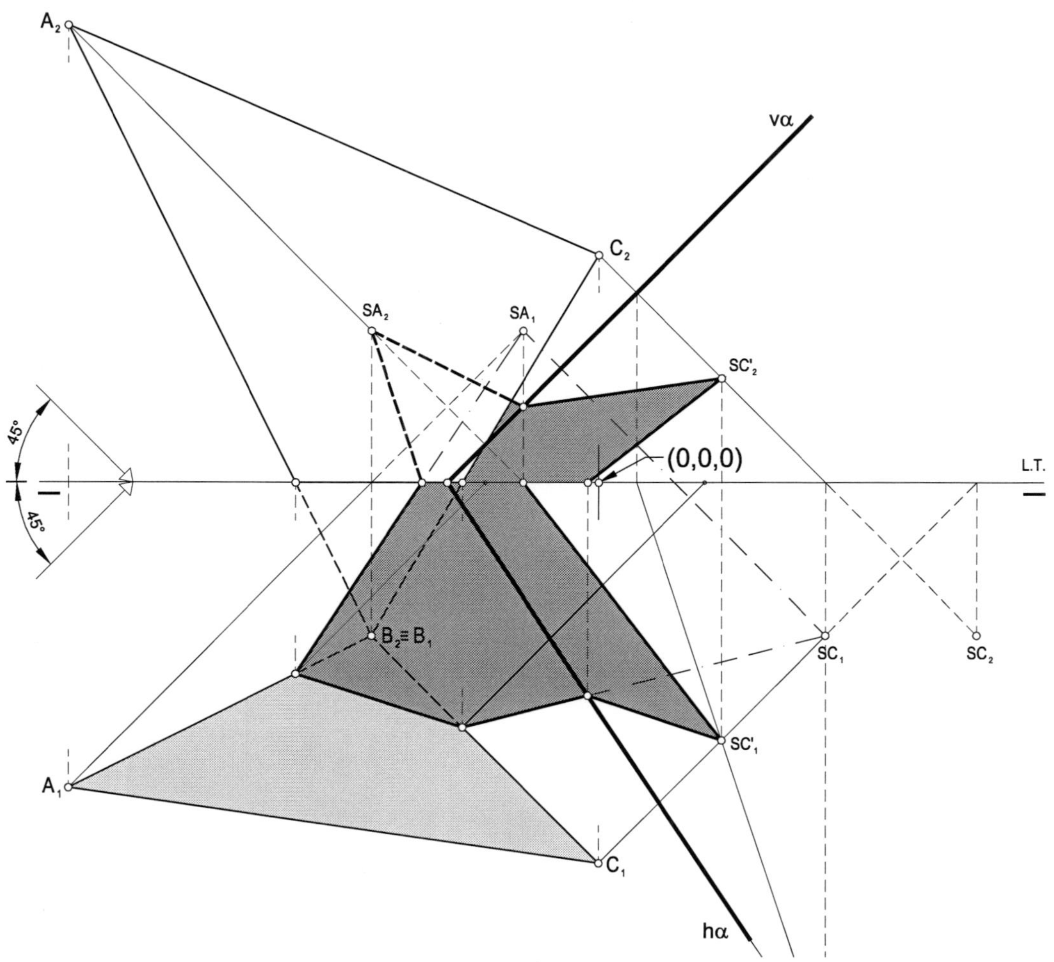

Fig. 37.1

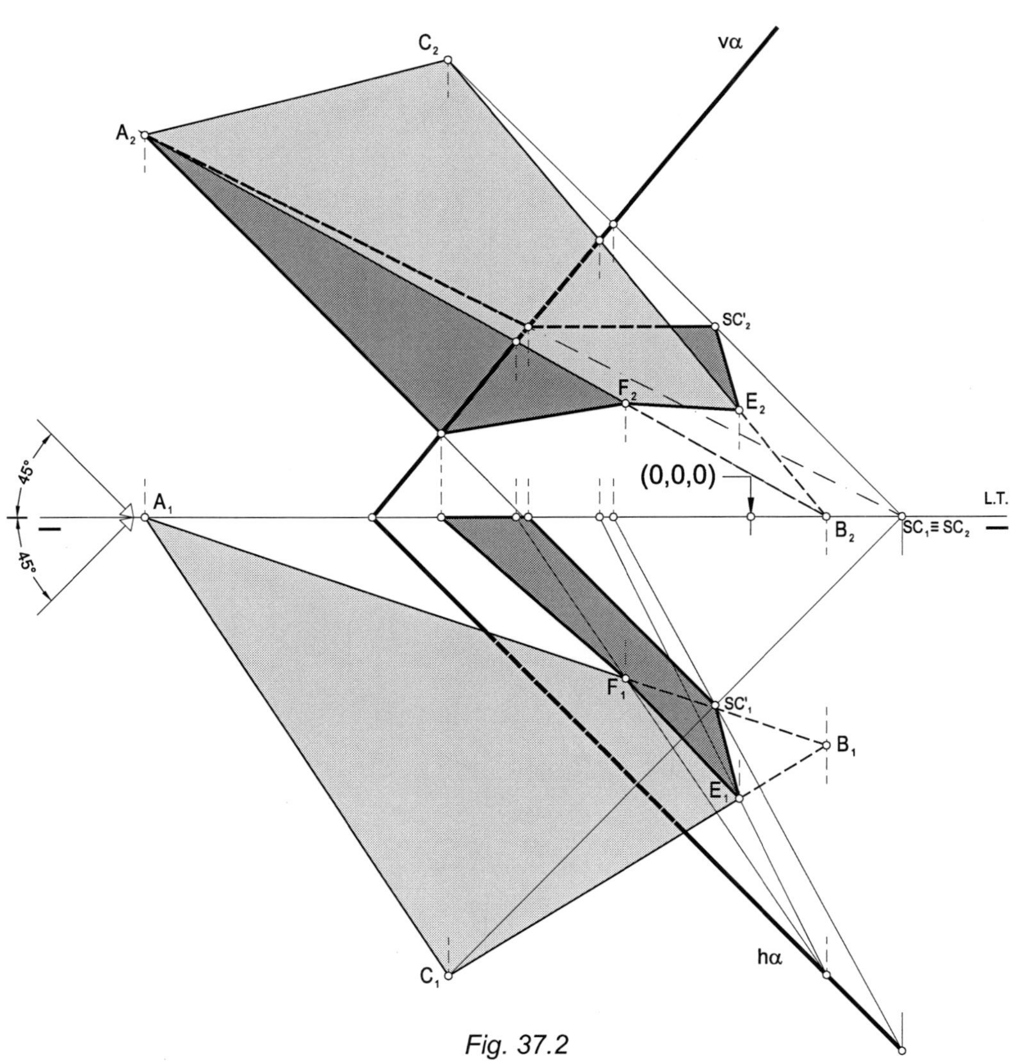

Fig. 37.2

38.1

Los puntos A (-2, 4, 2), B (0, 1, 6) y C (4, 5, 5) definen los tres vértices de un triángulo escaleno. Hallar la sombra arrojada por el triangulo sobre los planos de proyección y la sombra del segmento ED; E (6, 5, 7), D (-4,2, 2) sobre el triángulo y sobre los planos de proyección con luz paralela a 45º bajando de la derecha.

• La solución se realiza de forma similar a casos anteriores.

38.2

Los puntos A (-6, 3, 5), B (-2, 6, 1) y C (3, 1, Z) definen un triángulo escaleno situado en el primer cuadrante; el lado BC mide 9 cm. Dibujar las proyecciones del triangulo y hallar la sombra arrojada sobre los planos de proyección y el plano α (-2, 3, 4) con luz paralela a 45º bajando por la izquierda.

• La solución se realiza de forma similar a casos anteriores.

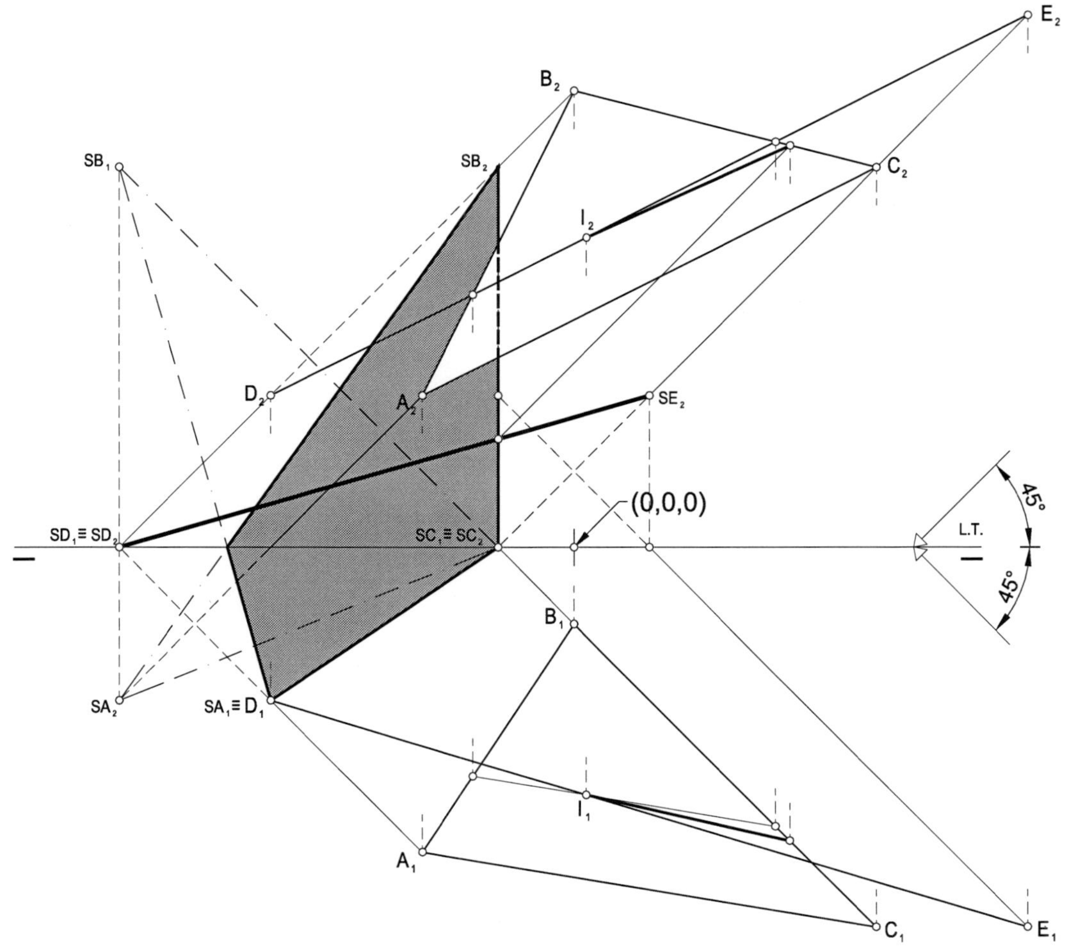

Fig. 38.1

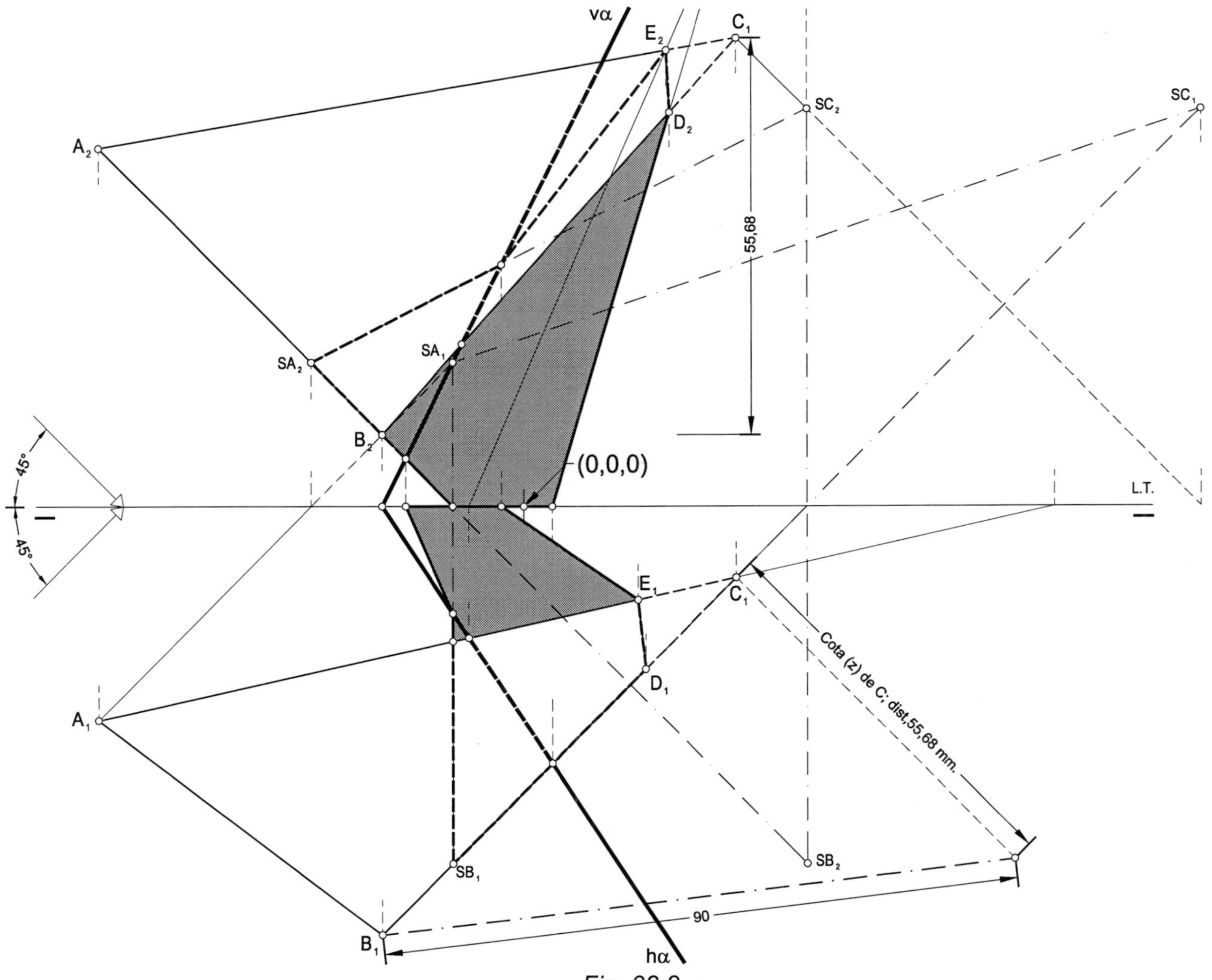

Fig. 38.2

39 Los puntos A (-6, 3, 4), B (-2, 6, 6) y C (X, 2, 3) son los vértices de un triángulo escaleno cuyo lado BC mide 7 cm. Dibujar las proyecciones del triángulo, sabiendo que el vértice C está situado a la derecha de B y hallar la sombra arrojada sobre los planos de proyección y el plano α (-3, 6, 5), con la luz paralela formando 60° con el P.H. y 30° con el P.V., bajando por la izquierda.

Solución:

- Para hallar la coordenada al origen de C, conocemos que BC mide 7 cm y la diferencia de cotas es de 3 cm, suficiente para hallar la longitud en horizontal.
- Lo demás como en ejercicios anteriores.

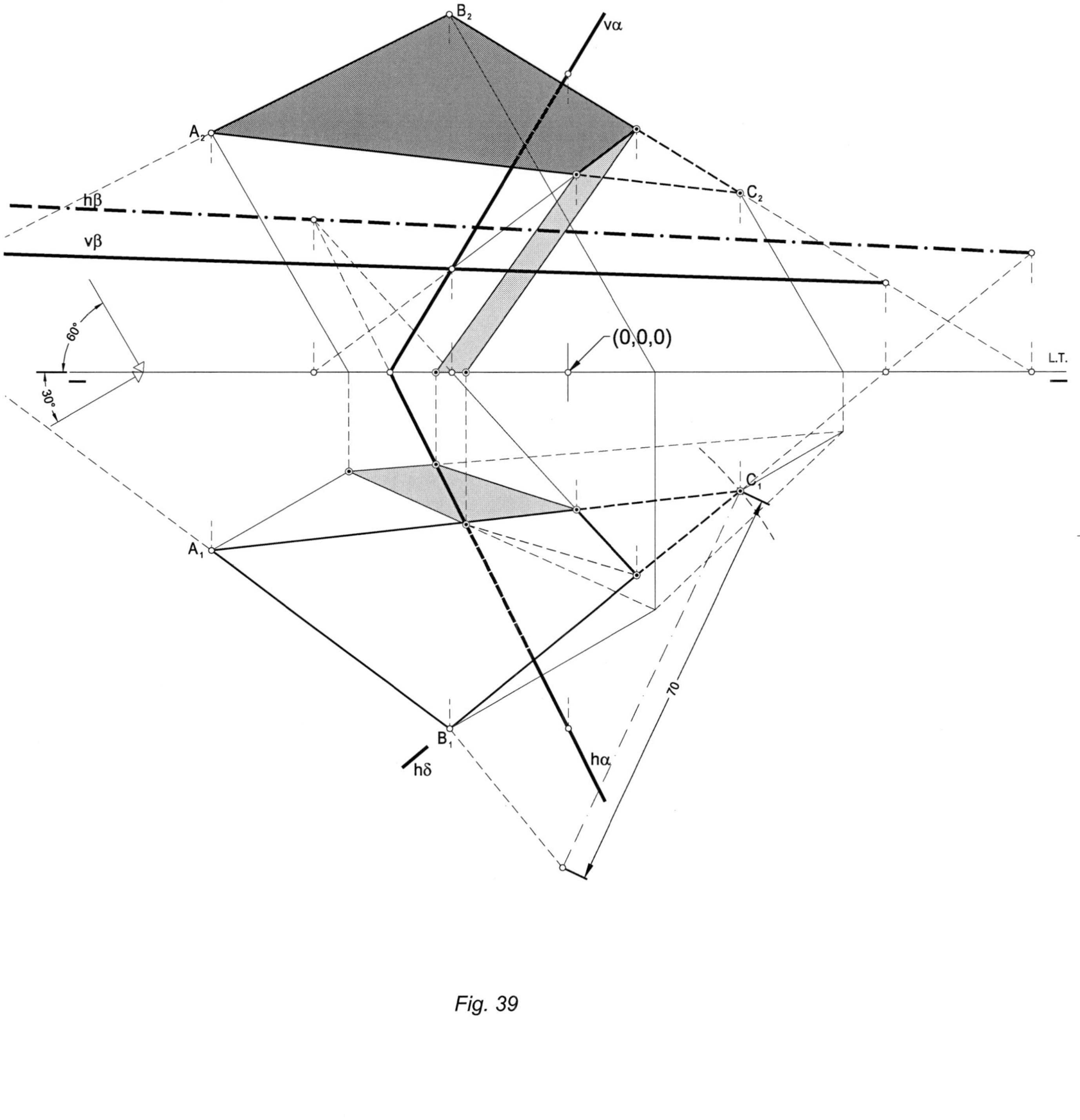

Fig. 39

40 Los puntos A (-3, 4, 3) y B (2, 1, z) son dos vértices contiguos de un cuadrado plano de 7 cm
Dibujar las proyecciones del cuadrado sabiendo que el vértice B está a más cota que el A y que el vértice C, opuesto al B, está situado en el plano horizontal de proyección y que todo el cuadrado se encuentra en el primer diedro.

Se pide:

- Girar el cuadrado alrededor de un eje de punta que pasa por el punto O (0, 4, 3) un ángulo de 90º en sentido contrario a la agujas del reloj.
- Hallar la intersección de ambos cuadrados y dibujarlos con partes vistas y ocultas sabiendo que ambos son opacos.
- Hallar las sombras arrojadas de ambos cuadrados sobre los planos de proyección y de uno sobre el otro, con luz paralela según se indica en la L.T.

Solución:

- Para conocer la posición de B construimos un triángulo rectángulo con hipotenusa 7 cm y con proyección horizontal de AB de cateto.
- Plano perpendicular a AB por el punto A, → α.
- Abatimos el punto A alrededor de hα y se obtiene (A) desde la cual con radio 7 cm, se corta en hα y se obtiene C en el plano horizontal; el vértice D se halla por paralelismo.
- Con centro en O, giramos todos los vértices 90º en proyección vertical, en horizontal se mueven paralelos a L.T.
- La intersección de ambos cuadrados se halla como intersección de recta con plano. Intersección de AB con el cuadrado A'B'C'D' y de C'D' con ABCD.
- La sombra, como en casos anteriores.

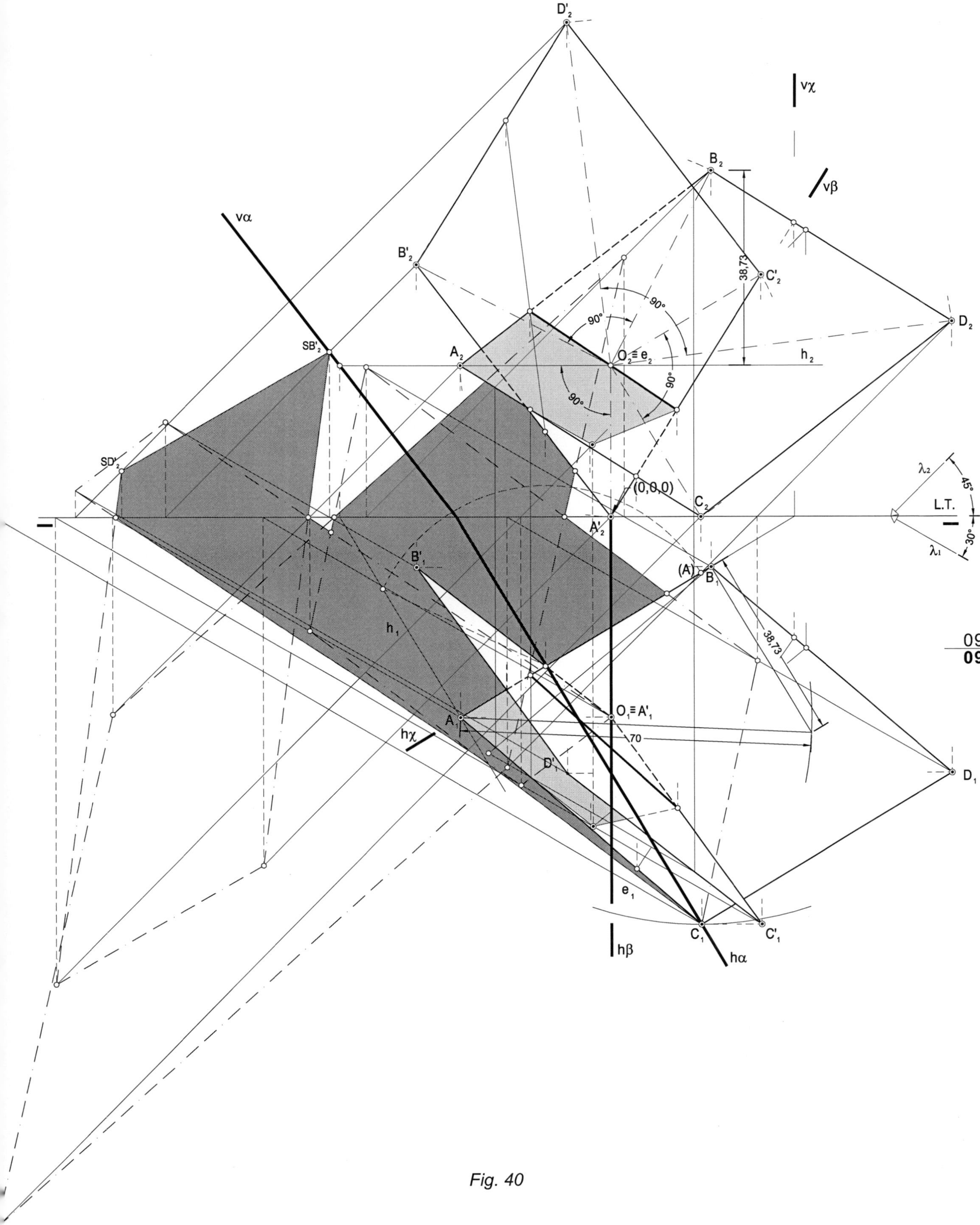
D'2
vχ
B2
vβ
vα
B'2
38,73
C'2
90°
90°
D2
SB'2
A2
O2≡e2
h2
90°
90°
SD'2
(0,0,0)
C2
λ2
45°
L.T.
A'2
30°
λ1
B'1
(A)
B1
h1
38,73
O1≡A'1
A1
hχ
70
D'1
D1
e1
hβ
C1
C'1
hα

Fig. 40

41 Representar las proyecciones de la figura plana adjunta, situada en el primer diedro, conocidos los vértices A (-4, 3, 2) y B (X, 2, 0) situado a la derecha de A y que el vértice C tiene cota 6 cm.
Hallar la sombra arrojada de la figura sobre los planos de proyección y el plano α (-2,-4,-5) opaco, con luz paralela a 45º bajando de la derecha.

Solución:

- Para situar B con respecto a A, conocemos cota, alejamiento y distancia entre A y B (7 cm).
- Construimos un triángulo rectángulo en el cual conocemos la hipotenusa (7 cm) y un cateto que vale 2 cm; por tanto el otro vale 6.71cm, distancia de proyección horizontal entre A y B.
- Para hallar C, por A plano perpendicular al segmento AB → β.
- Abatimos b y A junto con la horizontal de cota 6 cm, en la cual está situado C. Desde A, con una distancia de 8 cm, se corta a la horizontal 6 cm y se obtiene C.
- El resto de puntos, por paralelismo y proporcionalidad.
- La sombra, igual que en casos anteriores.

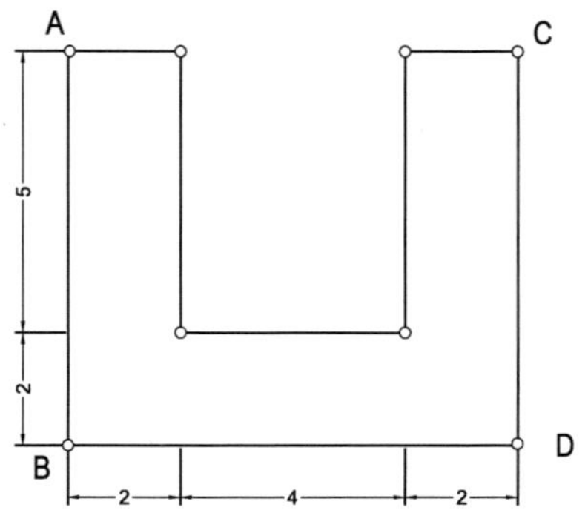

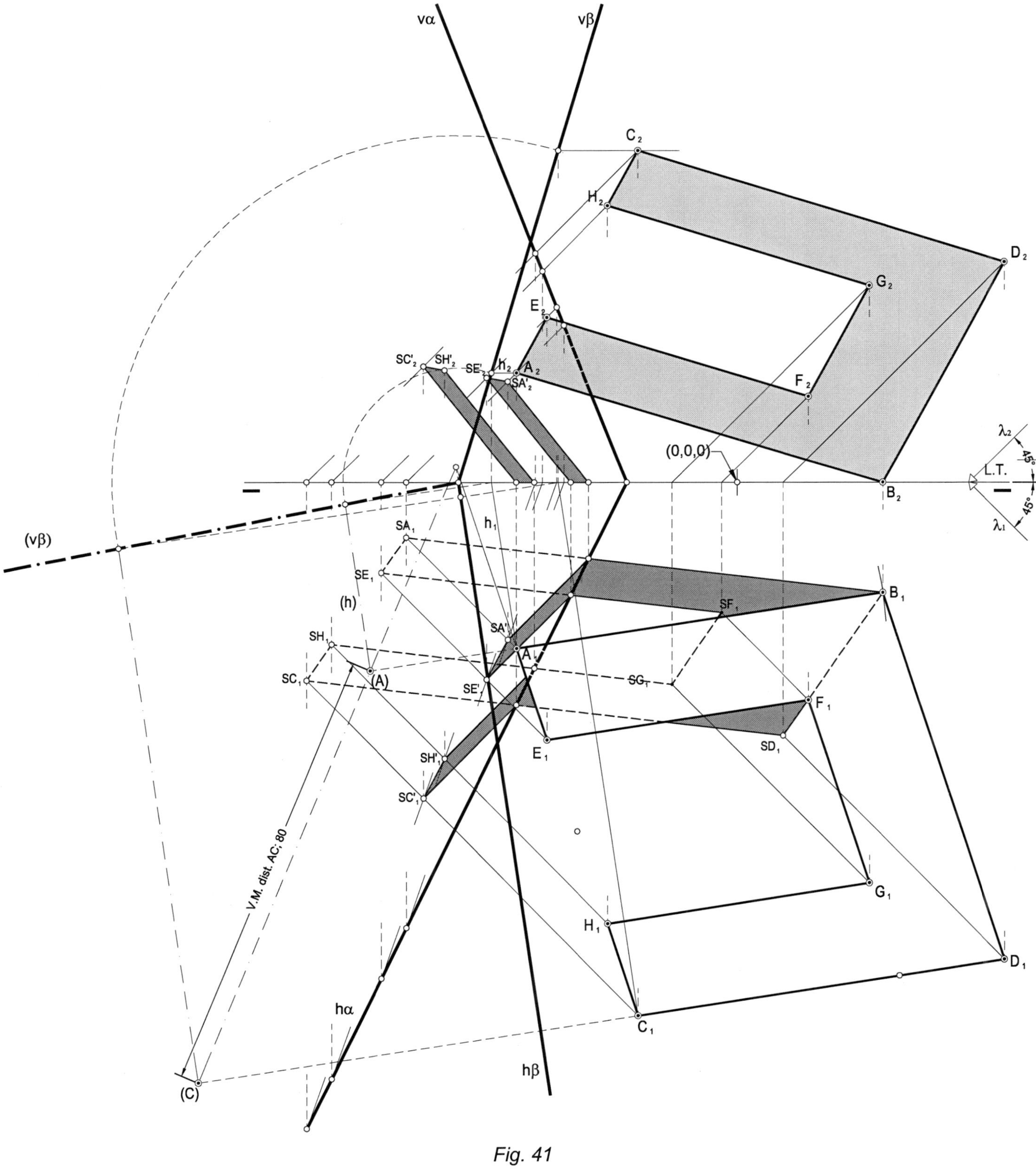

Fig. 41

094
095

42 Se considera el triángulo A (-7, 3, 2), B (-5, 9, 1) y C (-2, 2, 9), el segmento M (-8, 2, 4) y N (0, 7, 5) y el plano α (-3, 4, 3). Se pide:

- Sombra arrojada por el triángulo sobre el plano α y los de proyección. Intersección de MN con el triángulo.
- Sombra arrojada por MN sobre el triángulo, sobre a y los de proyección. Luz paralela a 45º por la izquierda.

- La solución se realiza de forma similar a casos anteriores.

— Triangulo $\widehat{ABC}$ + Segmento $\overline{MN}$

1º) ~~Sombra~~ segmento que arroja $\overline{MN}$ y $\widehat{ABC}$ sobre los planos de proyección

↳ $\widehat{SB_1, SC_1, SA_1}$

2º) // a la λ_2 por M_2, N_2 hasta $V\alpha$. → Unimos SM_2, SN_2

// a λ_1 por M_1, N_1 hasta $h\alpha$ → " SM_1, SN_1

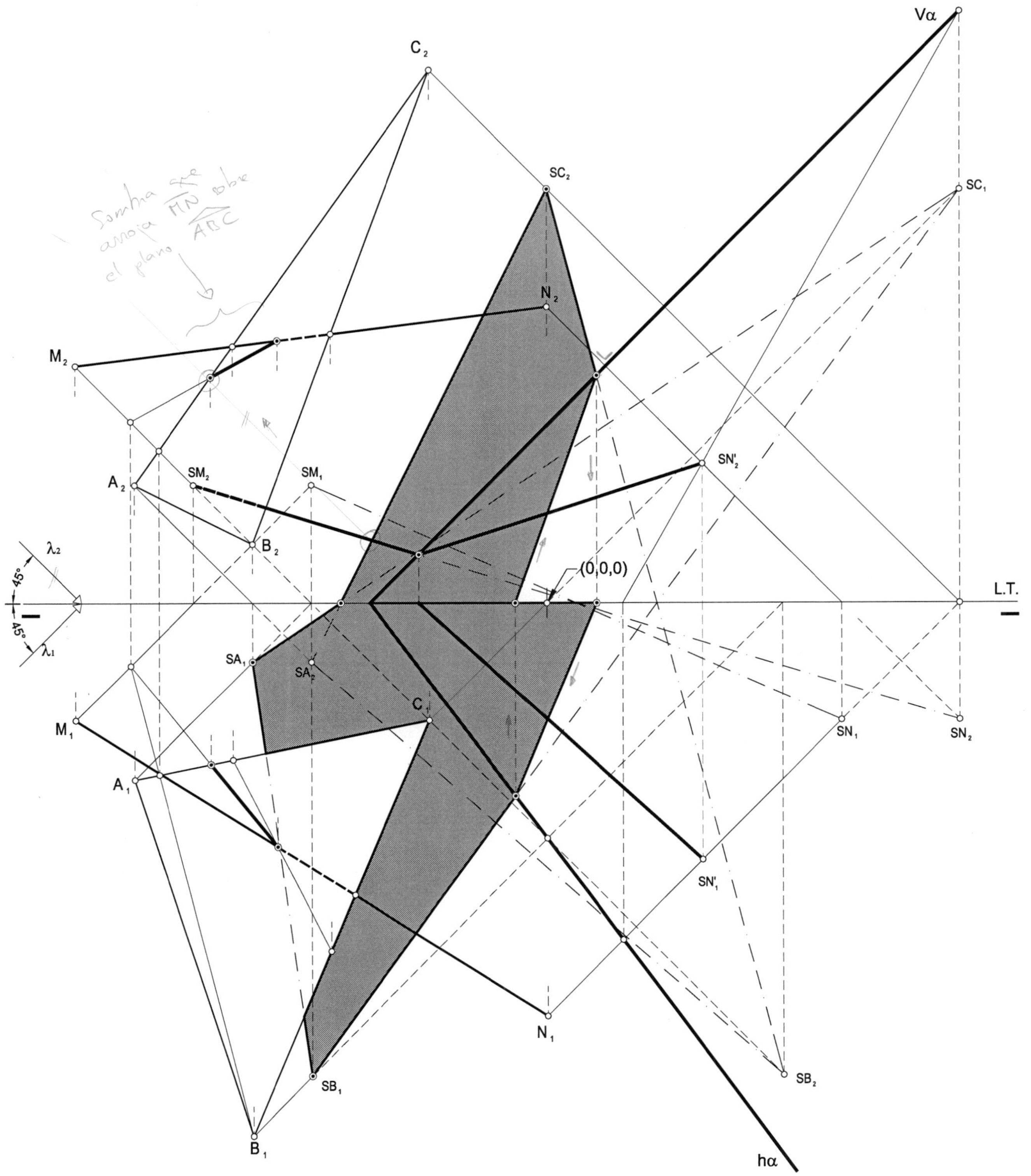
Vα
C₂
SC₂
SC₁
Sombra que arroja MN sobre el plano ABC
N₂
M₂
A₂
SM₂
SM₁
SN'₂
B₂
λ₂
45°
45°
λ₁
(0,0,0)
L.T.
SA₁
SA₂
C₁
M₁
A₁
SN₁
SN₂
SN'₁
N₁
SB₁
SB₂
B₁
hα

Fig. 42

43

Dibujar las proyecciones de la letra “A” representada al margen, sabiendo que su base CD se apoya sobre la recta r definida por los puntos M (-7, 0, 0) y D (1, 4, 1), teniendo el punto B situado en el plano vertical de proyección. Toda la letra “A” se encuentra en el primer diedro. Hallar la sombra arrojada de la letra sobre los planos de proyección con luz paralela a 30º bajando de la izquierda.

Solución:

- Se pone en VM el segmento MD y se proyectan ortogonalmente los vértices de la letra.
- Por B plano perpendicular a MD → α, que se situará en la traza vertical del plano α en la cota 80 mm.
- El resto de puntos se sitúan por paralelismo e intersección.
- Sombra arrojada como en casos anteriores.

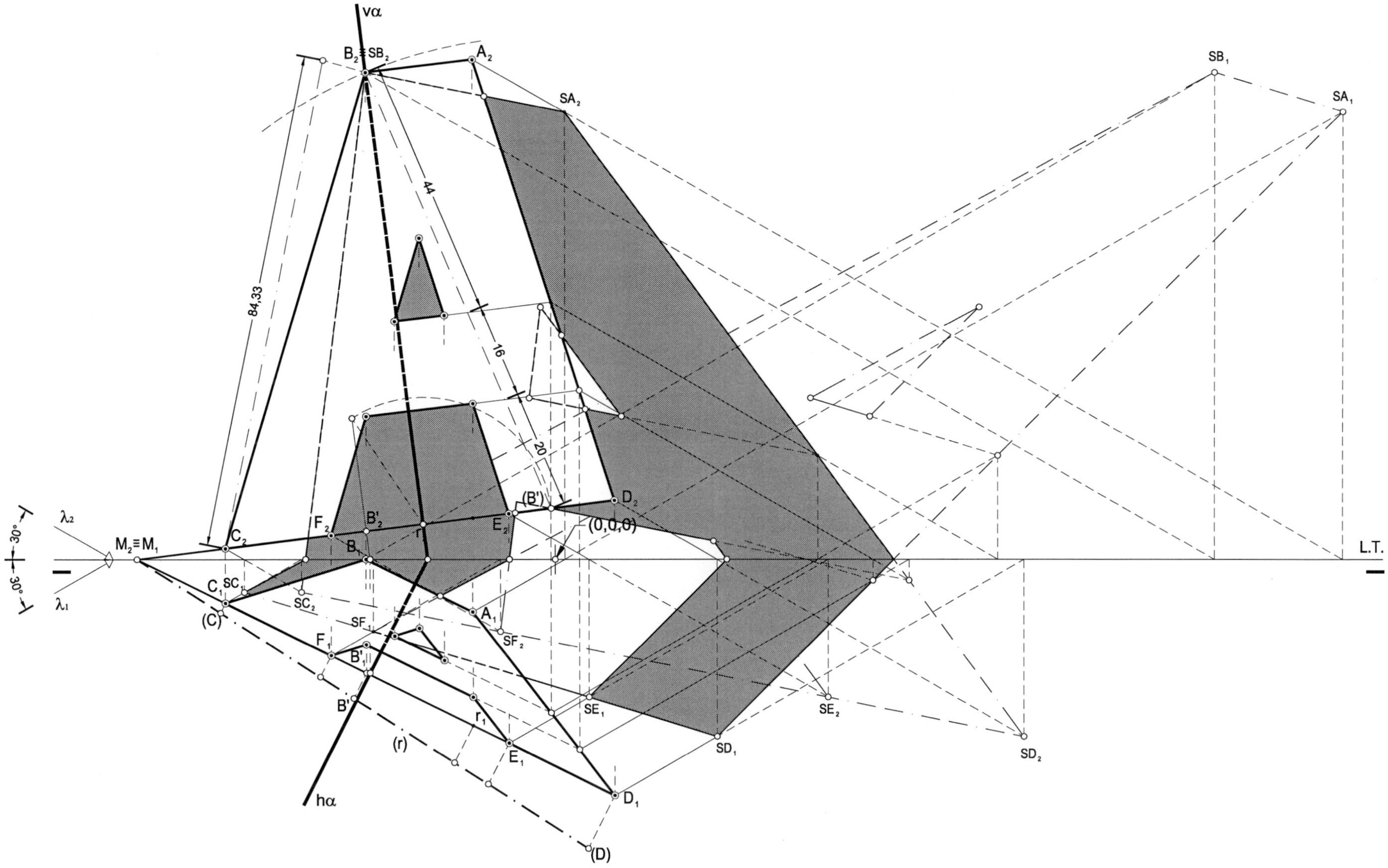

Fig. 43a

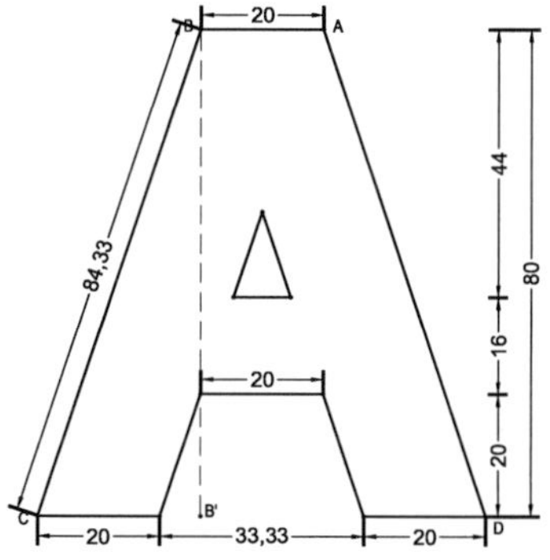

Fig. 43b

44

Los puntos A (3, 7, 4) y B (-5, 4, 7) definen la diagonal de un cuadrado. Dibujar sus proyecciones, sabiendo que el vértice C está situado lo más a la derecha posible. Se pide:

- Girar el cuadrado 90º en sentido horario, alrededor de la recta de punta que pasa por su centro de gravedad y dibujar sus proyecciones.
- Girar el cuadrado original 60º en sentido antihorario, tomando la misma recta de punta como eje, y dibujar sus proyecciones.
- Hallar la intersección de los tres cuadrados y dibujarlos con partes vistas y ocultas, sabiendo que las superficies de los tres cuadrados son opacas.

Solución:

- Por el punto medio M de la diagonal AB, plano perpendicular α.
- En el abatimiento de α junto con M se encuentra la otra diagonal con los vértices CD.
- Se giran 90º alrededor de M2 los cuatro vértices en proyección vertical, y en horizontal se desplazan en paralelo a L.T.
- El giro de 60º se realiza de la misma forma.
- La intersección de los tres cuadrados tiene como punto común M, por tanto se puede realizar como intersección de planos, o bien tomar una arista de uno de ellos y hallar la intersección con el otro.
- Las partes vistas y ocultas se realizan como en casos anteriores.

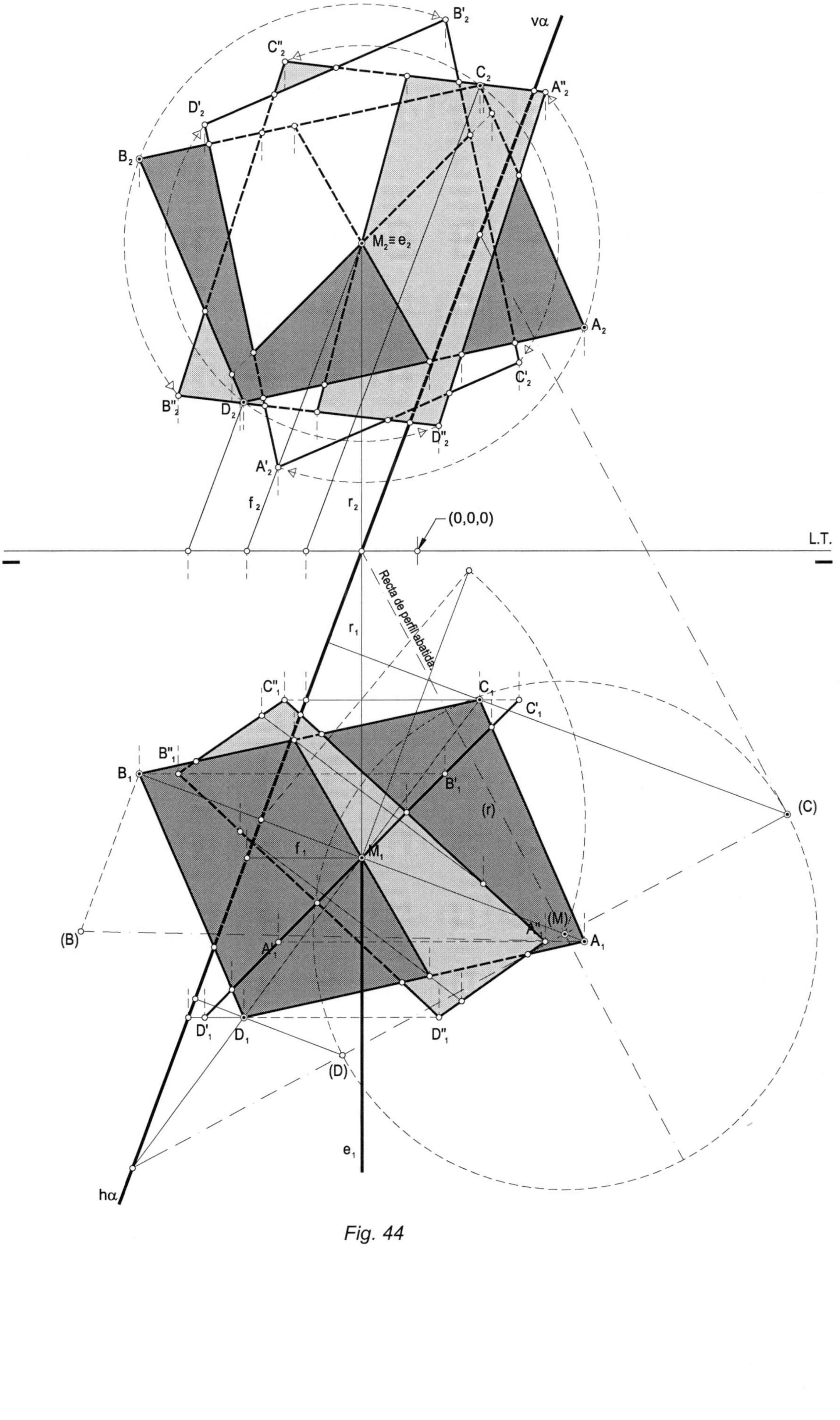
B'_2
$v\alpha$
C''_2
C_2
A''_2
D'_2
B_2
$M_2 \equiv e_2$
A_2
C'_2
B''_2
D_2
D''_2
A'_2
f_2
r_2
(0,0,0)
L.T.
Recta de perfil abatida
r_1
C''_1
C_1
C'_1
B''_1
B_1
B'_1
(r)
(C)
f_1
M_1
(M)
A''_1
A'_1
A_1
(B)
D'_1
D_1
D''_1
(D)
e_1
$h\alpha$

Fig. 44

RELACIONES METRICAS EN LOS POLIEDROS

	TETRAEDRO	OCTAEDRO	ICOSAEDRO	HEXAEDRO	DODECAEDRO
Altura de cara (*hc*) Diagonal de la cara (dc)	$hc = \frac{a}{2}\sqrt{3}$	$h_c = \frac{a}{2}\sqrt{3}$	$h_c = \frac{a}{2}\sqrt{3}$	$hc = a$	$dc = \frac{a}{2}\left(1+\sqrt{5}\right)$
Altura del poliedro (*H*) Diagonal principal (*Dp*)	$H = a\sqrt{\frac{2}{3}}$ $H = Rc + Ri$	$H = a\sqrt{2}$	$D_p = H = \frac{a}{2}\sqrt{10+2\sqrt{5}}$	$D_p = H = a\sqrt{3}$	$D_p = H = \sqrt{d^2+a^2} = \frac{a}{2}\sqrt{18+6\sqrt{5}}$
Distancia entre aristas (*da*)	$da = \frac{a}{\sqrt{2}}$	$d_a = a$	$d_a = \frac{a}{2}\left(1+\sqrt{5}\right)$ $d_a = Diagonal\_Pentágono\_Reg.$	$d_a = a\sqrt{2}$	$d_a = \frac{a}{2}\left(3+\sqrt{5}\right)$
Radio esfera tang. aristas (*Ra*) (Distancia del centro a las aristas)	$Ra = \frac{a\sqrt{2}}{4}$	$R_a = \frac{d}{2} = \frac{a}{2}$	$R_a = \frac{d}{2} = \frac{a}{4}\left(1+\sqrt{5}\right)$	$R_a = \frac{d}{2} = \frac{a\sqrt{2}}{2}$	$R_a = \frac{d}{2} = \frac{a}{4}\left(3+\sqrt{5}\right)$
Radio esfera circunscrita (*Rc*) (Distancia del centro a los vértices)	$Rc = \frac{a\sqrt{6}}{4}$ $Rc = \frac{3}{4}H$	$R_c = \frac{H}{2} = \frac{a\sqrt{2}}{2}$	$R_c = \frac{H}{2} = \frac{a}{4}\sqrt{10+2\sqrt{5}}$	$R_c = \frac{H}{2} = \frac{a\sqrt{3}}{2}$	$R_c = \frac{H}{2} = \frac{a}{4}\sqrt{18+6\sqrt{5}}$
Radio esfera inscrita (*Ri*) (Distancia del centro a las caras)	$Ri = \frac{a\sqrt{6}}{12}$ $Ri = \frac{1}{4}H$	$R_i = \frac{a\sqrt{6}}{6}$	$R_i = \sqrt{\left(\frac{d}{2}\right)^2 - \left(\frac{h}{3}\right)^2} = \frac{a}{2}\sqrt{\frac{7+3\sqrt{5}}{6}}$	$R_i = \frac{a}{2}$	$R_i = \frac{a}{2}\sqrt{\frac{25+11\sqrt{5}}{10}}$

POLIEDROS

45 Hallar las proyecciones del tetraedro regular ABCD conociendo los vértices A (-4, 4, 3), B (2, 6, 7) y que la proyección horizontal de una cierta recta MN (contenida en el mismo plano que la altura del tetraedro) pasa por el vértice C, recta M (2, 4, X), N (-1, 8, Y). Tanto el vértice C como el D están situados en el primer diedro y lo más cerca posible del plano horizontal.

- Construcción del tetraedro
- Hallar la sombra propia y arrojada del tetraedro sobre los planos de proyección con luz paralela a 45° bajando por la izquierda.

Solución;

- V.M. de la arista del tetraedro AB
- Sección principal del tetraedro a partir de la V.M. de la arista (fig. 44b)
- Por O punto medio de AB plano α perpendicular a la arista que contiene a la S.P.
- Abatimiento del plano α → (O)
- Abatimiento de la recta (M), (N) y posicionamiento de la S.P. abatida sobre el plano α → (C), (D)
- Desabatimiento de los puntos C, D y construcción del tetraedro
- Sombra arrojada sobre los planos de proyección → SD_1, LT, SB_2, LT, SA_1
- Sombra propia, caras → ABC, BCD, ACD

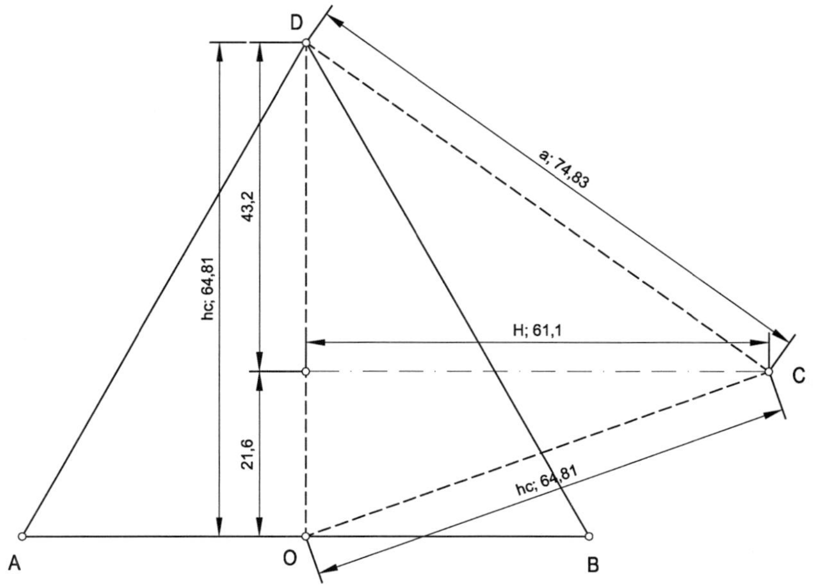

Fig. 45b

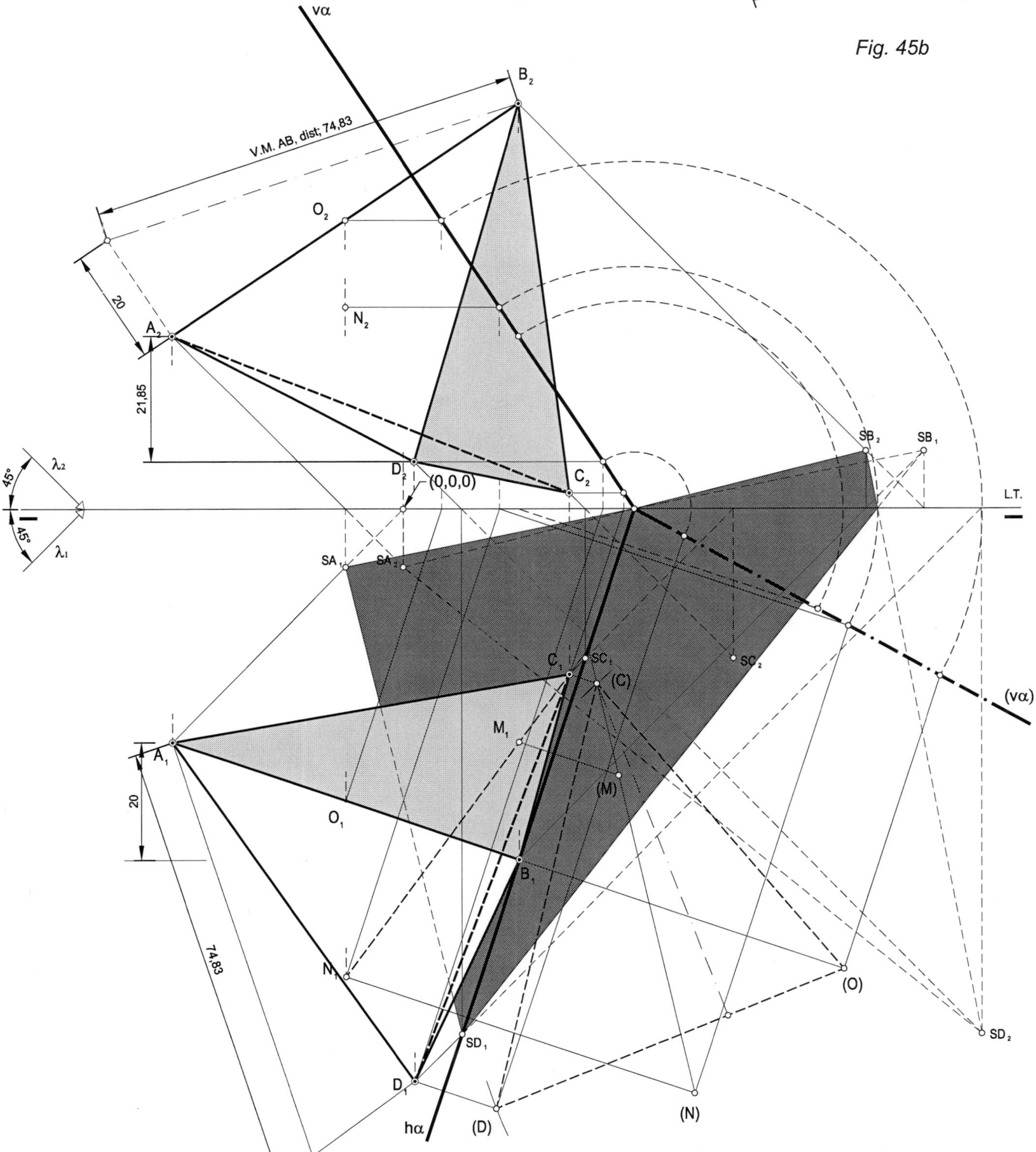

Fig. 45a

46 El triángulo equilátero ABC es una cara del un tetraedro regular de longitud de arista 6 m. Se pide dibujar las proyecciones del tetraedro sabiendo que se encuentra situado por completo en el primer diedro, que la arista BC forma 30° y 45° con el plano vertical y horizontal respectivamente, traza horizontal a la izquierda y en su punto medio coincide con el punto M (0, 3, 4), que el vértice D se encuentra en el plano vertical de proyección con la menor cota posible. Hallar la sombra propia y arrojada del tetraedro sobre los planos de proyección con luz paralela, bajando de la derecha.

Solución:

- Recta BC forma 30° y 45° con el plano vertical y horizontal respectivamente *(fig. 45b)*
- Colocación de la recta BC a partir de su punto medio M
- Construcción de la sección principal a partir de la magnitud de la arista BC *(fig. 45c)*
- Plano α perpendicular a BC que pasa por M y contiene a la S.P.
- Abatimiento del plano α sobre el horizontal y abatimiento de M
- Colocación de la S.P. a partir de (M), teniendo en cuenta que el punto (D) estará en (vα)
- Desabatimiento de los puntos (D), (A) y construcción del tetraedro
- Sombra arrojada sobre los planos de proyección → SC_2, LT, SB_1, SA_1, LT, SD_2
- Sombra propia caras → ABD, BCD

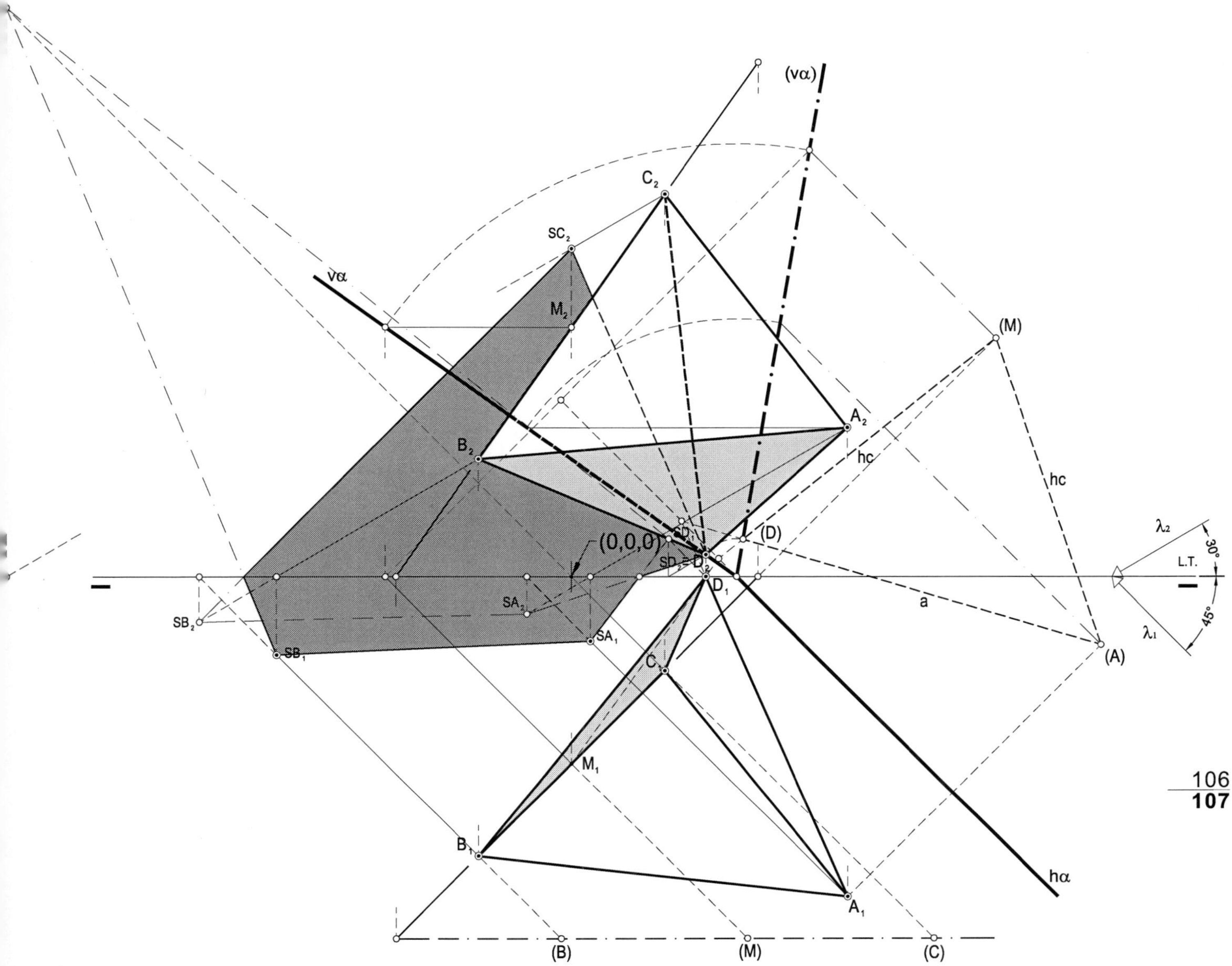

Fig. 46a

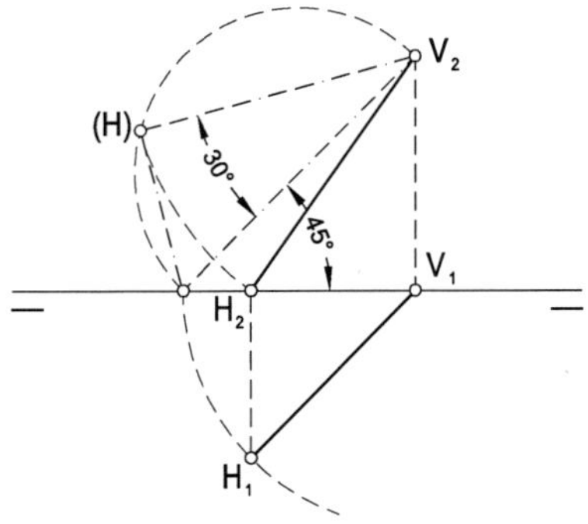

Fig. 46b

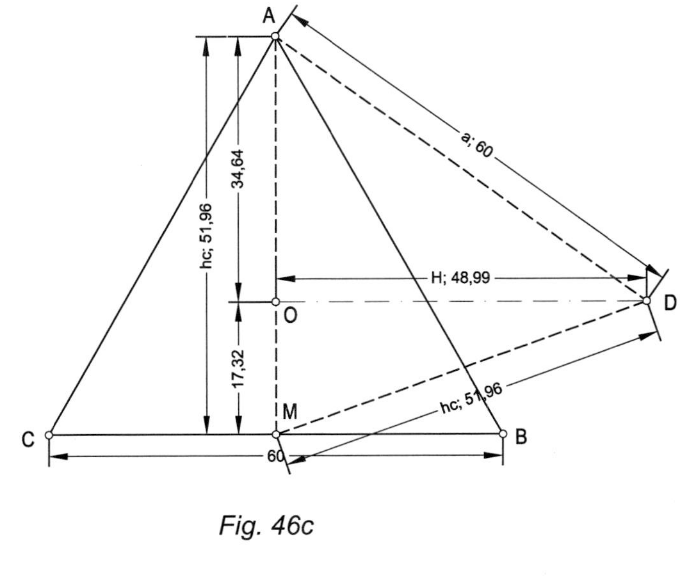

Fig. 46c

47 Sobre la recta AB; A (-4, 0, 3), B (5, 5, 3), se proyecta la arista de un tetraedro regular, los otros dos vértices que no se encuentran sobre la recta AB son el vértice C (1, 0, 9) y el F que tiene la máxima cota posible y está situado a la izquierda de C. Dibujar las proyecciones del tetraedro y hallar la sombra propia y la arrojada por el tetraedro sobre los planos de proyección con luz paralela a 45º bajando de la derecha.

Solución:

- Recta AB horizontal
- Recta CM perpendicular a AB en proyección horizontal
- V.M. de la recta CM que será la altura de una cara del tetraedro
- Construcción de la S.P. a partir de la altura de la cara *(fig. 46b)*
- La recta CM tendrá la misma dirección que la CF en proyección horizontal, por tratarse de aristas opuestas del tetraedro.
- Abatimiento de la S.P. del tetraedro sobre el P.H. → (M) - (C) - (F)
- Desabatimiento del punto F y construcción del tetraedro
- Sombra arrojada sobre los planos de proyección → SD_1, LT, SC_2, SF_2, LT, SD_1
- Sombra propia del tetraedro caras → DEF, CDE, CEF

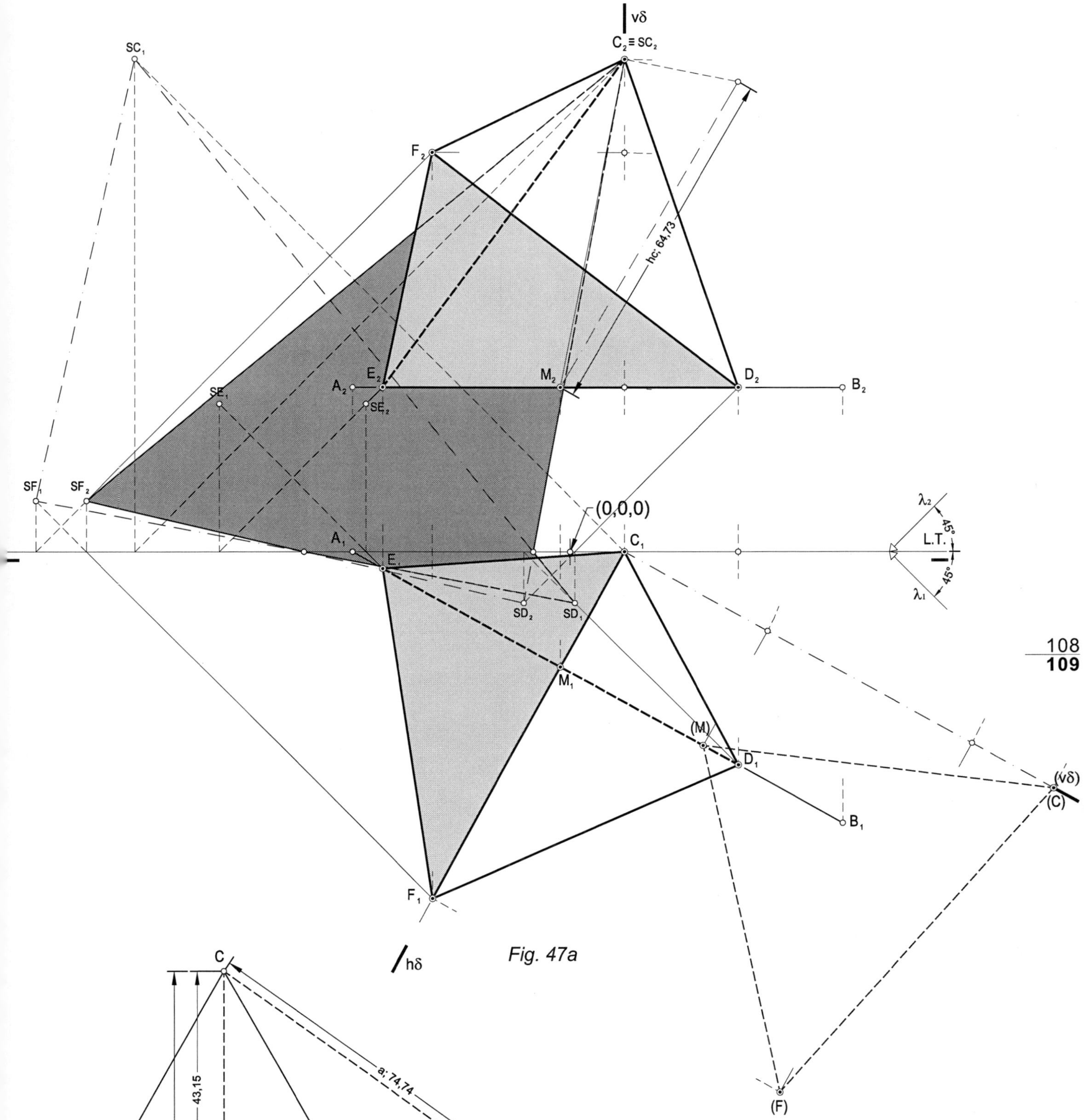

Fig. 47a

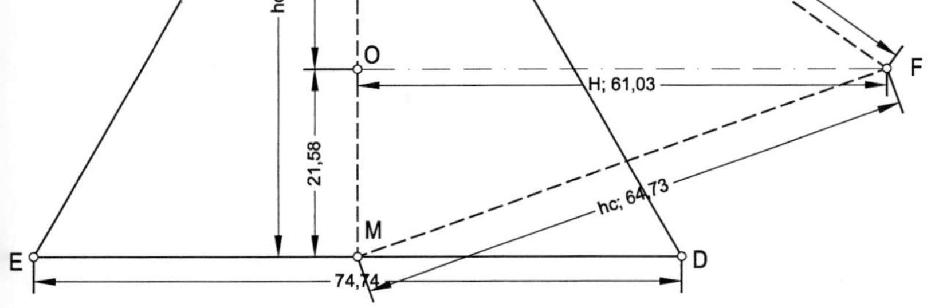

Fig. 47b

48 Sobre la recta A (-6, 2, 3) B (-2, 6, 7) se encuentra la arista de un tetraedro regular. El punto M (2, 3, 4) es el punto medio de la arista opuesta. Dibujar las proyecciones del tetraedro y hallar su intersección con el triángulo L (-6, 6, 7), N (-2, 1, 2), P (3, 4, 5), sabiendo que ambos son opacos; dibujarlos con partes vistas y ocultas.

Solución:

- Por el punto M, plano α perpendicular a la recta AB
- Intersección de la recta AB con el plano α → C
- V.M. de la recta MC
- Construcción de la S.P. del tetraedro a partir de la distancia entre aristas, haciendo una homotecia *(fig. 47b)*
- Abatimiento sobre el P.H. del plano α y de los puntos M y C
- Obtención de la arista (F) - (G) en el abatimiento perpendicular a (M) - (C)
- Desabatimiento de F - G y construcción del tetraedro
- Intersección del tetraedro con el plano definido por los puntos L-N-P
- Definición de las partes vistas y ocultas

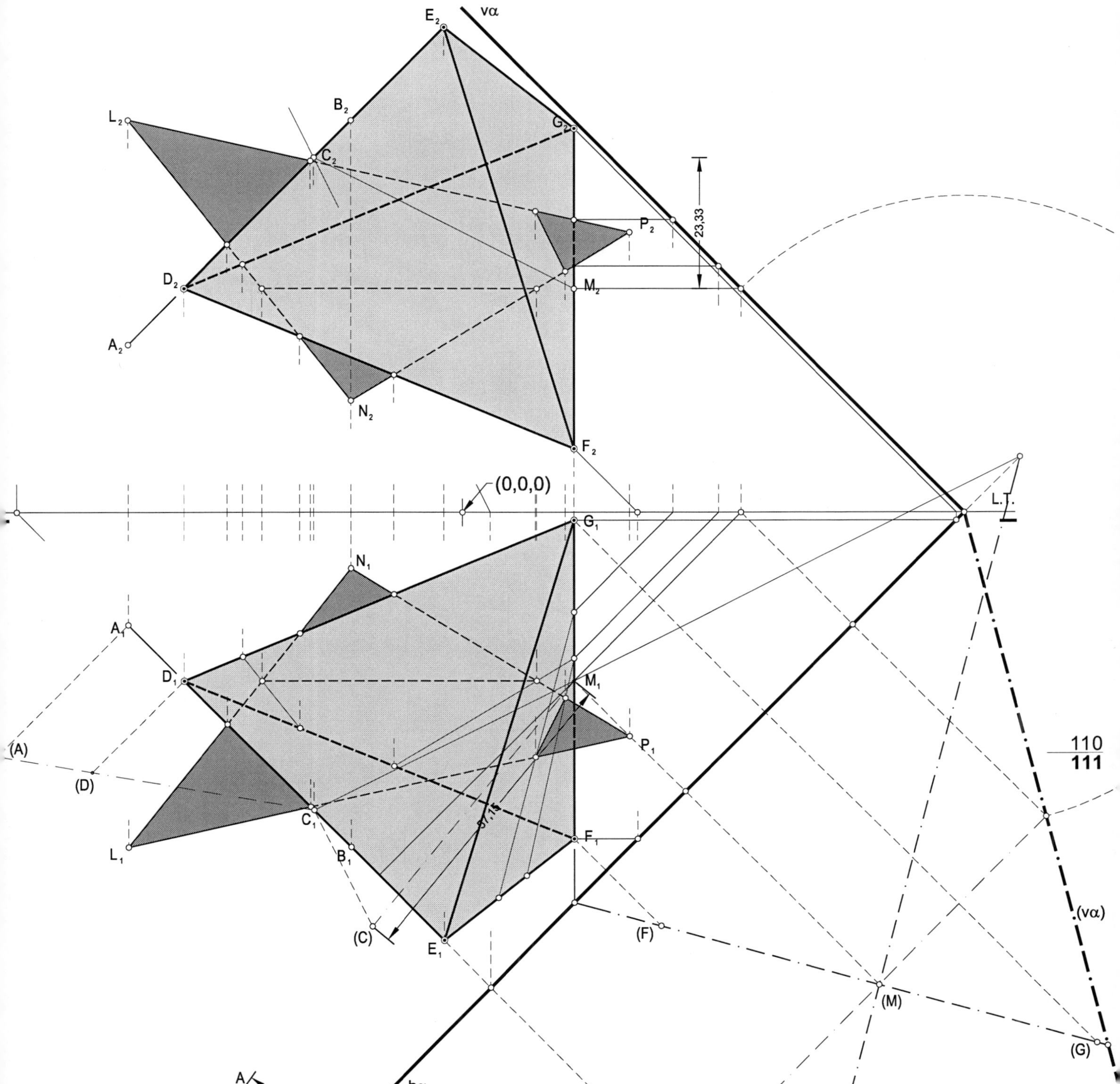

Fig. 48a

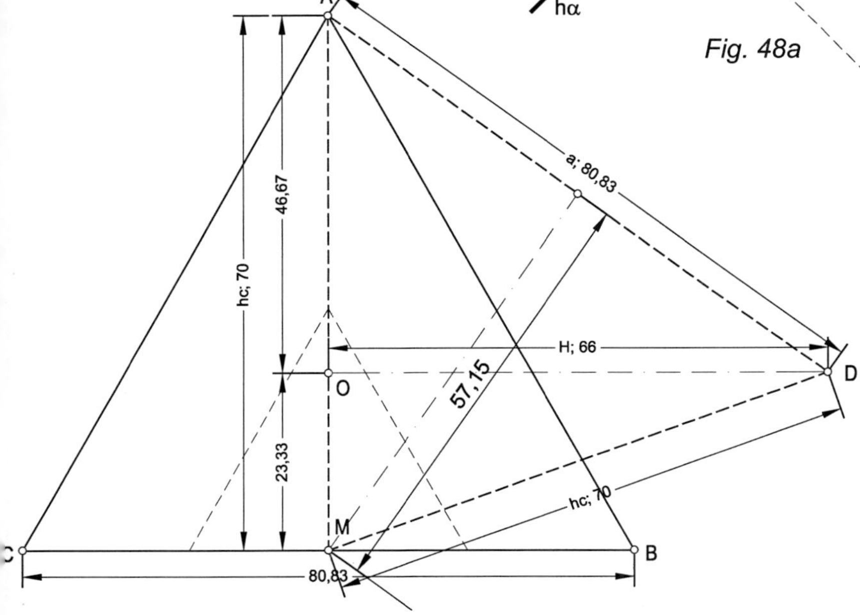

Fig. 48b

49 Los puntos A (-4, 4, 4) y B (3, 8, 1) son dos vértices de un octaedro regular, cuya cara ABC está situada toda ella en el primer diedro, en un plano que forma 60º con el plano horizontal de proyección (vértice a la izquierda y ángulo entre trazas en el primer diedro mayor de 90º). Se pide:

- Dibujar las proyecciones del octaedro regular, sabiendo que la cara ABC está más baja que su paralela DEF.
- Hallar la sombra propia y arrojada del octaedro sobre los planos de proyección con luz paralela a 45º bajando por la derecha.
- Hallar la intersección del octaedro con la recta que pasa por el centro de gravedad del octaedro y forma 45º con el plano horizontal y 30º con el plano vertical (Traza horizontal a la Izda).

Solución:

- Construcción del plano α a partir de la recta AB que forma 60º con el P.H. vértice a la izquierda y ángulo entre trazas en el primer diedro mayor de 90º *(fig. 48b)*.
- Sección Principal del octaedro donde se determina la distancia entre caras paralelas y la arista.
- Abatimiento del plano α y de la arista AB comtenida en el plano.
- Construcción de la cara (A) - (B) - (C) y su paralela (E) - (F) - (G) proyectada sobre el plano (α) y del punto (M) centro de las caras en el abatimiento.
- Desabatimiento del punto C y del punto M, centro de la cara ABC.
- Simetría de B respecto del punto M → B'
- Recta perpendicular al plano α por B' donde medimos en V.M. la distancia entre caras → punto E.
- Por paralelismo respecto a la cara ABC hallaremos la DEF y obtendremos el octaedro.
- Construcción de una recta que forma 45º con el P.H. y 30º con el P.V. (T.H. a la Izda), *(fig. 48c)*.
- Intersección con las caras DEF → K y ABC → J. y partes vistas y ocultas de la recta.
- Sombra arrojada sobre los planos de proyección → SD_2, SE_2, LT, SC_1, SB_1, LT SD_2.
- Sombra propia, caras → ABC, ACE, ABD y ADE.

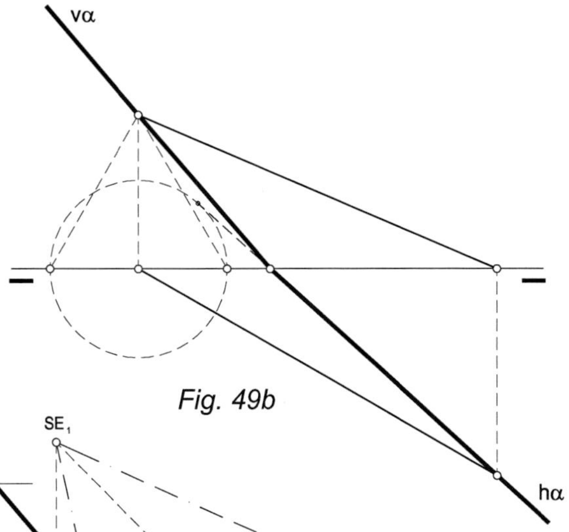

Fig. 49b

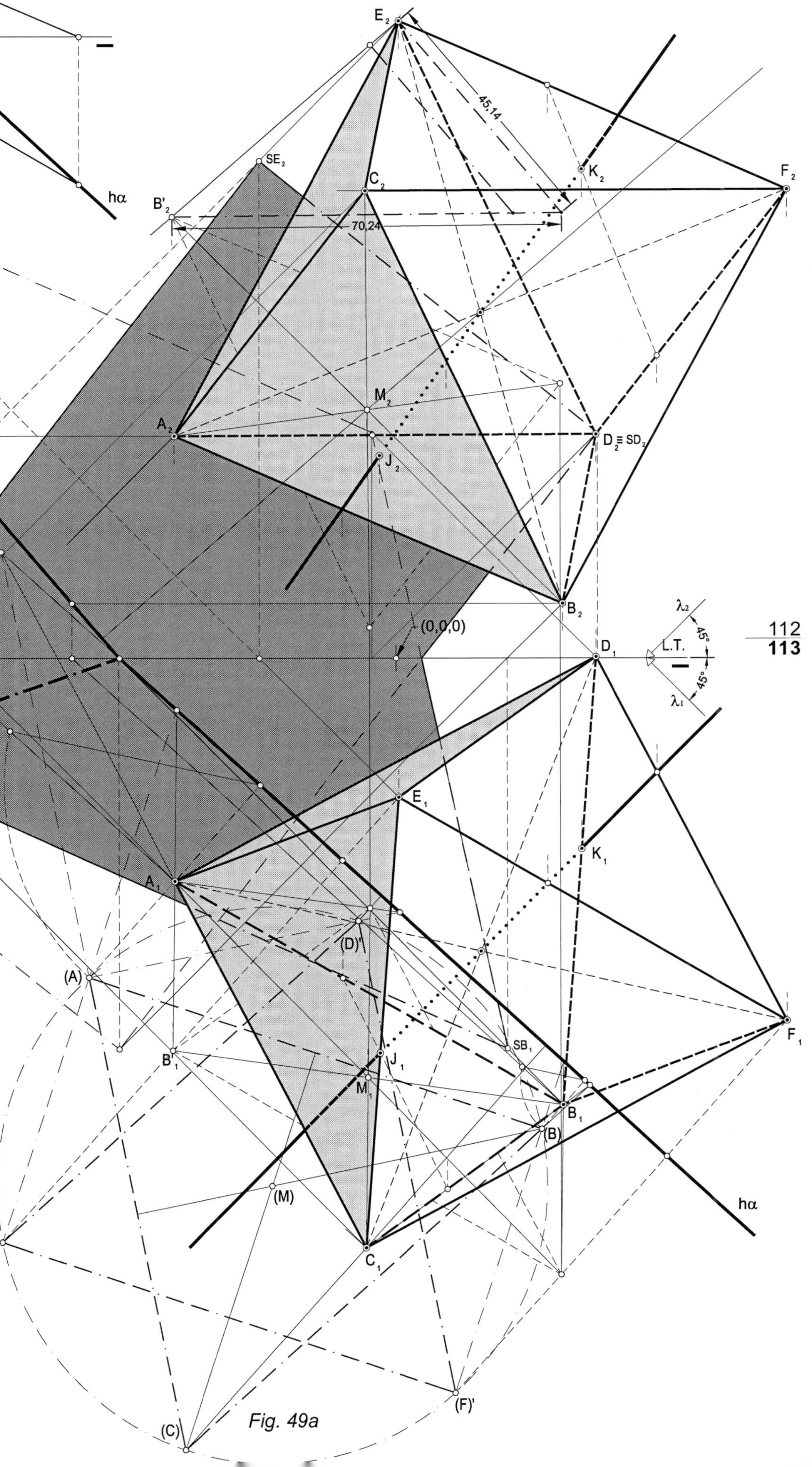

Fig. 49a

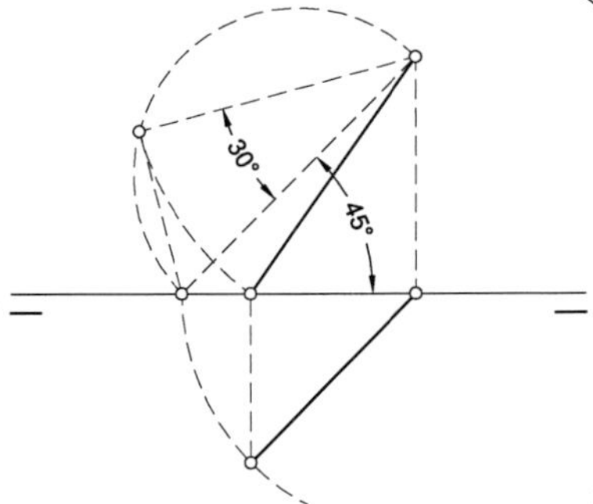

Fig. 49c

50 En el plano L.T. y el punto G (0, 6, 5) se encuentra la base media de un octaedro regular cuyo centro de gravedad coincide con el punto G. Se pide:

- Dibujar las proyecciones del octaedro regular sabiendo que su diagonal mide 12 cms. y que el vértice situado más a la derecha del octaedro tiene de cota 3 cm.
- Hallar la intersección del octaedro con el plano α que pasa por el punto G y forma 60º con el plano vertical y 30º con el plano horizontal, cortando dicho plano a los planos de proyección en el primer diedro, suponiendo que el plano α es opaco, diferenciar las partes vistas y ocultas del octaedro.

Solución:

- Construcción del plano γ (LT. y punto G) en un plano de perfil
- Obtención del punto A situado más a la derecha a una altura de 3 cm
- Abatimiento del plano γ sobre el horizontal y determinación de (A) - (B) - (C) - (D) a a partir de la diagonal de 12 cm
- Desabatimiento de los puntos ABCD a su base media del octaedro
- Determinación directa a partir del punto (G) de los vértices del octaedro (E) - (F)
- Desabatimiento del plano de perfil y construcción del octaedro
- Construcción del plano α que forma 60º con el P.V. y 30º con el P.H. *(fig. 49b)*
- Determinación directa de la intersección del plano α con el octaedro en el perfil

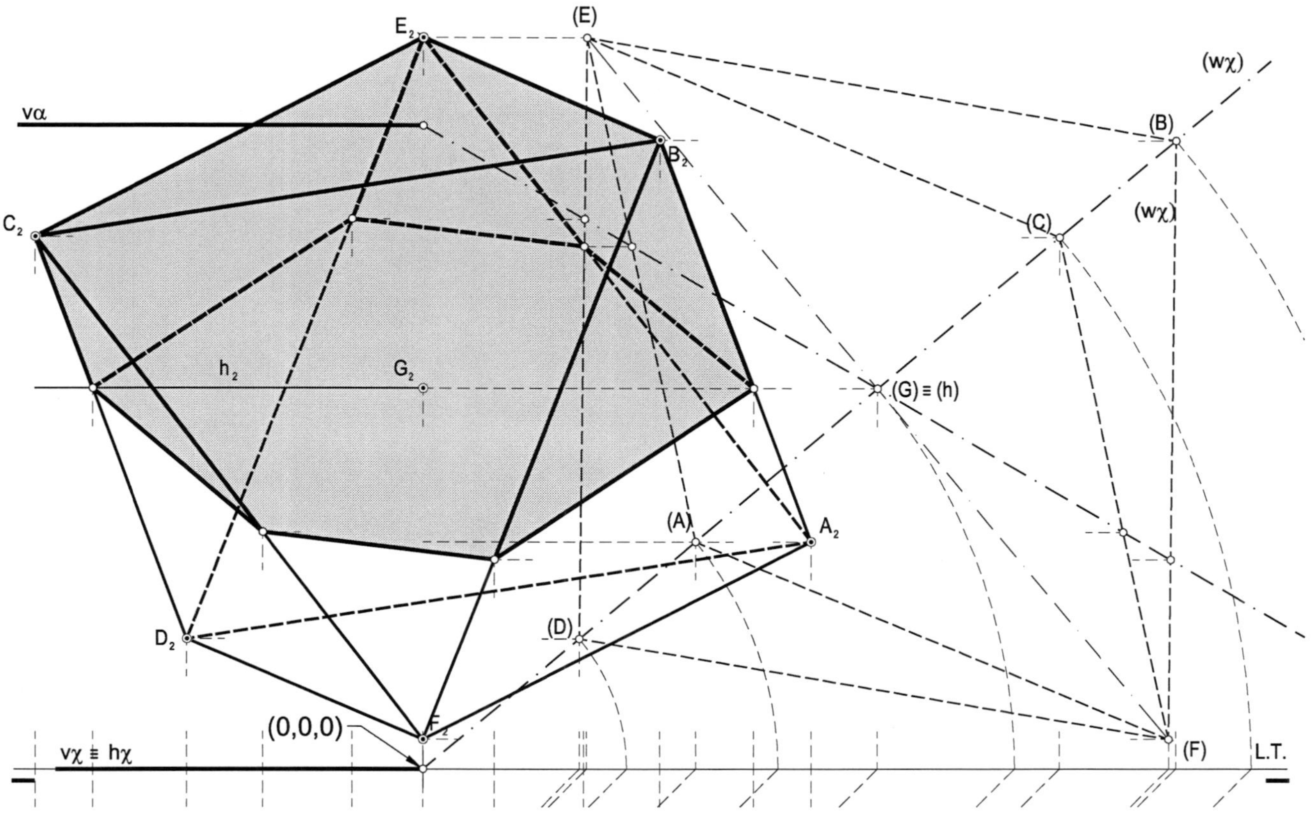

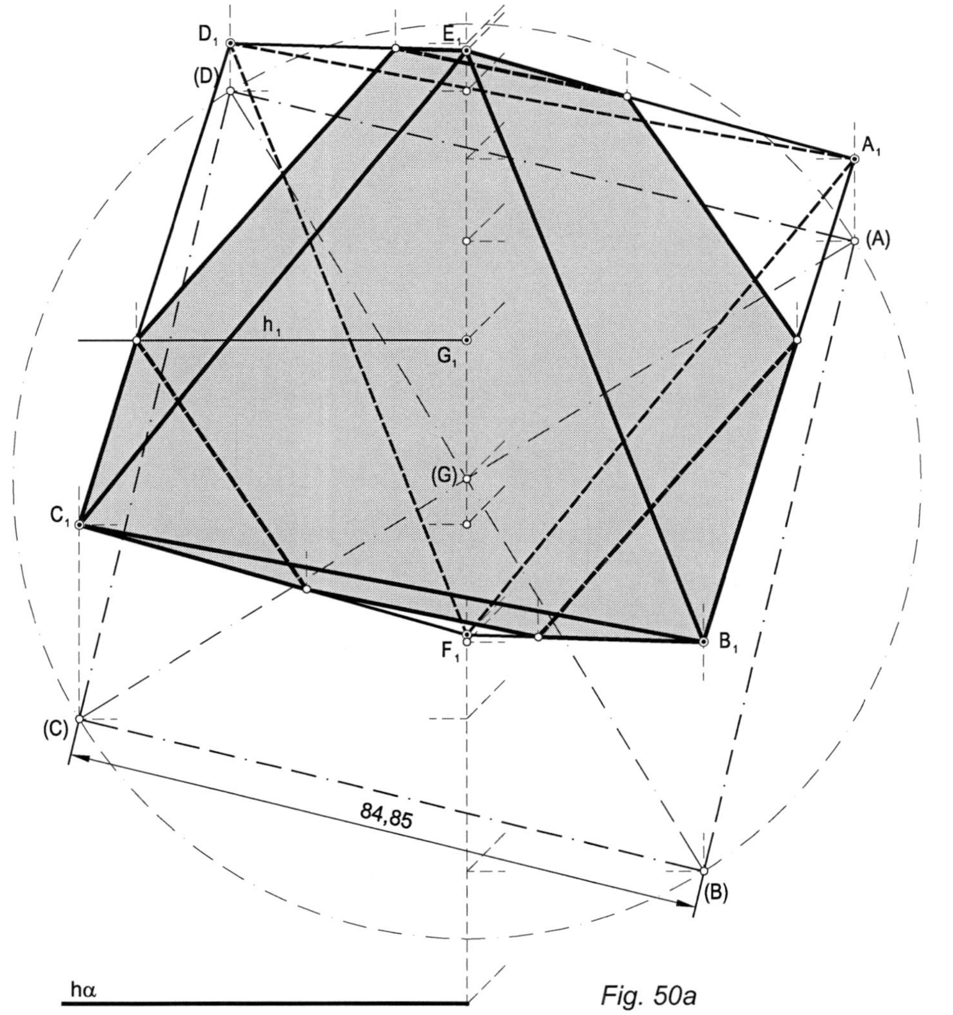

Fig. 50a

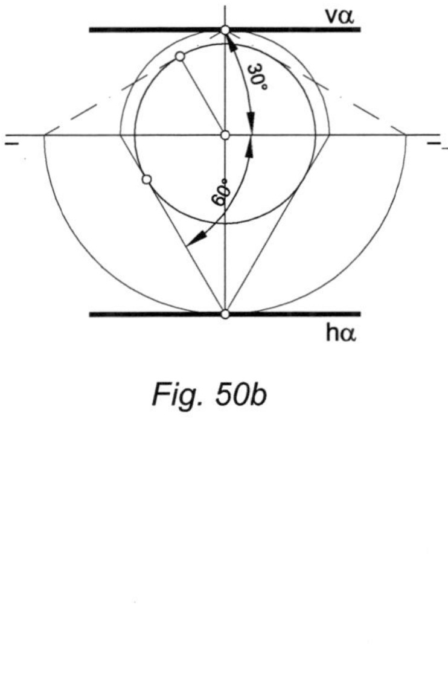

Fig. 50b

51 Dibujar el octaedro regular que tiene un vértice en el punto A(0, 6, 6) y una cara en el plano α (-5, 3, 5), teniendo el vértice F opuesto al A a la máxima cota posible. Hallar la intersección del octaedro con el plano que pasa por el centro de gravedad del octaedro y forma 45° con el plano horizontal y 60° con el plano vertical, vértice a la izquierda y siendo agudo el ángulo entre trazas en el primer diedro.

Solución:

- Recta que pasa por A y es perpendicular al plano α
- Intersección de la recta con el plano α → I
- V.M. AI → distancia entre caras del octaedro
- Construcción de la S.P. del octaedro mediente una homotecia a partir de la distancia entre caras *(fig.50c)*
- Abatimiento del plano α y de I sobre el P.H.
- Construcción de la cara (A) - (B) - (C) proyectada ortogonalmente sobre (α) a partir de (I)
- Construcción de la cara (D) - (E) - (F) contenida en (α)
- Desabatimiento de DEF y construcción por paralelismo la cara ABC
- Determinación del octaedro a partir de los vétices de las caras anteriormente halladas
- Construcción del plano β que forma 45° con el P.H. y 60° con el P.V., vértice a la izquierda y el ángulo entre trazas en el primer diedro agudo
- Determinación del plano intersección con el octaedro

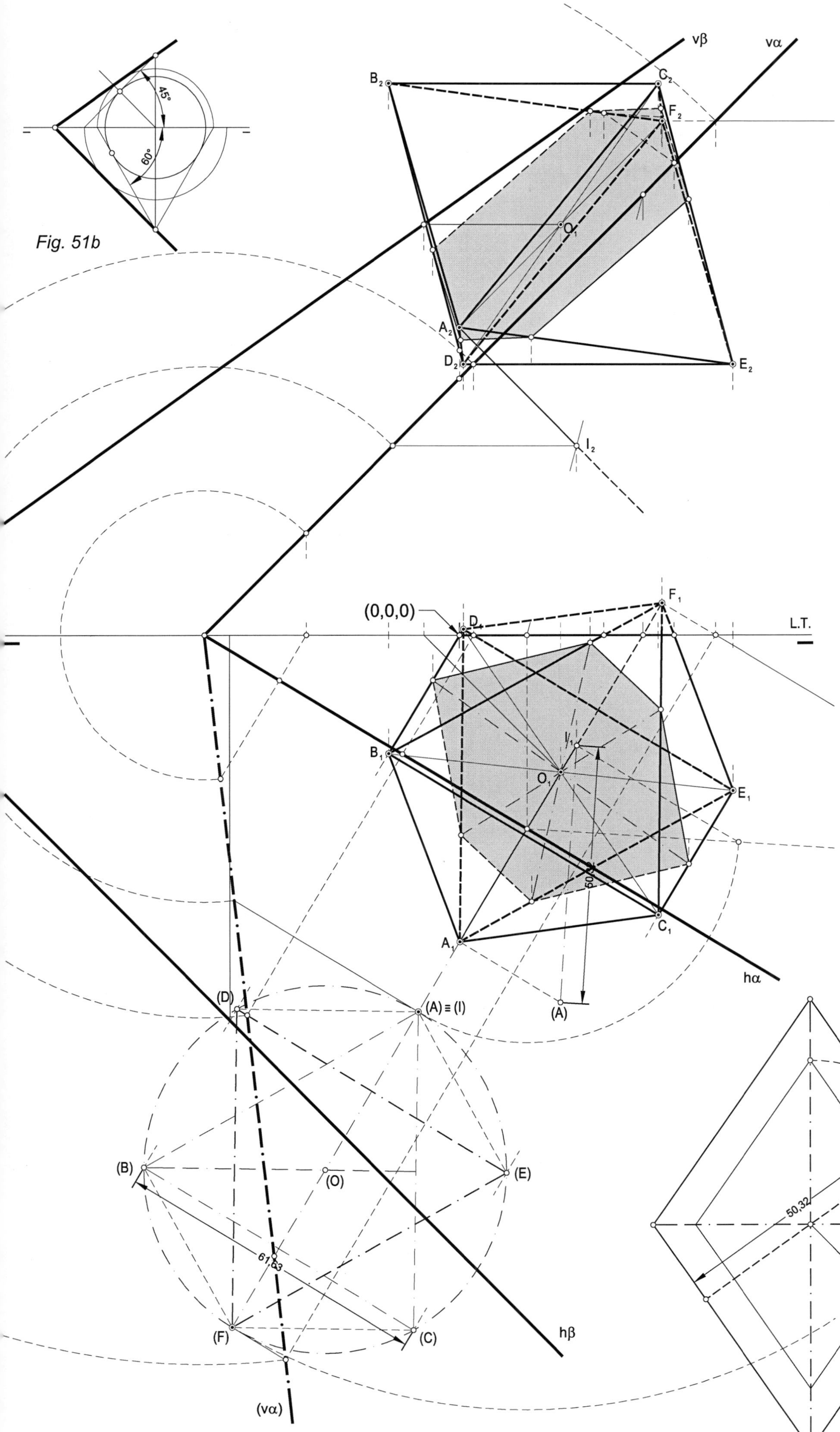

Fig. 51b

Fig. 51a

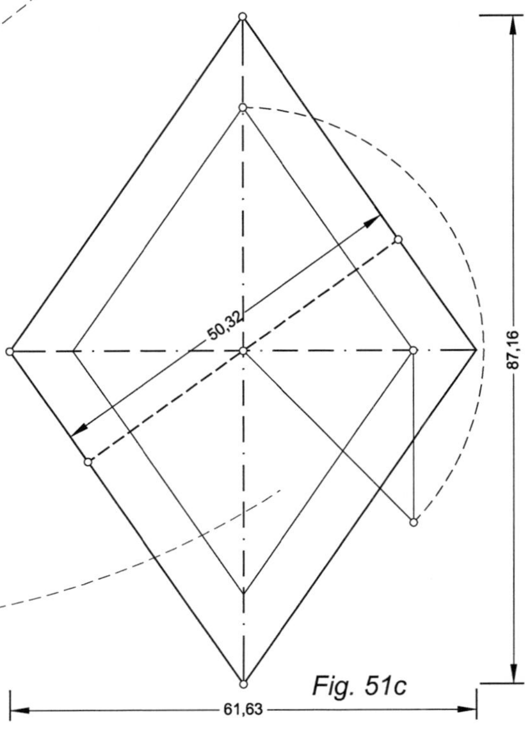

Fig. 51c

52 Los puntos A (-5, 10, 7) y B (4, 4, 3) son dos vértices opuestos de un octaedro regular. Dibujar las proyecciones del octaedro, sabiendo que el vértice C pertenece al primer bisector y tiene la menor cota posible. Hallar la intersección del octaedro con el plano que pasa por su centro de gravedad y forma 45º con el plano horizontal y vertical de proyección, resaltar las partes vistas y ocultas del poliedro suponiendo que el plano es opaco.

Solución:

- Plano α perpendicular a AB por el punto O
- Intersección de α con el 1er bisector → i
- Abatimiento de α sobre el PH → (α)
- Abatimiento de (i) y (O)
- Determinación de (C)-(D)-(E)-(F) sabiendo que (C) pertenece a la recta *i* con la menor cota posible
- Desabatimiento de los puntos hallados en el paso anterior y construcción del octaedro
- Construcción e intersección del plano γ con el octaedro
- Partes vistas y ocultas del poliedro considerando al plano γ opaco

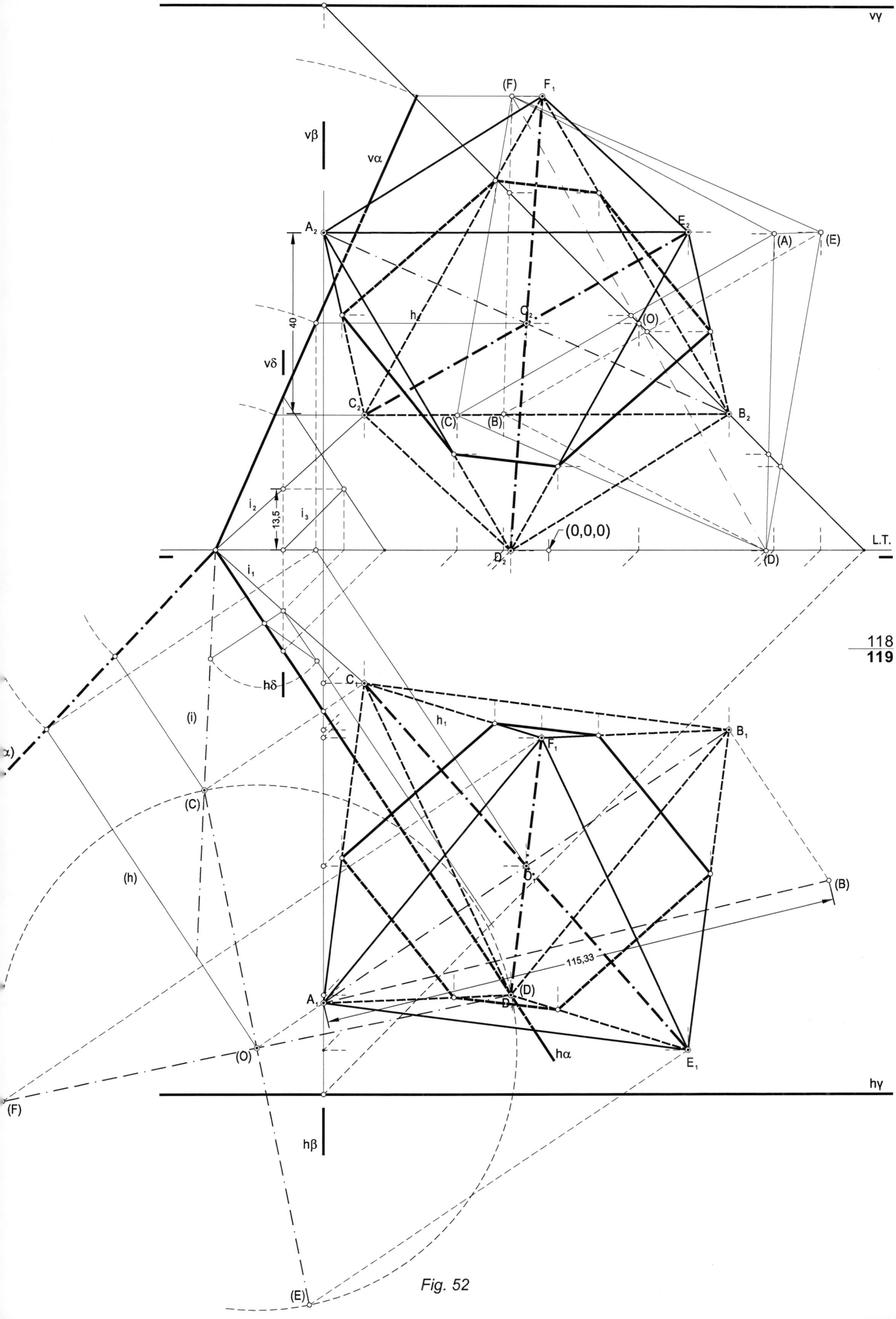
vγ
vβ
vα
(F)
F1
A2
E2
(A)
(E)
40
h2
O2
(O)
vδ
C2
(C)
(B)
B2
i2
13,5
i3
(0,0,0)
L.T.
D2
(D)
i1
hδ
C1
h1
B1
F1
(i)
α)
(C)
(h)
O1
(B)
115,33
A1
(D)
D1
(O)
hα
E1
(F)
hγ
hβ
(E)

Fig. 52

53 El punto A (8, 1, 5) es un vértice de un octaedro regular, del cual se sabe que un plano diagonal está situado en el plano α (-4, 4, 6) con dos aristas horizontales. Dibujar las proyecciones del octaedro y hallar la sombra propia y arrojada del octaedro sobre los planos de proyección con luz paralela a 45º bajando de la derecha.

Solución:

- Por A recta *r* perpendicular al plano α, *r* ∩ α → punto O
- V.M. OA (radio de la esfera circunscrita) → OA ≡ OB
- Abatimiento del punto O y del plano α sobre el PH
- Determinación de los puntos (C)-(D)-(E)-(F) a partir del radio OA y sabiendo que dos de sus aristas (E)-(D) y (F)-(C) son horizontales, o lo que es lo mismo: las diagonales (F)-(D) y (E)-(C) pasan por O y forman 45º con hα
- Construcción del poliedro con partes vistas y ocultas
- Sombras arrojadas
- Caras con sombra propia: CBD - DBE - EDA - DCA

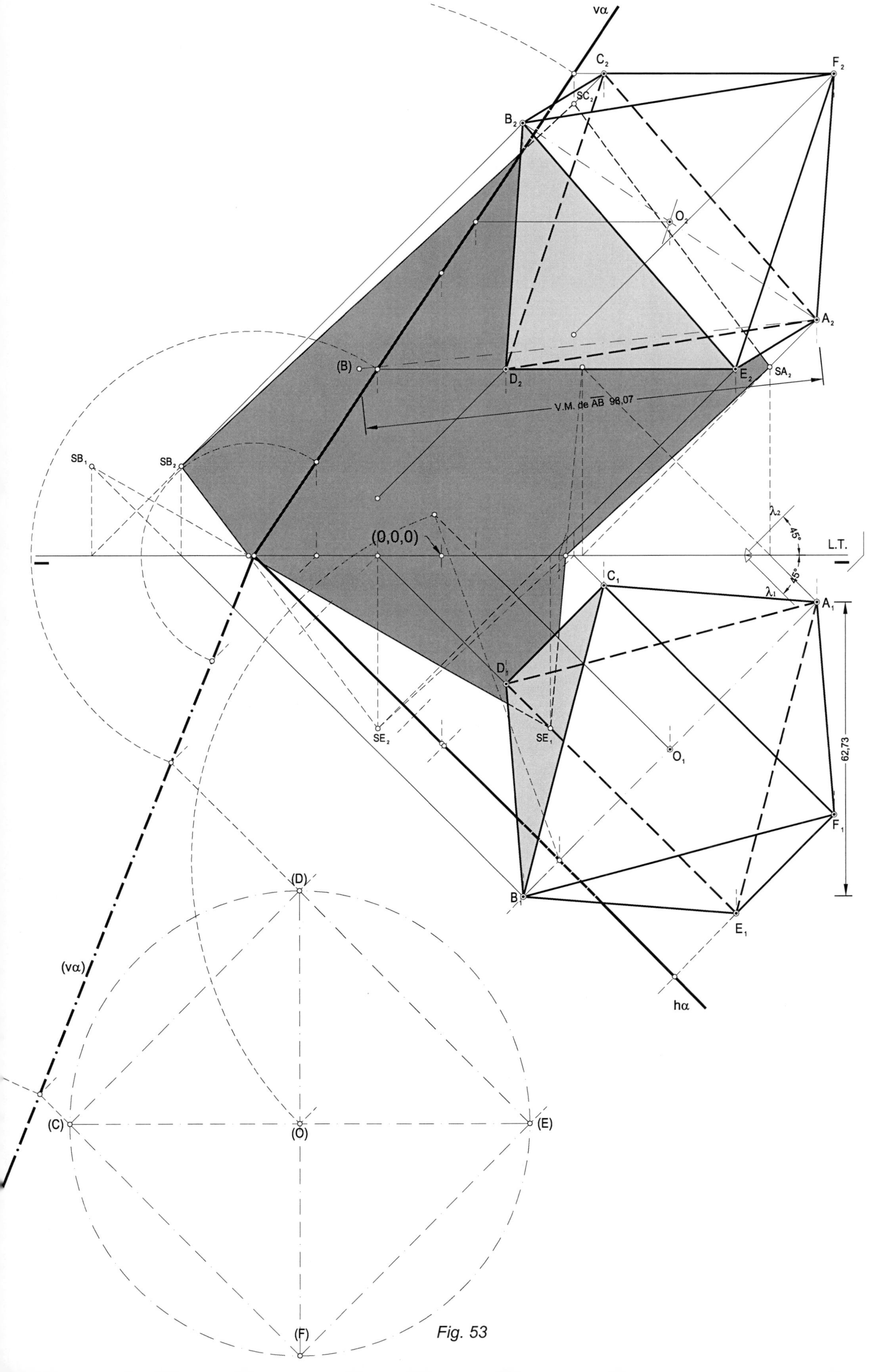

vα
C2
F2
SC2
B2
O2
A2
(B)
D2
E2
SA2
V.M. de AB 98,07
SB1
SB2
(0,0,0)
λ2
45°
L.T.
C1
A1
λ1
D1
SE2
SE1
O1
62,73
F1
(D)
B1
E1
hα
(vα)
(C)
(O)
(E)
(F)

Fig. 53

54 El punto A (-2, 6, 0) es el vértice más bajo de un cubo de 7 cm de arista, y las tres aristas concurrentes en A se proyectan sobre el plano horizontal según las rectas r, s y t definidas en el esquema adjunto. Se pide:

- Representar las proyecciones del cubo.
- Dibujar las proyecciones de la esfera inscrita y circunscrita al cubo.

Solución:

- Para resolver el ejercicio necesitamos tener en cuenta las propiedades del triedro trirrectángulo: *Cuando un triedro trirrectángulo es cortado por un plano, se produce un triángulo acutángulo en el que los lados del triángulo son perpendiculares a las prolongaciones de las aristas que concurren en el vértice, siendo dicho vértice el ortocentro del triángulo, intersección de las alturas.*
- Prolongación de las aristas que concurren en el vértice A
- Determinación del triángulo 1-2-3 cuyos lados son perpendiculares a la prolongación de las aristas.
- Abatimiento del punto A → (A) tomando como charnela o eje de giro el lado del triángulo 1-2
- Obtención de la altura de la recta 1-2 respecto al vértice A
- Construcción del plano horizontal α → vα de cota anteriormente hallada
- Determinación de las aristas AB, AC, AD de 7 cm. que pasan por los puntos 1, 2, 3 del plano vα
- Construcción del cubo por paralelismo
- Determinación de los radios de la esfera inscrita y circunscrita en la sección principal
- Esfera inscrita y circunscrita a partir del punto O centro del hexaedro

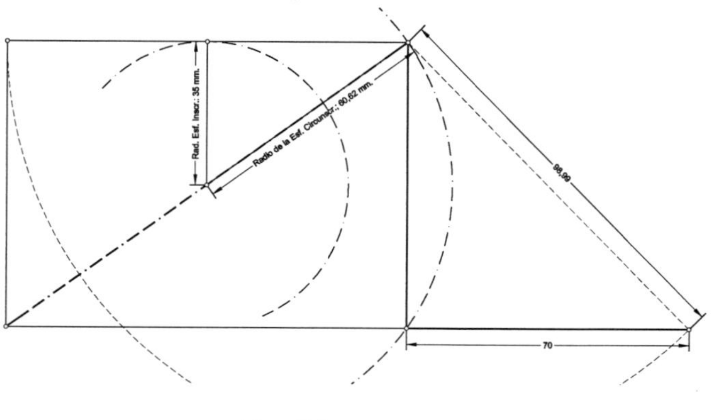

Fig. 54c

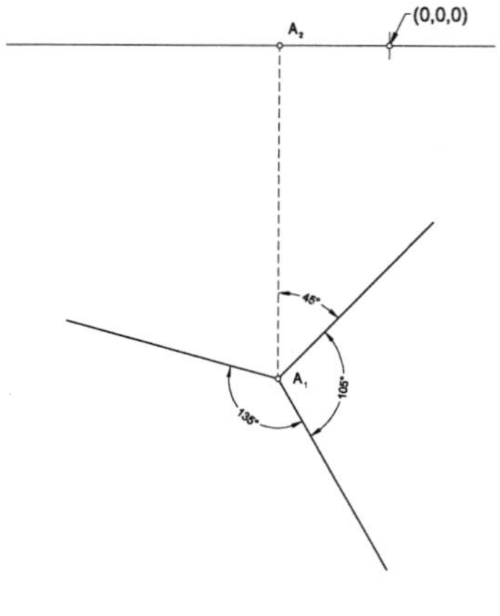

Fig. 54b

POLIEDROS

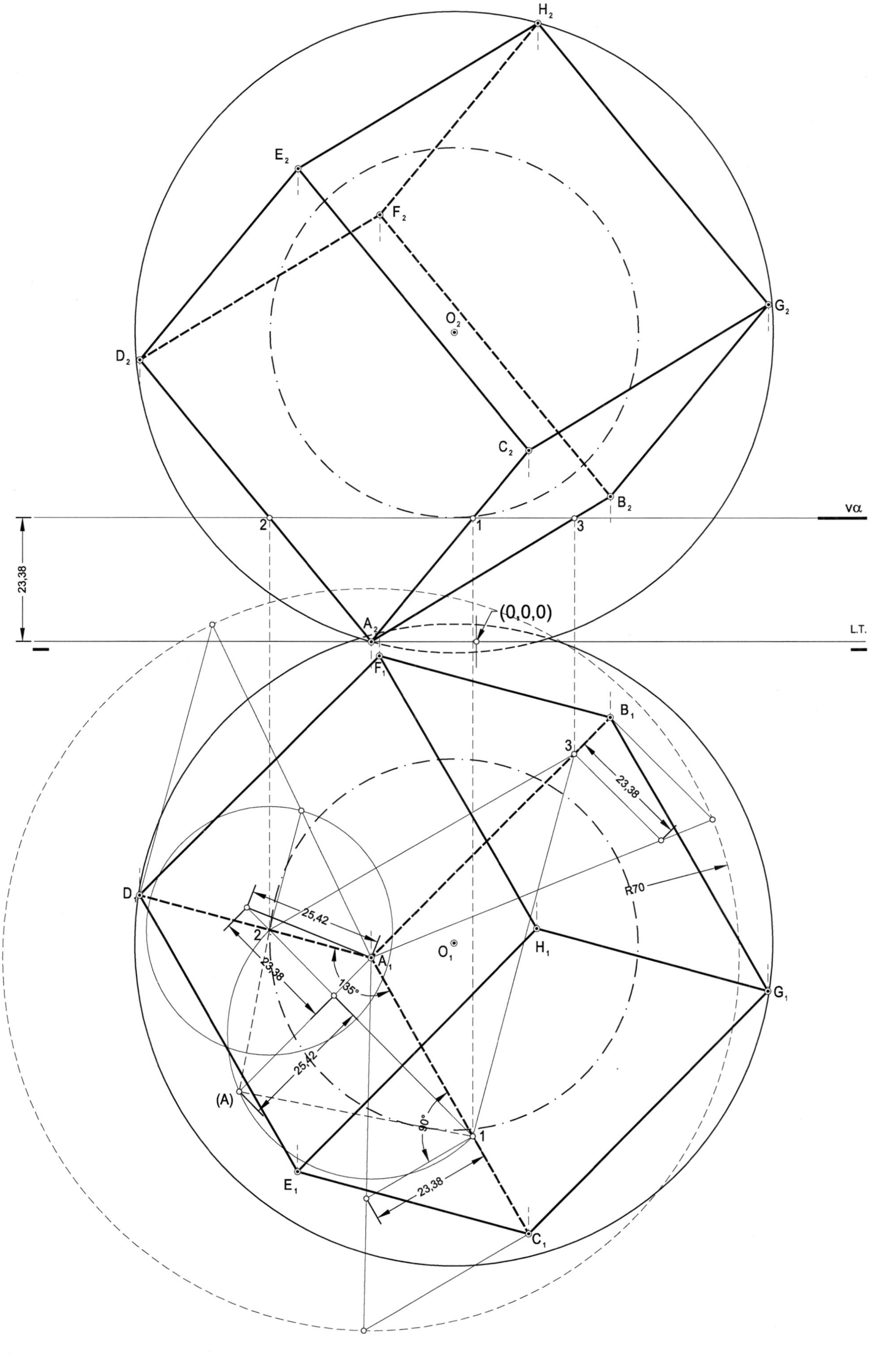
H2
E2
F2
O2
G2
D2
C2
B2
vα
2
1
3
23,38
(0,0,0)
A2
L.T.
F1
B1
3
23,38
R70
D1
25,42
2
A1
O1
H1
23,38
135°
G1
25,42
(A)
90°
1
E1
23,38
C1

Fig. 54a

55 Los puntos A (-6, 2, 1) y B (-2, 4, 5) definen la arista AB de un cubo regular. La arista AD del cubo coincide en su proyección horizontal con la recta AM; M (-2, -3, z); el vértice D tiene mayor alejamiento que A. Dibujar las proyecciones del cubo sabiendo que ABCD es su base superior y diferenciar claramente la parte del cubo que se encuentra en el primer diedro de la del cuarto. Hallar la sombra propia y arrojada del cubo sobre los planos de proyección con luz paralela a 30º bajando de la izquierda.

Solución:

- V.M. de AB → arista del cubo
- Por el punto A, plano α perpendicular a la arista AB
- Recta AM contenida en el plano α, hallar las trazas de la recta y construcción de la proyección vertical de AM
- Abatimiento de la recta (V) - (A) → determinación del punto (D)
- Por paralelismo hallamos la cara ABCD
- Plano γ que contiene a la cara ABCD y rectas perpendiculares que pasan por los vértices
- Determinación de los vértices EFGH
- Sombra arrojada del cubo → 1, SG1, SC1, LT, SB2, LT, SA1, 3, 2, 1
- Sombra propia del cubo caras → ABF23, 12FG, CBFG

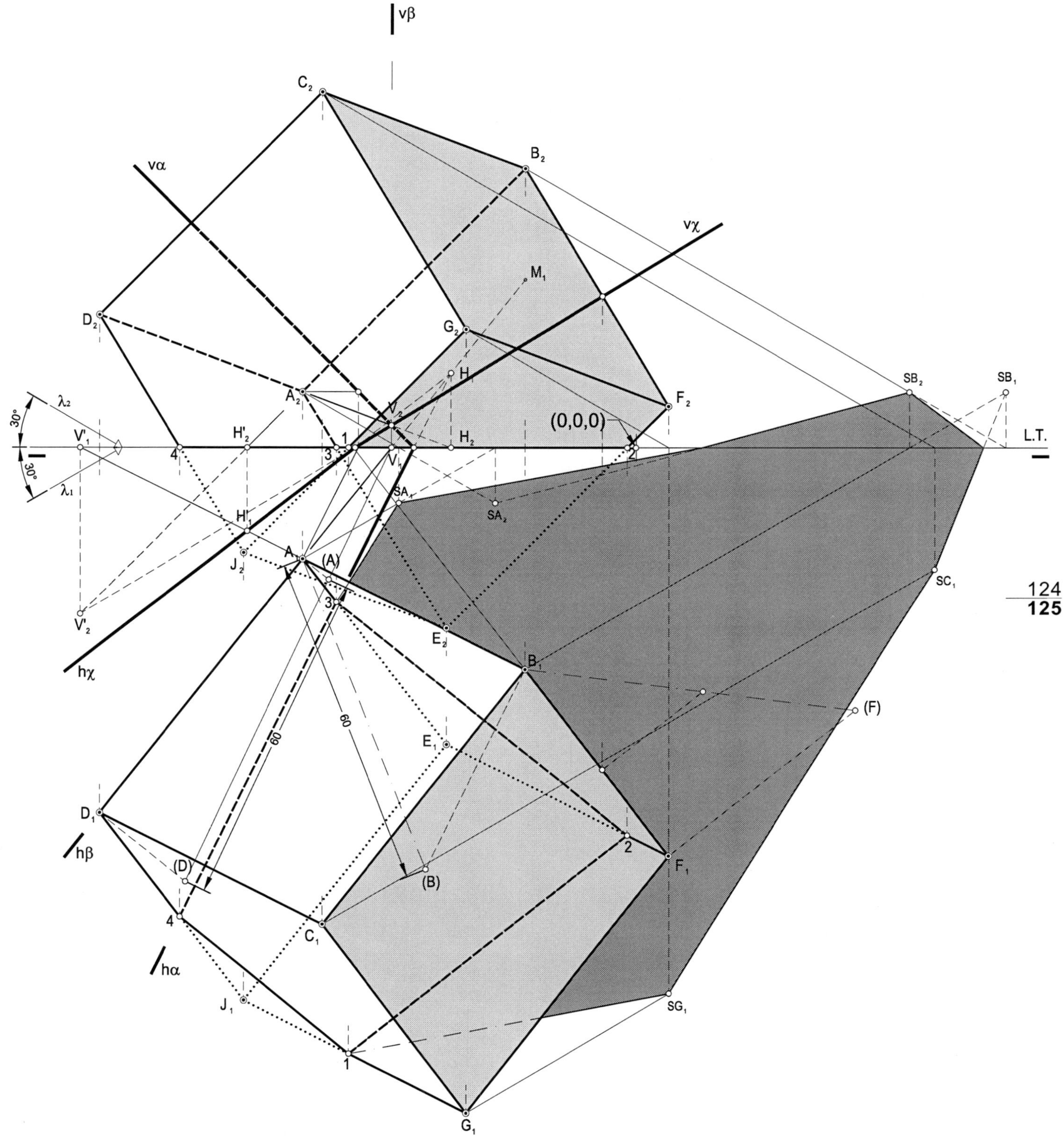
vβ
C₂
B₂
vα
vχ
M₁
D₂
G₂
H₁
A₂
V₂
F₂
SB₂
SB₁
λ₂
30°
V'₁
H'₂
(0,0,0)
H₂
L.T.
4
3
1
V₁
2
30°
λ₁
SA₁
SA₂
H'₁
J₂
A₁
(A)
V'₂
3
E₂
SC₁
hχ
B₁
(F)
60
60
E₁
D₁
hβ
(D)
2
F₁
(B)
4
C₁
hα
J₁
SG₁
1
G₁

Fig. 55

56 En el plano α (-6, 6, 9) se encuentra situado el vértice A (0, 3, Z) de un hexaedro o cubo regular, cuyo vértice B opuesto al A se apoya ortogonalmente sobre el plano α coincidiendo con el vértice A, y la recta que une ambos vértices forma la diagonal AB del cubo. Se pide:

- Dibujar las proyecciones del cubo sabiendo que el vértice C del cubo se proyecta ortogonalmente sobre el plano α en el punto N (4, 7, Z) que junto con el vértice A forman la arista AC y que todo el cubo está situado por encima del plano α.
- Hallar la intersección del hexaedro con el plano β que es paralelo al α y pasa por el punto M (-14, 0, 0).

Solución:

- Construcción del plano α y localización del punto A en dicho plano
- Localización del punto N proyección de C sobre el plano α mediante una recta horizontal
- Abatimiento del plano α sobre el P.H.
- Construcción en el abatimiento del poliedro como si se tratase de un cubo con la diagonal principal A-B vertical, a partir de la distancia (A) - (N)
- Hallamos los vértices del cubo en el abatimiento → (A') - (B') - (C') - (D') - (E') - (F') - (G') - (H').
- Construcción mediante una homotecia de la sección principal a partir de la distancia (A)-(N), y determinación de las principales magnitudes *(fig. 53b)*
- Desabatimiento del plano α → A' - B' - C' - D' - E' - F' - G' - H'
- Proyectamos ortogonalmente desde el punto A' la magnitud de la diagonal principal y obtenemos el vértice B, de igual manera lo volvemos a hacer con los vértices C' y D', con la altura obtenida en la S.P. del vética A respecto al C y D.
- Construcción del hexaedro por paralelismo de aristas
- Intersección del Cubo con el plano β mediante la intersección de aristas con planos, obteniendo así el plano sección en el poliedro.

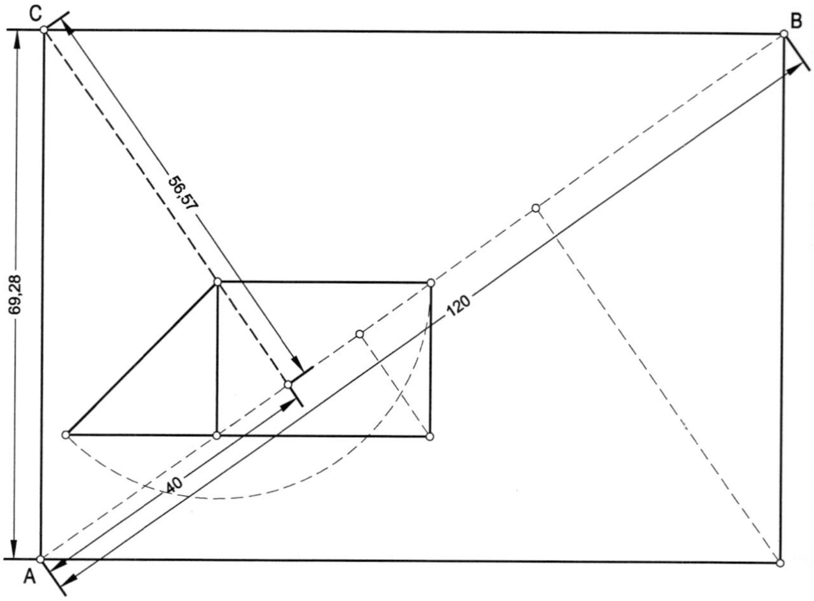

Fig. 56b

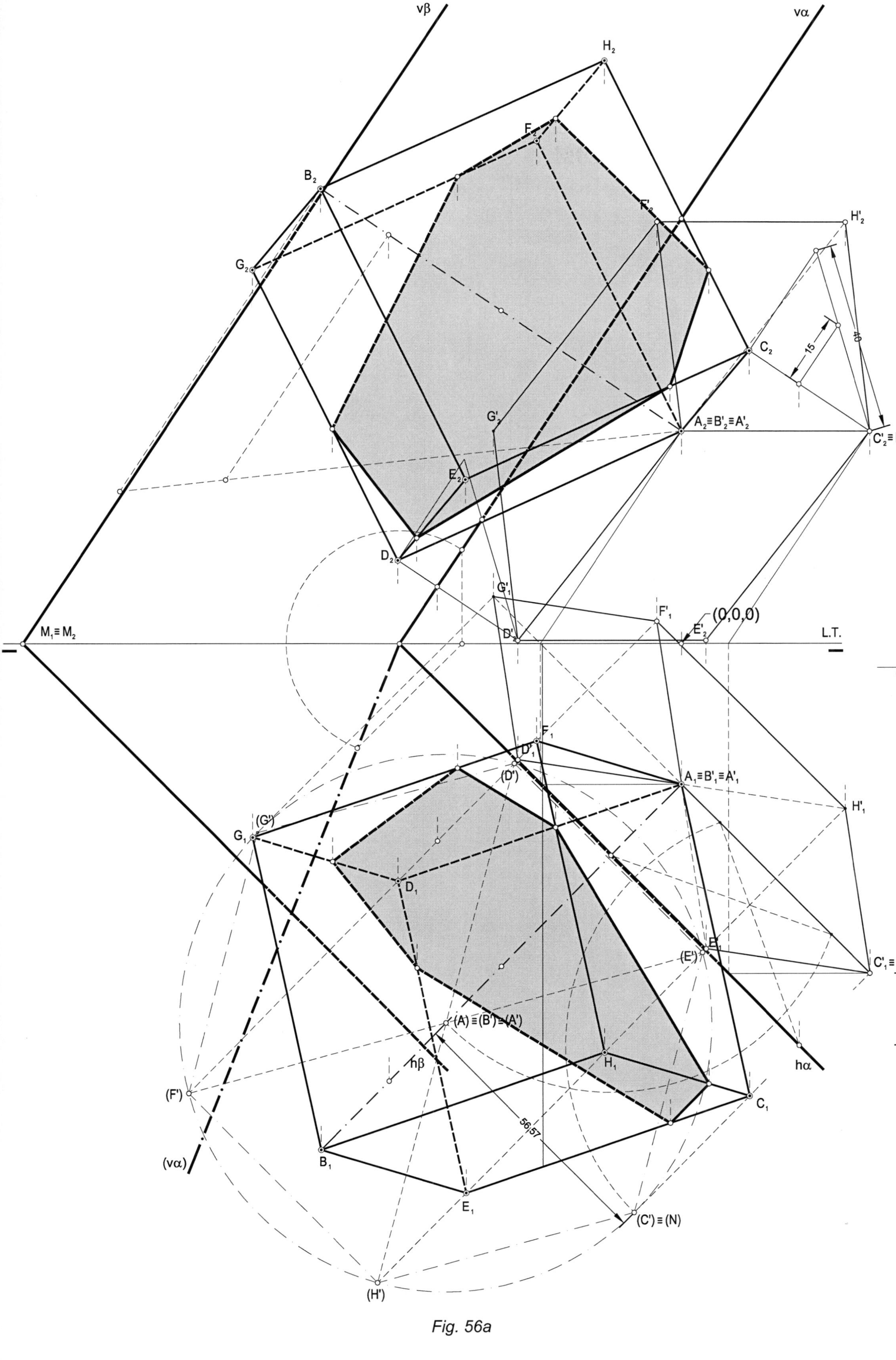
vβ
vα
H₂
F₂
B₂
F'₂
H'₂
G₂
40
15
C₂
G'₂
A₂≡B'₂≡A'₂
C'₂≡N₂
E₂
D₂
G'₁
F'₁
(0,0,0)
M₁≡M₂
D'₂
E'₂
L.T.
F₁
D'₁
(D')
A₁≡B'₁≡A'₁
H'₁
(G')
G₁
D₁
E₁
(E')
C'₁≡N₁
15
(A)≡(B')≡(A')
hβ
hα
H₁
(F')
C₁
56,57
(vα)
B₁
E₁
(C')≡(N)
(H')

Fig. 56a

57 Los puntos B (-5, 5, 4), C (2, 8, 7) y D (-2, Y, Z) son los vértices contiguos y más próximos al vértice A de un cubo regular. Sabiendo que los vértices A y D tienen la menor cota posible, hallar la intersección de la recta M (-8, 9, 8), N (3, 8, 3) con el cubo.

Solución:

- V.M. del segmento BC *(diagonal de una cara del cubo)*
- Por el punto O, plano α perpendicular al segmento BC.
- El plano α contiene a la sección principal del cubo por lo que el vértice D estará en el plano.
- Construcción de la S.P. a partir de la V.M. de la diagonal de la cara *(fig. 54b)*
- Abatimiento del plano α y del punto O sobre el P.H.
- Construcción y abatimiento sobre el P.H. de la recta de perfil r contenida en α y que pasa por D
- Colocación de la S.P. en (α) → (A) - (E) - (H) - (D), a partir del punto (O), sabiendo que el punto (D) está en la recta (r)
- Desabatimiento de los vértices de la S.P. → A, E, H, D y localización por paralelismo de aristas de los vértices F y G
- Intersección de la recta MN con el cubo → puntos P y Q

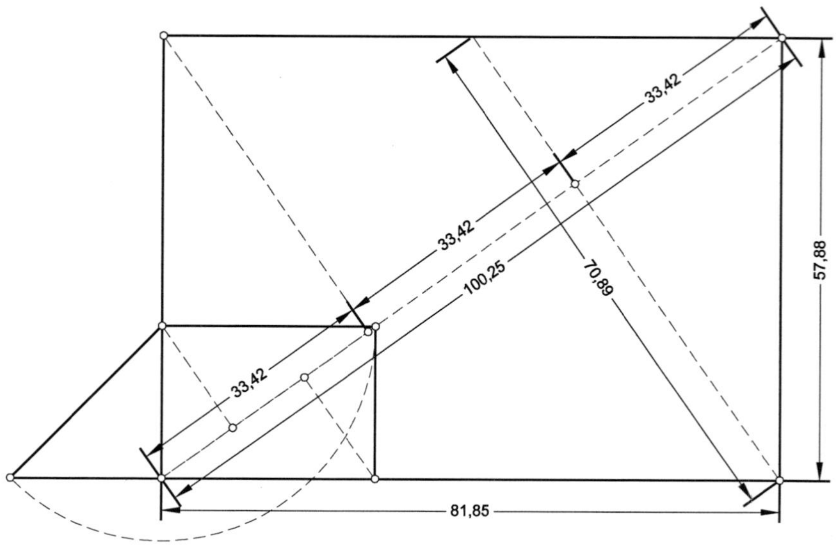

Fig. 57b

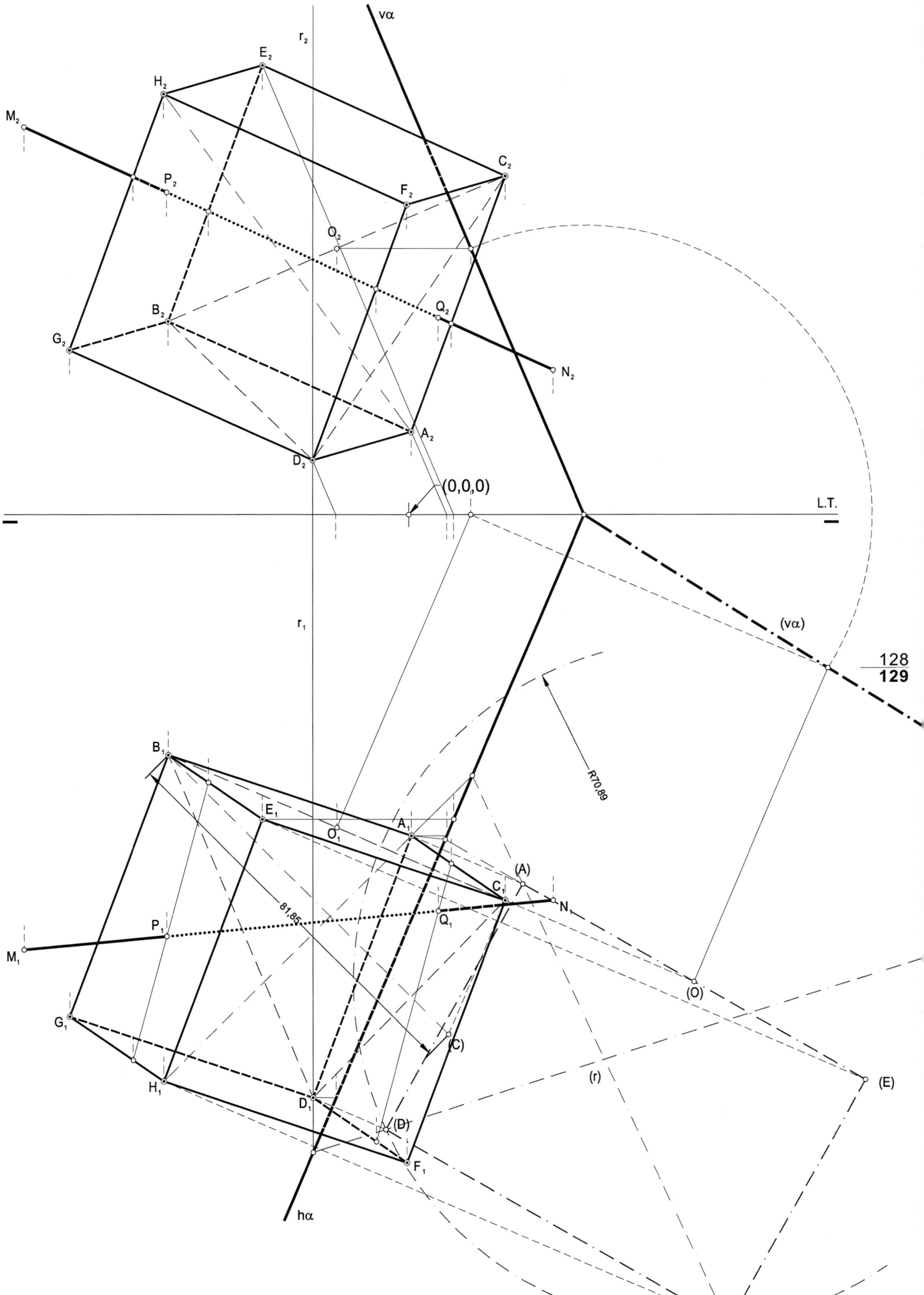
vα
r2
E2
H2
M2
C2
P2
F2
O2
B2
Q2
G2
N2
A2
D2
(0,0,0)
L.T.
r1
(vα)
R70,89
B1
E1
A1
O1
(A)
C1
N1
81,85
Q1
P1
M1
(O)
G1
(C)
(E)
(r)
H1
D1
(D)
F1
hα
(H)

Fig. 57a

58

El cuadrado ABCD es la base inferior de un cubo regular. Dibujar las proyecciones del cubo sabiendo que los puntos A (-5, 4, 2) y C (3, 7, 7) son dos vértices opuestos de la cara ABCD y que el vértice B está en el primer bisector y tiene la menor cota posible. Hallar la intersección del hexaedro con el plano α (-9, 5, 7).

Solución:

- Por M punto medio de AC, plano β perpendicular AC
- Intersección plano β con el 1er bisector → r
- Abatimiento del plano β, M y *r* sobre el PH
- Con radio AC/2, circunferencia en el abatimiento a partir de (M)
- Intersección de (r) con la circunferencia → (B) menor cota posible y (D)
- Desabatimiento y construcción de la cara ABCD y construcción del cubo
- Intersección del poliedro con los planos de proyección y con el plano α, puntos 1-2-3-4
- Partes vistas y ocultas

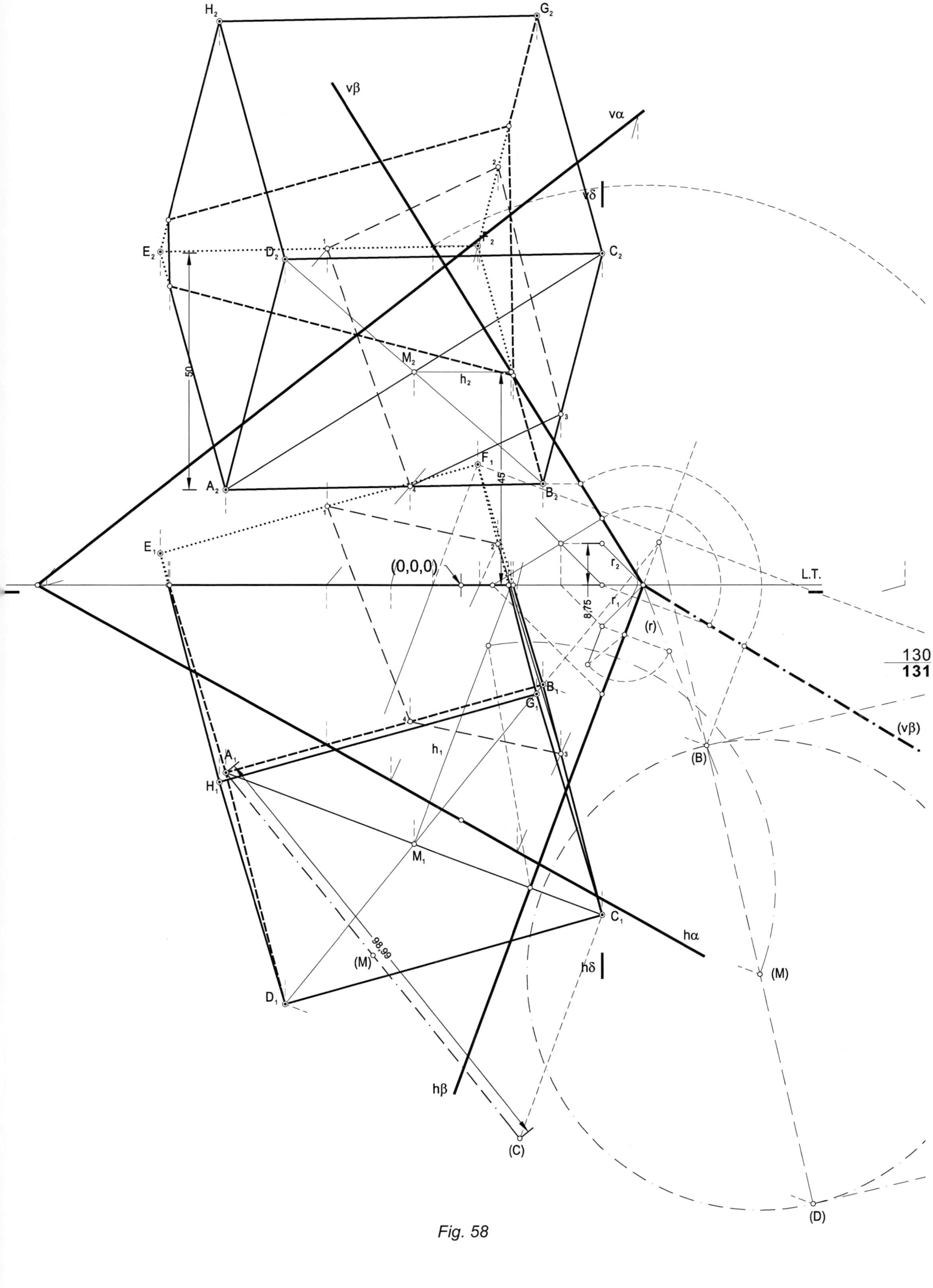
H2
G2
vβ
vα
vδ
E2
D2
F2
C2
M2
h2
50
45
A2
B2
F1
E1
(0,0,0)
r2
r1
8,75
(r)
L.T.
B1
G1
h1
A1
H1
M1
C1
hα
98,99
(M)
hδ
D1
hβ
(C)
(B)
(vβ)
(D)

Fig. 58

59 Los puntos A (-5, 8, 8) y B (2, 5, 4) son los centros de dos caras opuestas de un cubo regular; uno de los vértices de la cara de centro en B está situado en el plano horizontal de proyección, con el menor alejamiento posible. Dibujar las proyecciones del cubo y hallar la sombra que arroja sobre los planos de proyección y el plano P (4, -7, -5) con luz paralela a 45º bajando de la izquierda.

Solución:

- Plano α perpendicular a la recta AB por el punto B
- Abatimiento de α→(α) sobre el PH → (B)
- V.M. de AB → arista del cubo
- A partir de (B) con AB/2 → (C), (D), (E), (F)
- El punto (C) ha de estar en hα, ya que uno de los vértices de la cara ha de estar en el PH con el menor alejamiento posible
- Sombra propia caras → CDEF, CFJK, CDHG
- Determinación de la sombra arrojada

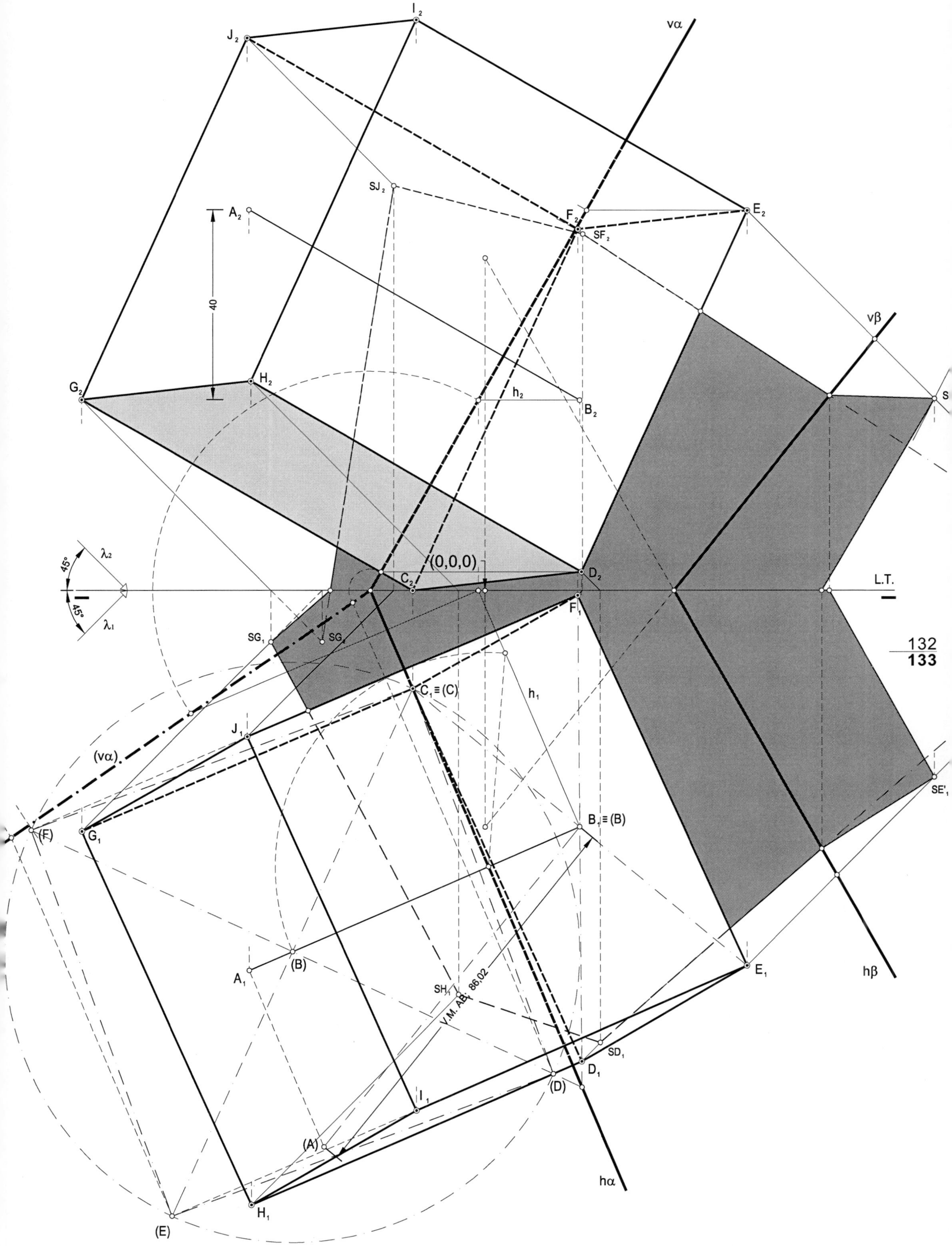
I2
J2
vα
SJ2
A2
F2
E2
SF2
40
vβ
G2
H2
h2
B2
S
λ2
45°
(0,0,0)
C2
D2
L.T.
45°
λ1
F1
SG1
SG2
C1 ≡ (C)
h1
J1
(vα)
SE'1
(F)
G1
B1 ≡ (B)
(B)
A1
E1
hβ
SH1
V.M. AE: 86,02
SD1
D1
(D)
I1
(A)
hα
H1
(E)

Fig. 59

60 A partir de un elemento escultórico (columna coríntia), se trata de dotarlo de una protección-cubrición formada por un poliedro semiregular arquimediano, A-XII → dodecaedro achatado o “romo”, (también recibe el nombre de icosidodecaedro snub) acristalado y que tendrá por base una de sus caras pentagonales, de la que parte la columna, situada en el centro de la misma. Datos: arista del icosaedro de partida, 6 cm.

Solución:

- El dodecaedro romo es un poliedro semirregular arquimediano que consta de 80 caras triangulares, 12 caras pentagonales, 60 vértices y 150 aristas.
- Este poliedro procede del icosaedro regular, en cada cara del icosaedro inicial podremos construir una cara triangular del poliedro final simplemente uniendo los vértices de cada cara con los puntos de las aristas opuestas a una distancia igual al 35% de la longitud.
- Por cada una de las caras del poliedro de partida (icosaedro), obtendremos una cara triangular del poliedro buscado, y por cada vértice obtendremos una cara pentagonal.

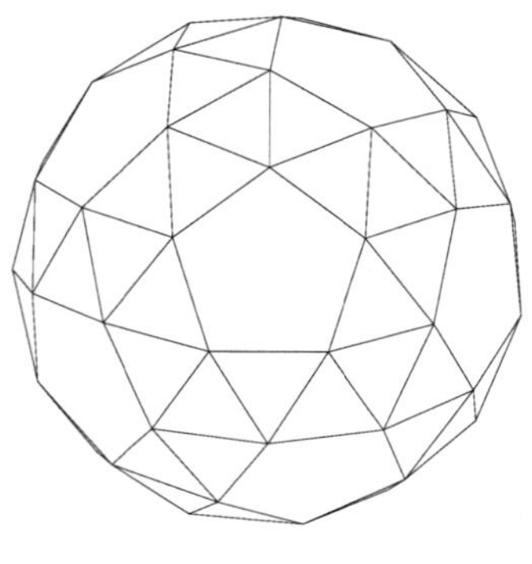

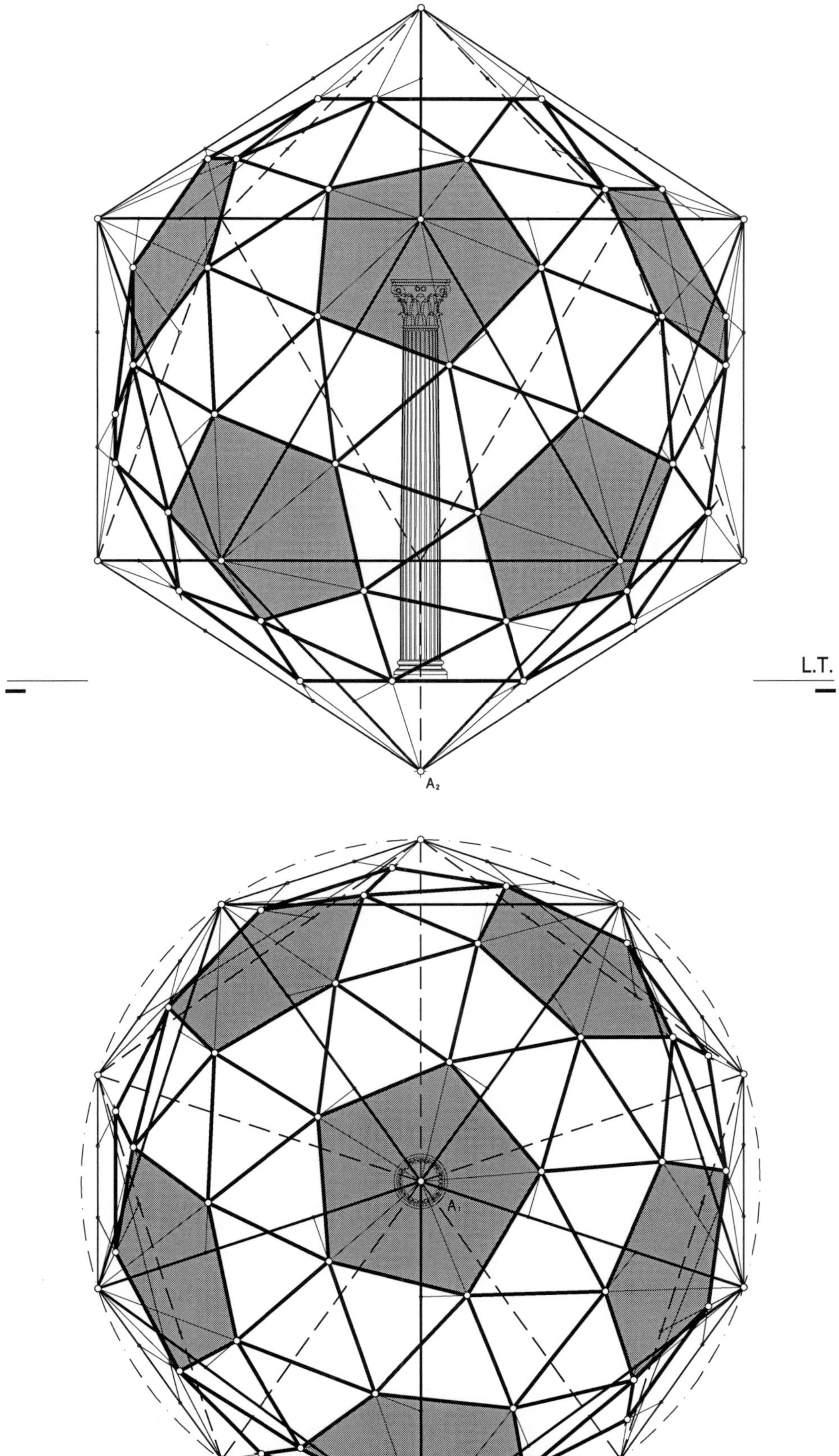

Fig. 60

61 A partir de un elemento escultórico (columna coríntia), se trata de dotarlo de una protección-cubrición formada por un poliedro semirregular arquimediano troncoicosaedro "tango" (también recibe el nombre de icosaedro truncado) acristalado que tendrá por base una de sus caras pentagonales, de la que parte la columna, situada en el centro de la misma. Dibuja las caras vistas y ocultas. Datos: icosaedro base, con uno de sus vértices en el punto A y de arista 6 cm.

Solución:

- El icosaedro truncado es un poliedro semirregular arquimediano que consta de 12 caras pentagonales, 20 caras hexagonales, 60 vértices y 90 aristas.
- Este poliedro procede directamente del icosaedro regular y basta truncar los vértices por los tercios de las aristas para obtener el poliedro buscado.
- Por cada vértice del icosaedro inicial obtendremos caras pentagonales, y por cada cara del icosaedro obtendremos caras hexagonales.

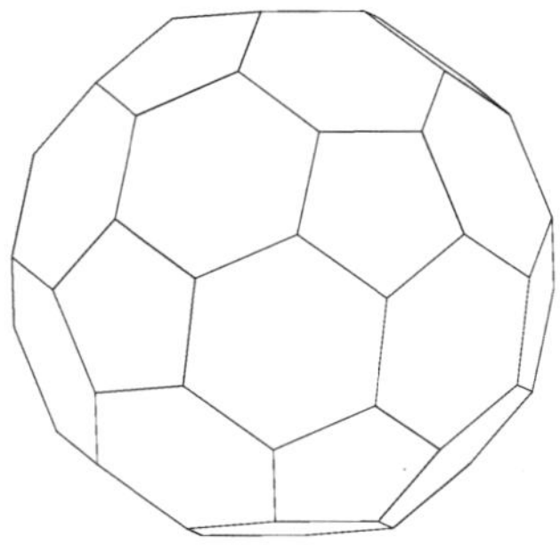

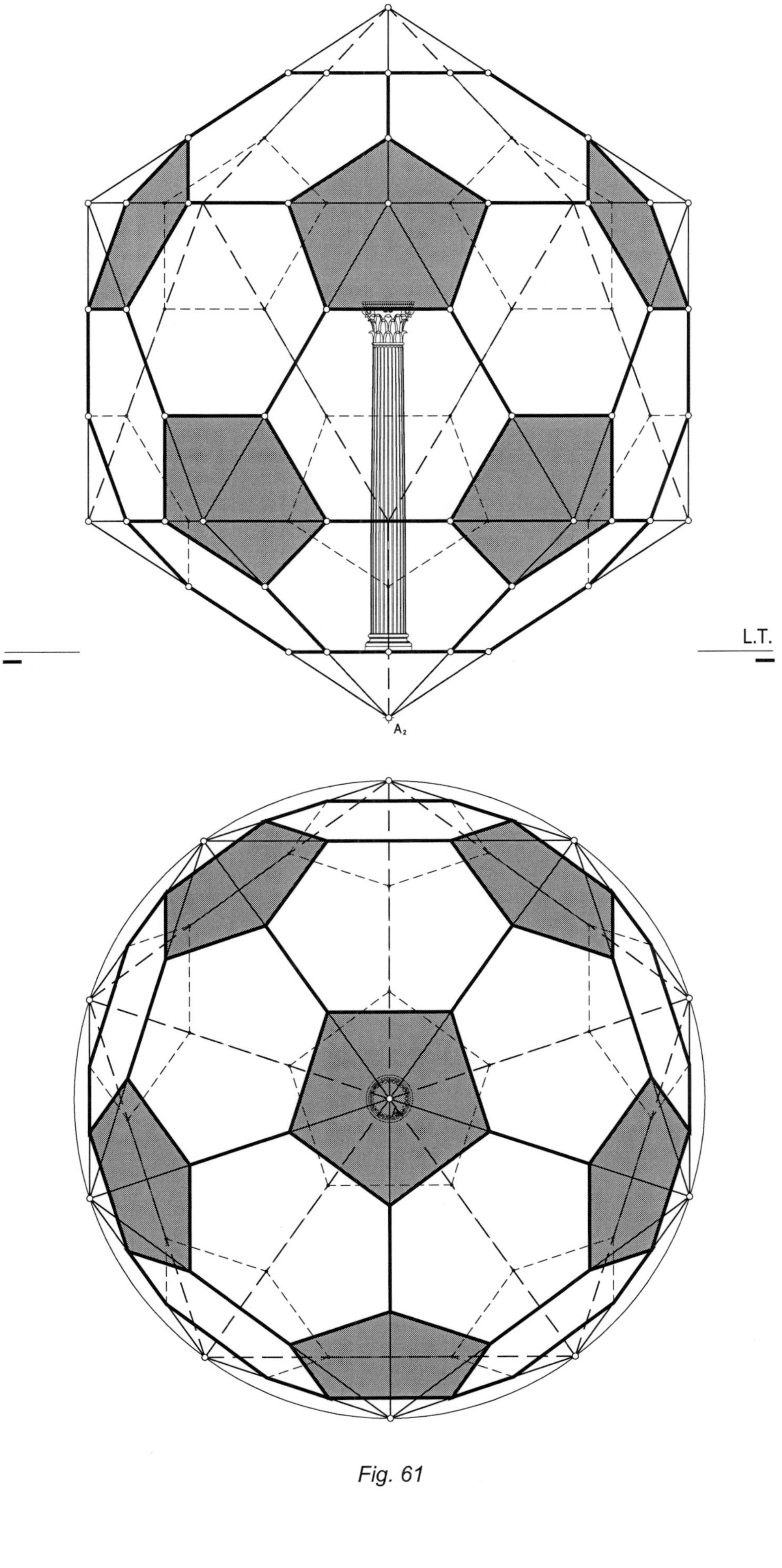

Fig. 61

SUPERFICIES

62.1

El punto V (0, 3.5, 7) representa el vértice de un cono recto de revolución apoyado en el plano horizontal de proyección de radio 3 m. Dibujar las proyecciones del cono y hallar su intersección con el plano P (-4, ∞, 5) y la verdadera magnitud de la misma.

Solución:

- El semieje mayor de la elipse se obtiene directamente, por ser un plano de canto.
- El semieje menor es e/2, se obtiene como intersección de la semicircunferencia de centro M y la perpendicular a AB por su punto medio O.
- Las verdaderas magnitudes son $A_2 B_2$ y $C_1 D_1$

62.2

Los puntos O (-3, 2, 0) y C (4, 4, 5) son los centros de las bases circulares y paralelas de radio 2 metros de un cilindro oblicuo. Dibujar las proyecciones del cilindro y trazar los planos tangentes al mismo, junto con las generatrices de contacto, que sean paralelos a una recta que sus dos proyecciones forman 45° con L.T bajando por la izquierda.

Solución:

- Dibujamos (en la construcción auxiliar) un plano paralelo a los planos tangentes solución, definido mediante una recta paralela a una generatriz del cilindro y otra paralela a la recta de 45°.
- Los planos solución son los planos paralelos al plano auxiliar y con la traza horizontal tangente a la circunferencia.

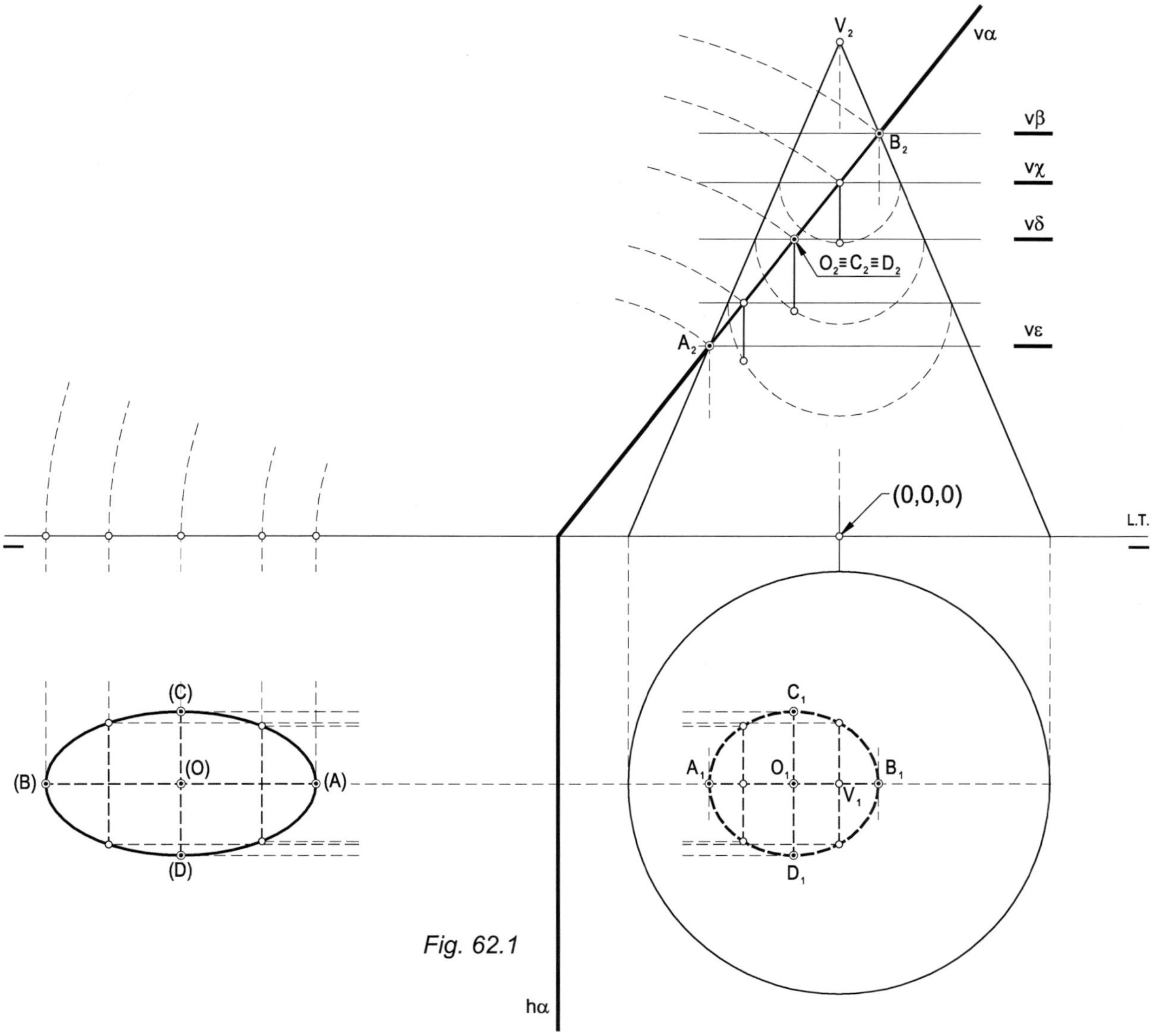

Fig. 62.1

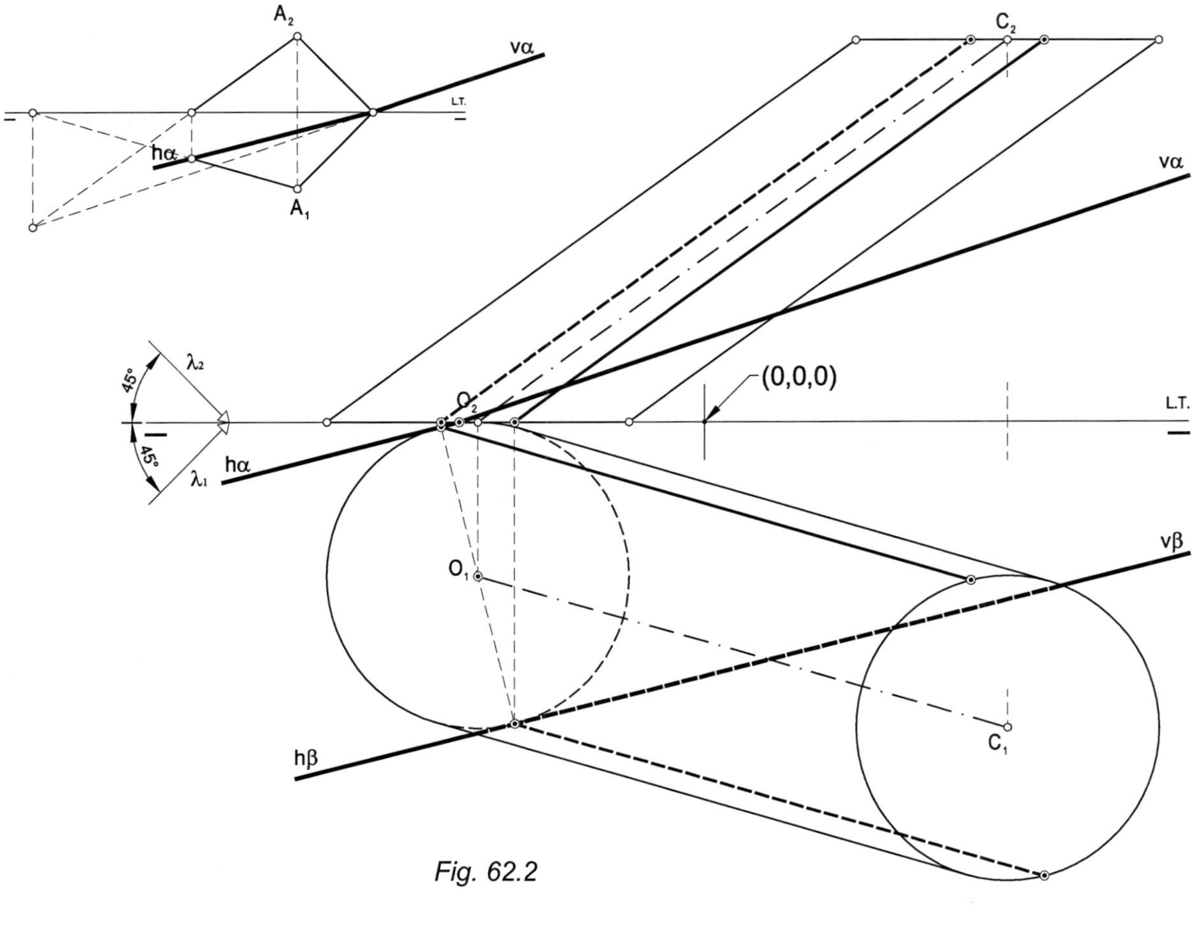

Fig. 62.2

63.1

El punto O (-3, 3 ,0) es el centro de la base circular de radio 2.5 cm de un cono oblicuo apoyado en el plano horizontal y de vértice V (2, 0, 5). Dibujar las proyecciones y trazar los planos tangentes al cono que contiene el punto A (4, 2, 1) y las generatrices de contacto.

Solución:

- Unimos A con V, lo que nos define una recta común a ambos planos tangentes.
- Las tangentes de H_1 a la base definen las trazas de ambos planos.

63.2

Los puntos O (-4, 3, 0) y C (4, 4, 6) representan los centros de dos circunferencias horizontales de radio 3 cm paralelas, que representan las bases de un cilindro oblicuo. Dibujar sus proyecciones y su sección recta por el punto medio de su eje. Lámina vertical, L.T. y origen en el centro, cotas en metros.

Solución:

- Dibujamos el plano perpendicular al eje y que pase por su punto medio M.
- Obtenemos por afinidad los puntos de intersección.

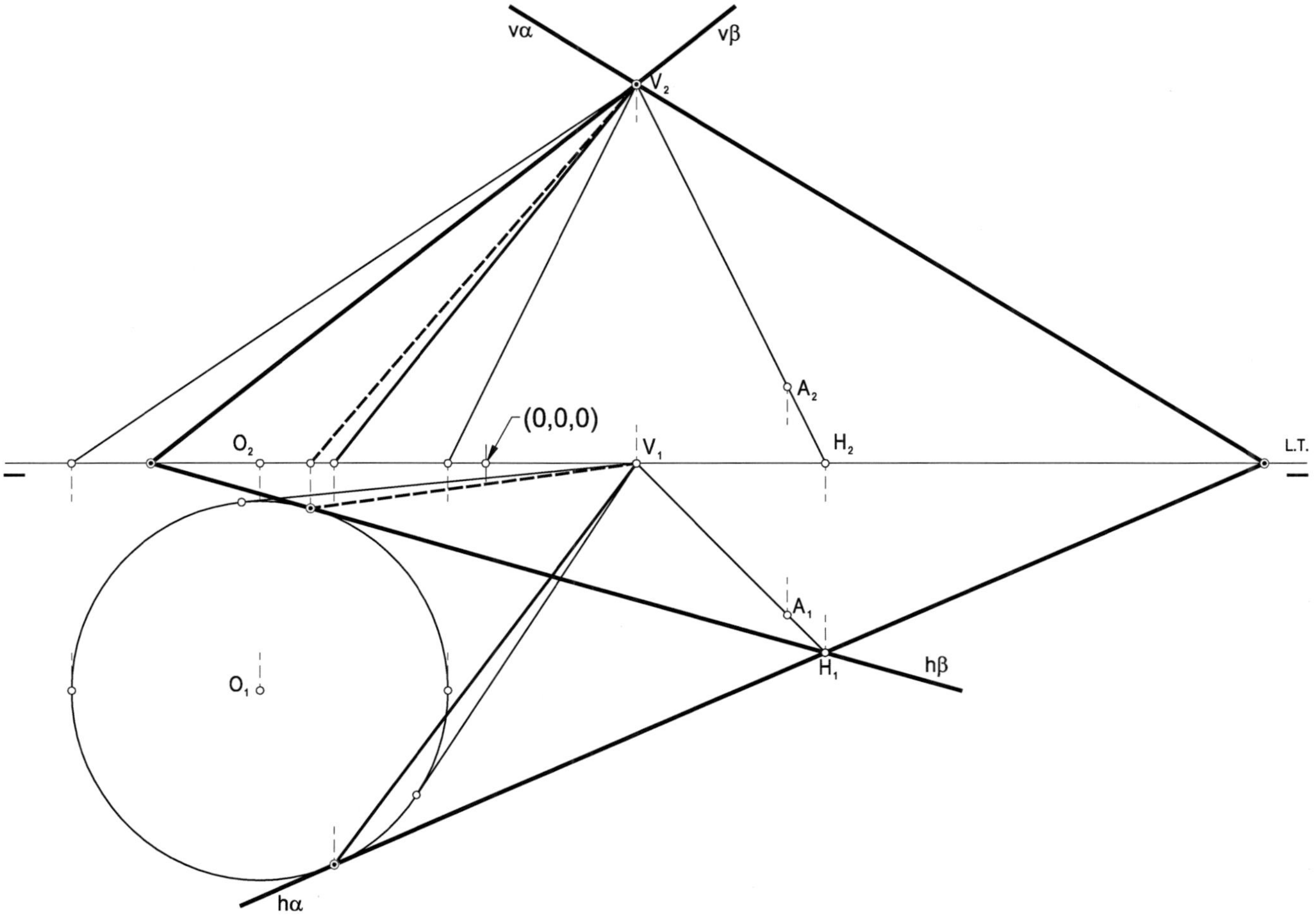

Fig. 63.1

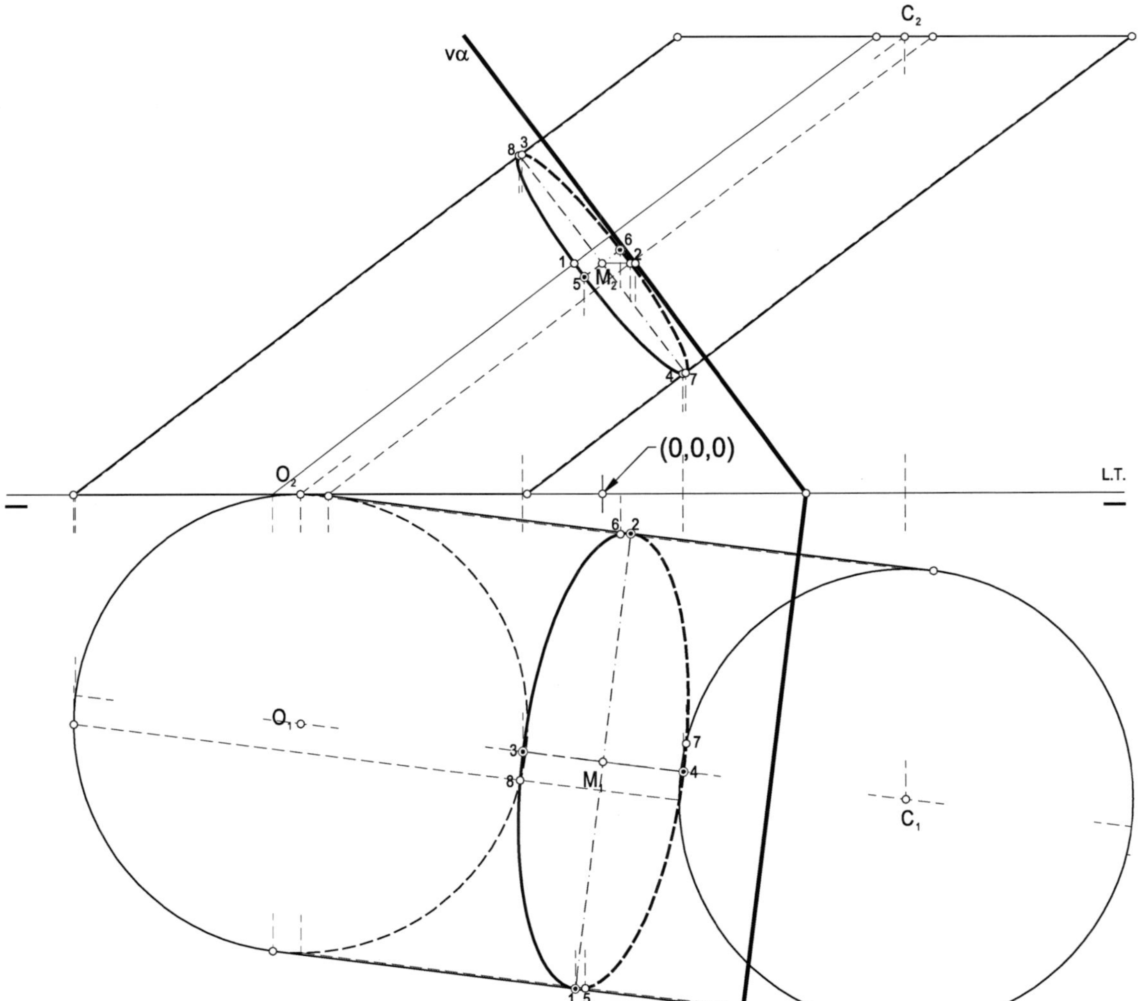

Fig. 63.2

64.1

El punto O (0,4,0) es el centro de la base de un cilindro recto de revolución apoyado en el plano horizontal de proyección de radio de la base 3 metros y altura 7 metros. Dibujar las proyecciones del cilindro y hallar su intersección con el plano α (-6, 6, 4), suponiendo que α es opaco.

Solución:

- Proyecciones horizontal y vertical del cilindro
- Intersección del cilindro con el plano α a partir de planos horizontales que se van interseccionando con el plano α a diferentes alturas y cuyos puntos de intersección de la curva resultante están en el contorno del cilindro.
- Partes vistas y ocultas

64.2

El punto C (-3,4,0) representa el centro de la base circular de un cono oblicuo apoyado en el plano horizontal de proyección de radio 3 metros y el punto V (3, 2, 5) es el vértice del cono. Dibujar las proyecciones del cono y hallar la sombra propia y arrojada sobre los planos de proyección con luz paralela a 45º bajando de la izquierda.

Solución:

- Construcción del cono
- Determinación de las sombras propias y arrojadas a partir del punto de sombra SV_1 tangencialmente a la base del cono

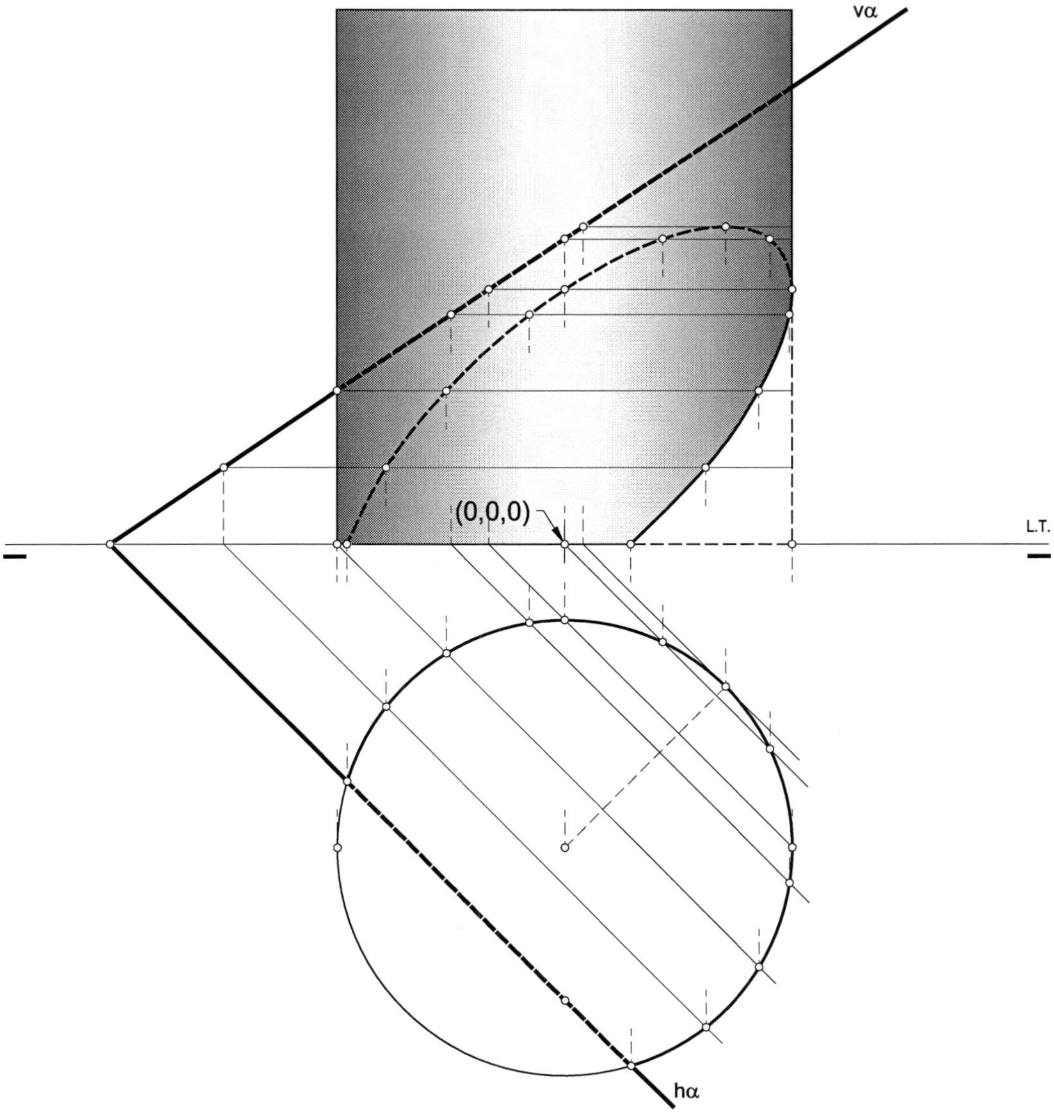

Fig. 64.1

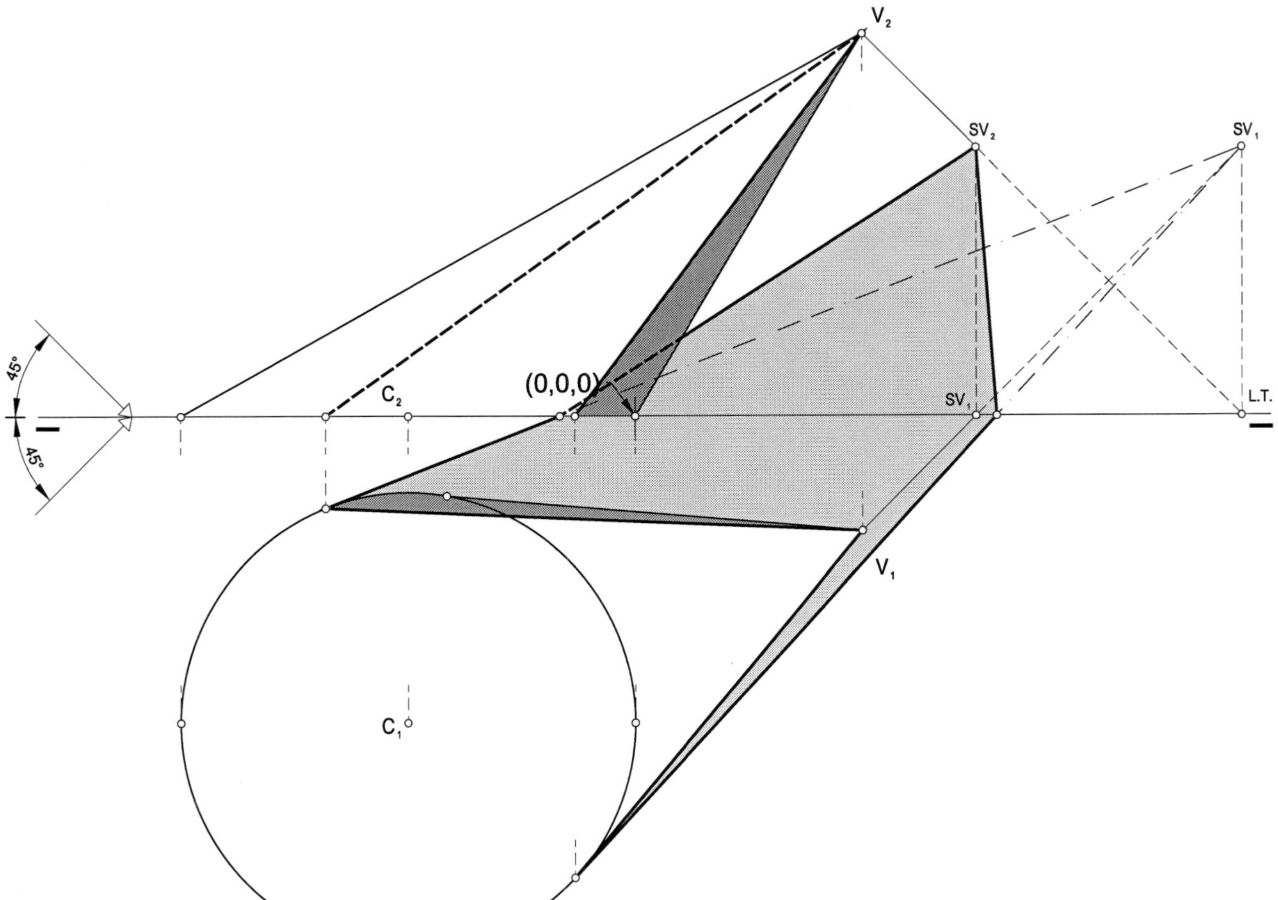

Fig. 64.2

65.1

El punto C (0, 3, 4) es el centro de una esfera de radio 3 m. Hallar la intersección de la esfera con la recta AB A (-5, 0, 3) y B (6, 5, 6) y dibujarlas con partes vistas y ocultas suponiendo que la esfera es opaca.

Solución:

- Intersección de la esfera con el plano horizontal que pasa por C.
- Abatimos la recta AB alrededor de CD.
- La intersección de los puntos abatidos con la sección son los puntos buscados pero abatidos.

65.2

a.- Hallar la mínima distancia y la perpendicular común entre las rectas AB y CD. A (-8, 2, 4), B (-8, 4, 2), C (-3, 2, 1) y D (-3, 5, 6).

b.- El punto O (3.5, 3, 4) es el centro de una esfera de radio 3 m. Trazar los planos tangentes y los puntos de tangencia a la esfera paralelos al plano α cuyas trazas forman ambas 60º con la L.T.

Solución:

a)
- La perpendicular común a dos rectas de perfil es una recta paralela a L.T.
- Mediante tercera proyección encontramos el punto I.

b)
- Recta perpendicular al plano α que pasa por O.
- Conocido el radio en verdadera magnitud, encontramos F y G, puntos tangentes.

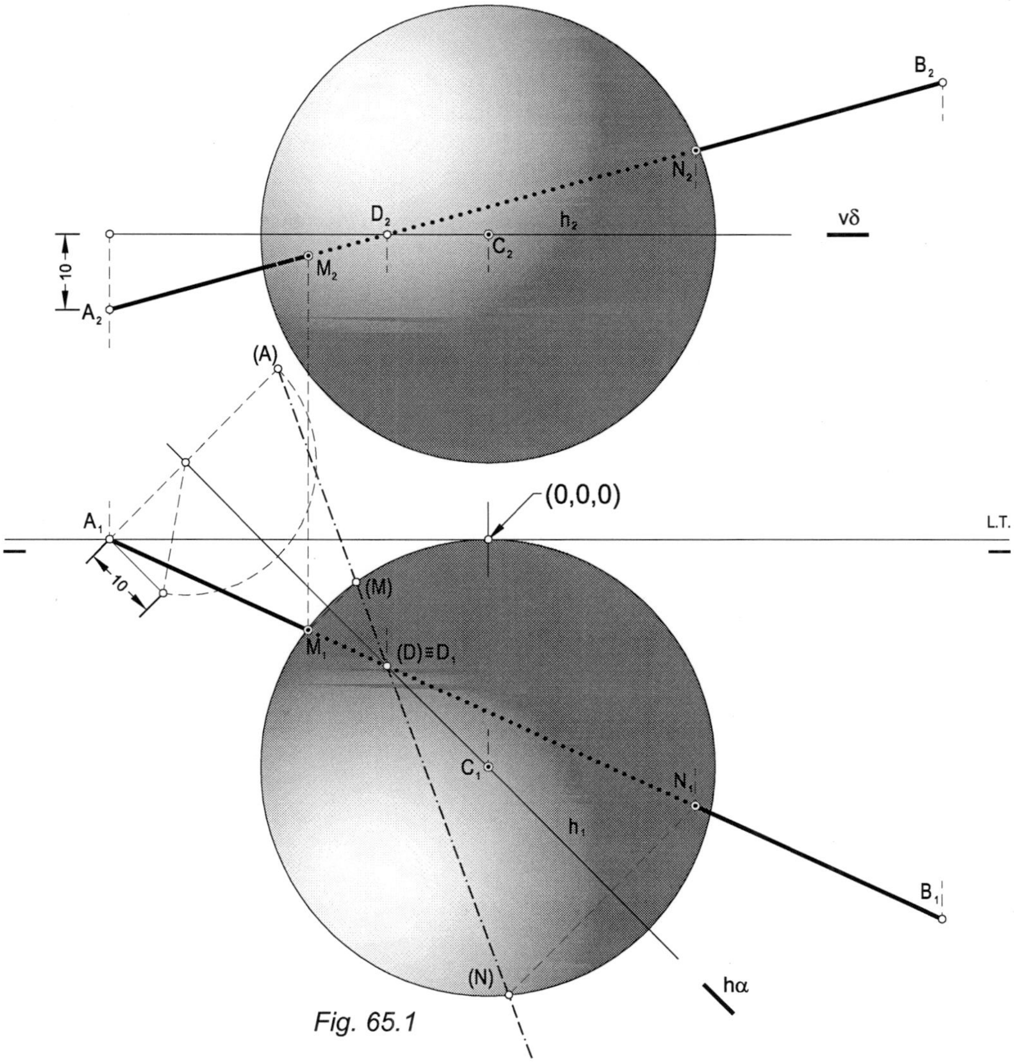

Fig. 65.1

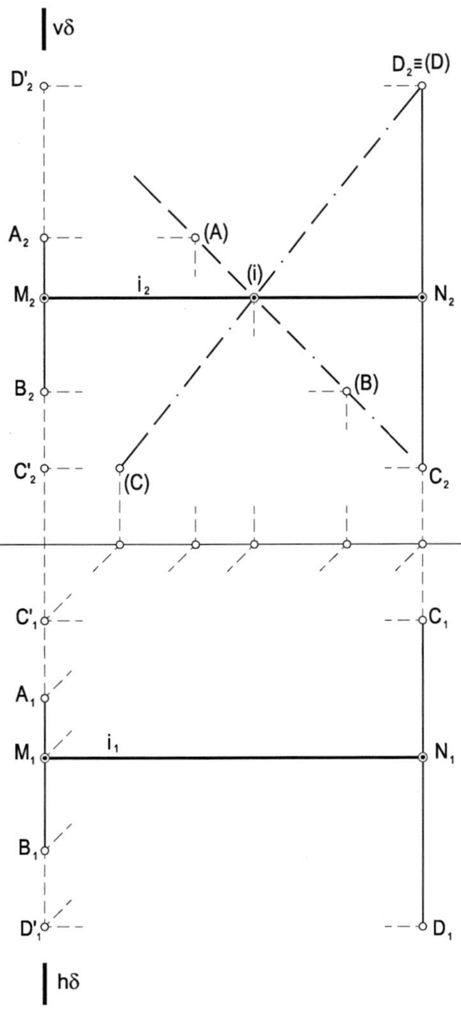

Fig. 65.2a

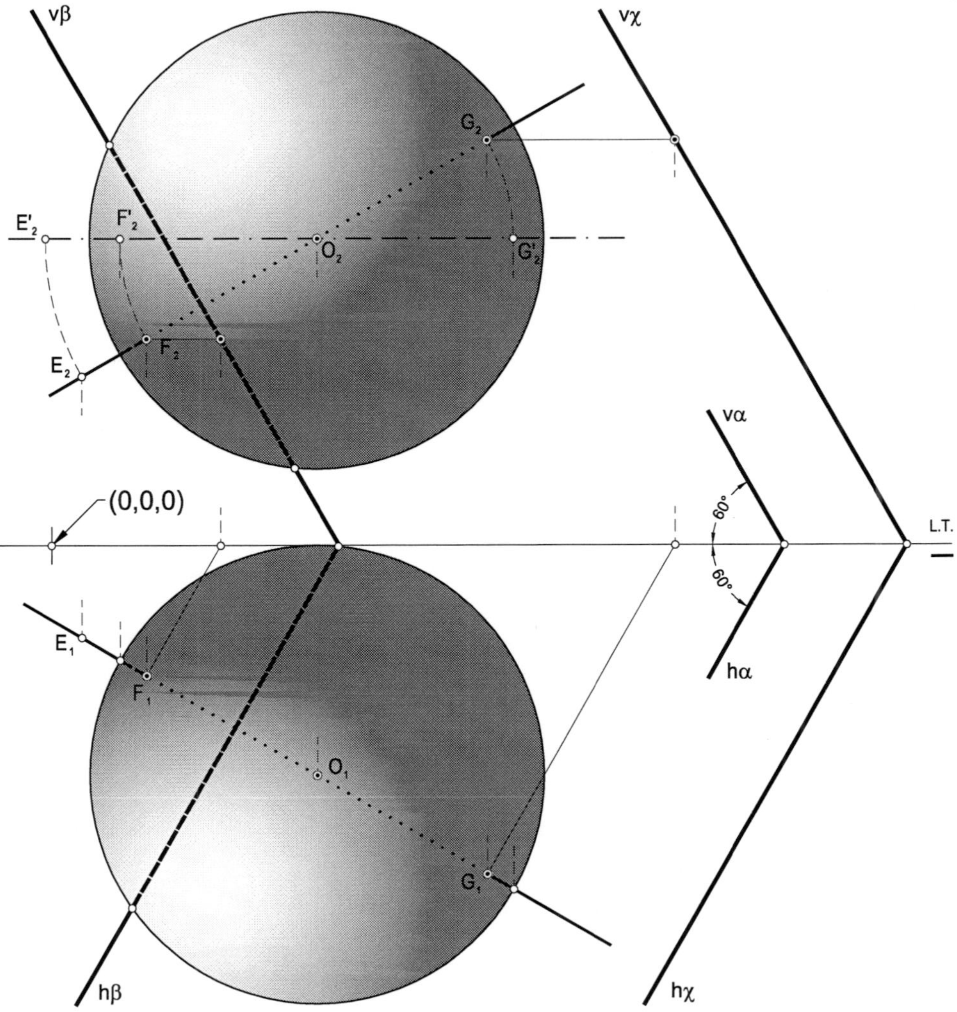

Fig. 65.2b

66 El punto O (-2, 4, 5) es el centro de una esfera de radio 3.5 cm. Hallar la intersección de la esfera con el triángulo A (-7, 3, 3), B (-3, 7, 9), C (3, 1, 4), sabiendo que ambas superficies son opacas. Hallar la sombra propia y arrojada sobre los planos de proyección del sólido formado por la esfera y el triángulo con luz paralela a 45º bajando por la izquierda.

Solución:

- Cambio de plano donde el plano (triángulo) esté de canto y obtenemos los ejes reales de la elipse intersección en proyección horizontal.
- Cambio a plano vertical, ejes reales en proyección vertical.
- Las sombras son el resultado de circunscribir un cilindro a la esfera con las direcciones dadas considerando los vértices del triángulo y hallar la intersección con los planos de proyección.

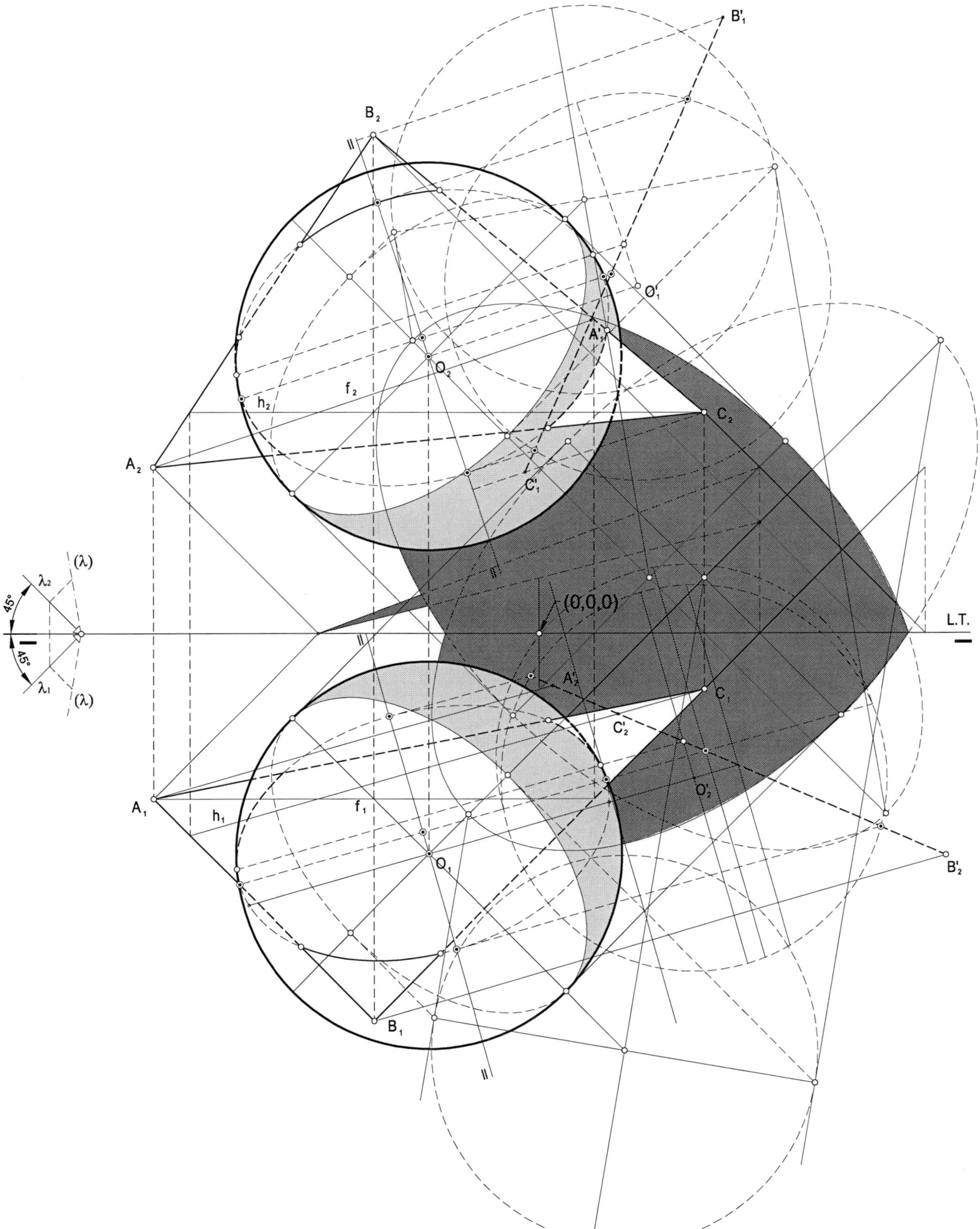
B'₁
B₂
O'₁
A'₁
O₂
f₂
h₂
C₂
A₂
C'₁
(λ)
λ₂
45°
45°
λ₁
(λ)
(0,0,0)
L.T.
A'₂
C₁
C'₂
O'₂
A₁
h₁
f₁
O₁
B'₂
B₁

Fig. 66

67 El punto C (3, 5, 7) es el centro de una esfera de radio 4 cm. Se pide:

- Hallar la intersección de la esfera con la recta AB, siendo A (-3, 3, 4), B (9, 9, 8), considerando la esfera opaca.
- Por los puntos de intersección de la esfera con la recta AB, trazar los planos tangentes a la esfera definiéndolos por sus trazas.

Solución:

- Plano horizontal δ que pasa por C
- Intersección de δ con la recta AB → E
- Recta horizontal *h* contenida en δ y que pasa por E y C
- Abatimiento de la recta AB sobre δ → (r)
- Abatimiento de la sección de la esfera que contiene a AB y pasa por C sobre el plano δ
- Puntos intersección de (r) con la esfera (sección abatida sobre δ de la esfera) → (D) y (E)
- Desabatimiento de los puntos D y E
- Planos tangentes a la esfera por los puntos D y E (las trazas de los planos α y β han de ser perpendiculares a la recta AB)

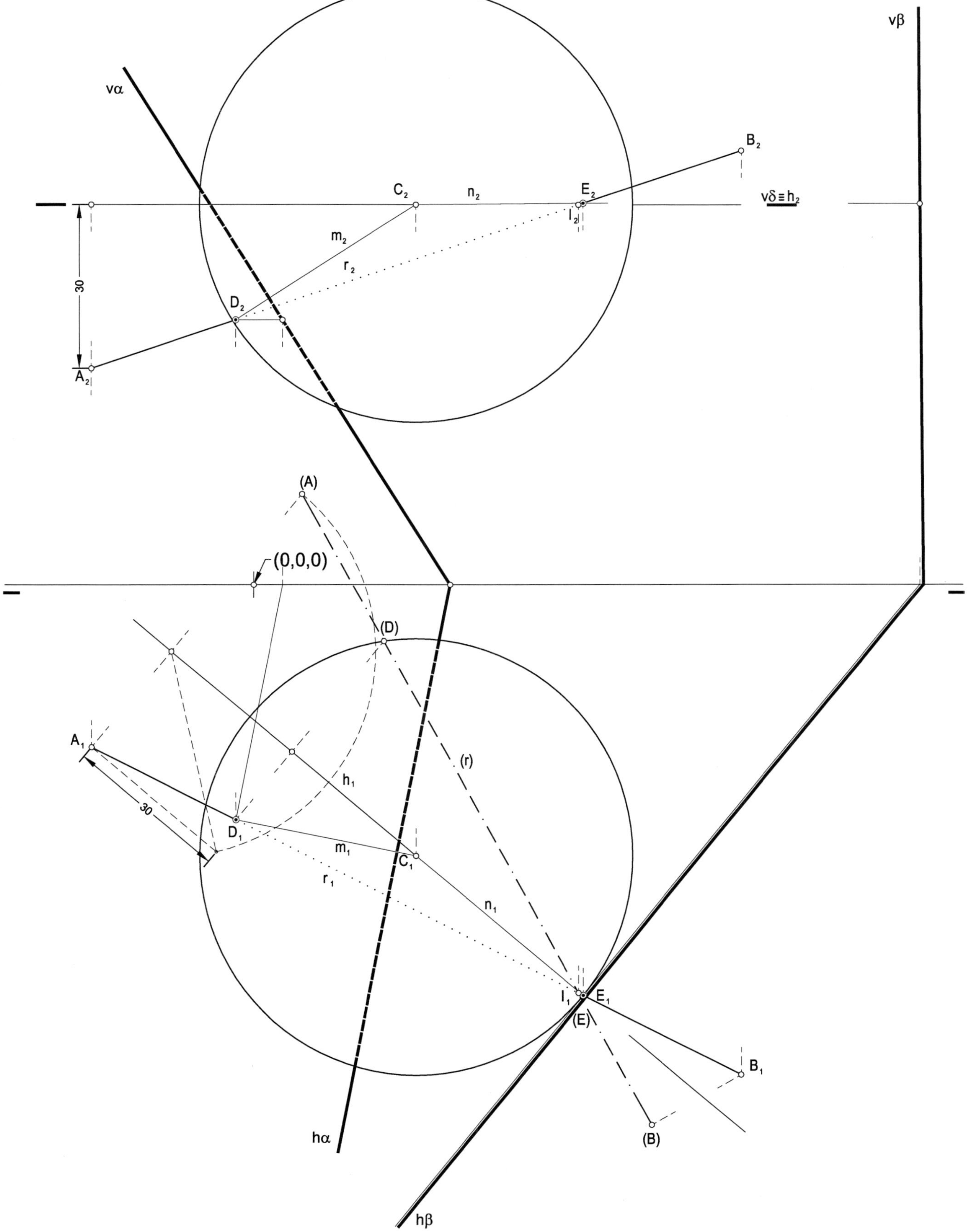

vβ
vα
B_2
C_2
n_2
E_2
vδ ≡ h_2
I_2
m_2
r_2
30
D_2
A_2
(A)
(0,0,0)
(D)
A_1
h_1
(r)
30
D_1
m_1
C_1
r_1
n_1
I_1
E_1
(E)
B_1
(B)
hα
hβ

Fig. 67

68 El punto O (2, 5, 4) representa el centro de una esfera de radio 3 metros. Dibujar los planos tangentes a la esfera (definidos por sus trazas) que contengan a la recta AB, siendo A (-7, 8, 10), B (0, 0, 0), y hallar los puntos de tangencia de los planos con la esfera.

Solución:

- Plano α perpendicular a AB que pase por O (centro de la esfera)
- Intersección de la recta AB con el plano α → I
- Recta horizontal h del plano α que pasa por O
- Abatimiento del punto I sobre el plano δ (plano // al PH que pasa por O)
- Por (I) rectas tangentes a la sección de la esfera con el plano δ → (m) y (n) → (C) y (D) puntos de tangencia de los planos β, γ con la esfera.
- Definición de los planos tangentes a la esfera β, γ a partir de la recta AB y de las rectas m_1-m_2 y n_1-n_2

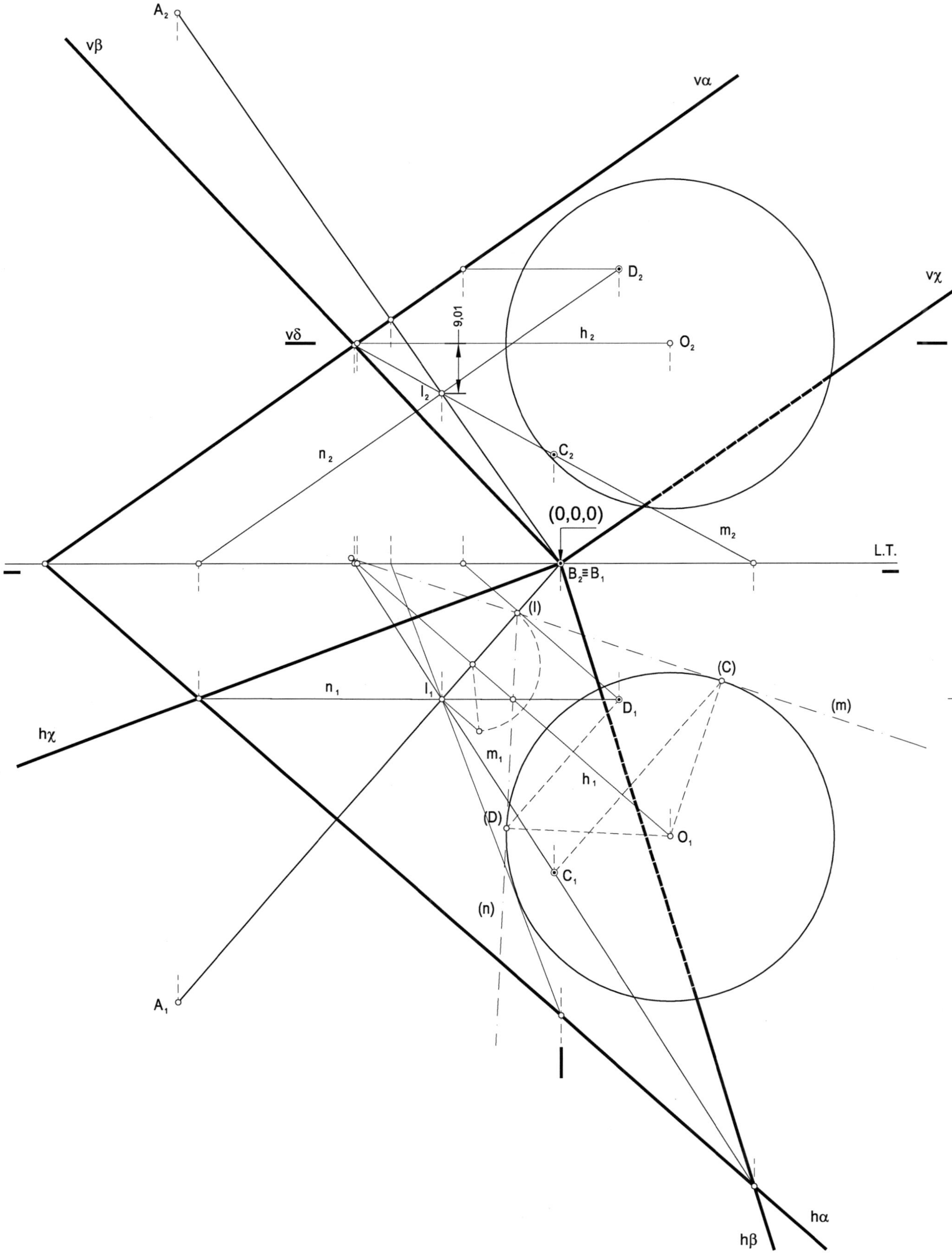
A₂
vβ
vα
D₂
vχ
9,01
vδ
h₂
O₂
I₂
C₂
n₂
(0,0,0)
m₂
L.T.
B₂≡B₁
(I)
(C)
n₁
I₁
D₁
(m)
hχ
m₁
h₁
(D)
O₁
C₁
(n)
A₁
hα
hβ

Fig. 68

69 El punto V (-8, 0, 0) representa el vértice de un cono recto de revolución de altura 9 cm y radio del círculo de la base 4 cm. Dibujar las proyecciones del cono sabiendo que forma 45º con el plano horizontal y 60º con el vertical, vértice a la derecha. Trazar los planos tangentes al cono que contienen al punto A (5, 0, 0) y las generatrices de tangencia.

Solución:

- En la fig. 61b construimos un plano paralelo al plano en el que se apoya el cono.
- Por V trazamos la recta perpendicular al plano y midiendo (en V.M.) 9 cm, tenemos C.
- El plano α que contiene a C y es paralelo al auxiliar y contiene la base del cono.
- Unimos A con V, recta contenida en L.T que intersecciona con α en el vértice, desde el cual trazamos las tangentes.

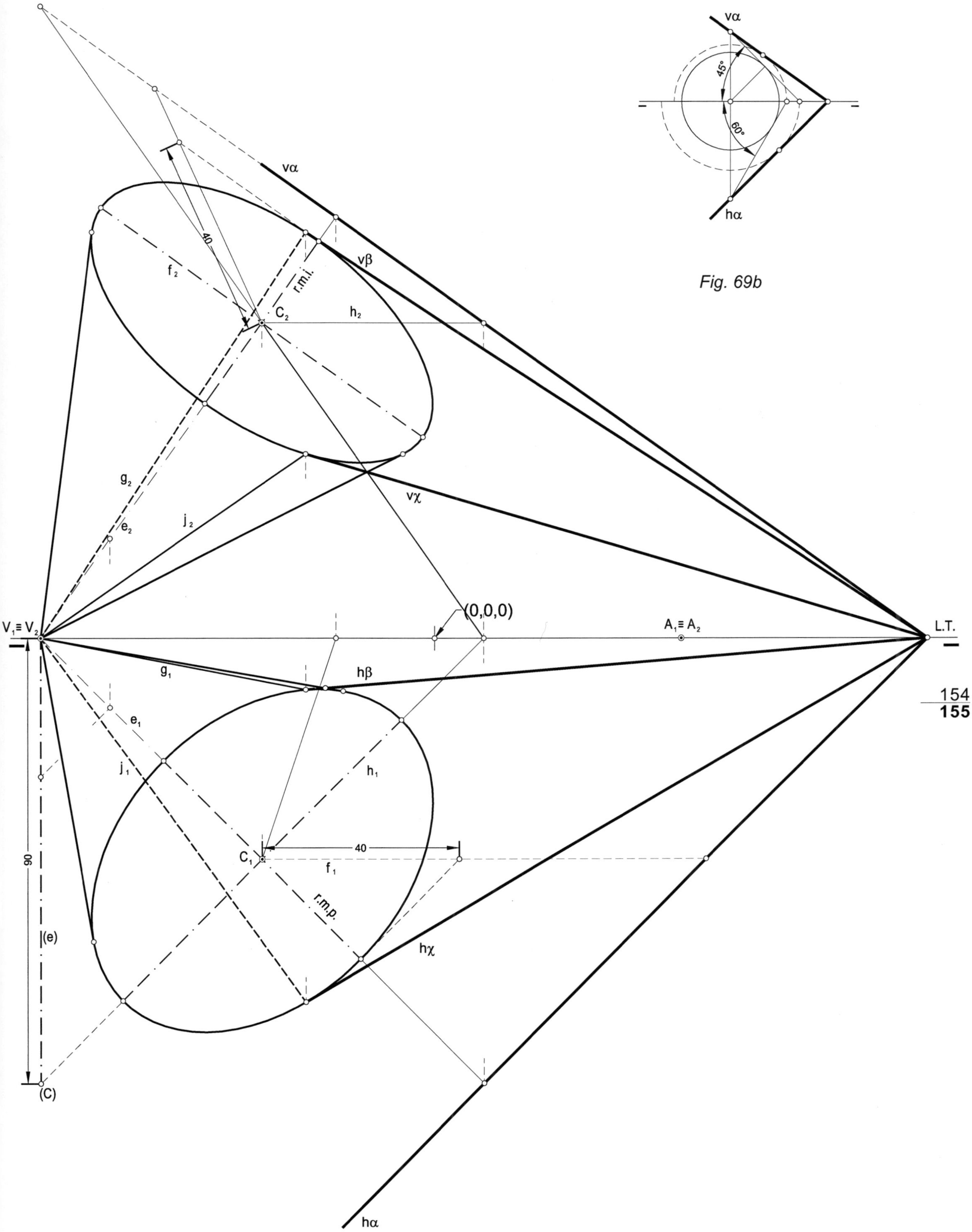

Fig. 69b

Fig. 69a

70 El punto V (-4, 8, 9) es el vértice de un cono recto de revolución de altura 8 cm y radio de la base 4 cm. Dibujar las proyecciones del cono, conociendo que su base forma 45º con el plano horizontal y 60º con el vertical de proyección, vértice a la izquierda y ángulo entre trazas menor de 90º. Hallar la sombra propia y arrojada del cono sobre los planos de proyección con luz paralela a 45º bajando de la izquierda.

Solución:

- En la construcción auxiliar construimos un plano paralelo al plano donde se apoya el cono.
- Por V trazamos la recta perpendicular al plano y midiendo (en V.M.) 8 cm, tenemos O.
- El plano α que contiene a C y es paralelo al auxiliar y contiene la base del cono.
- La sombra la determinamos proyectando unos ejes conjugados y construyendo las elipses con el método geométrico correspondiente.

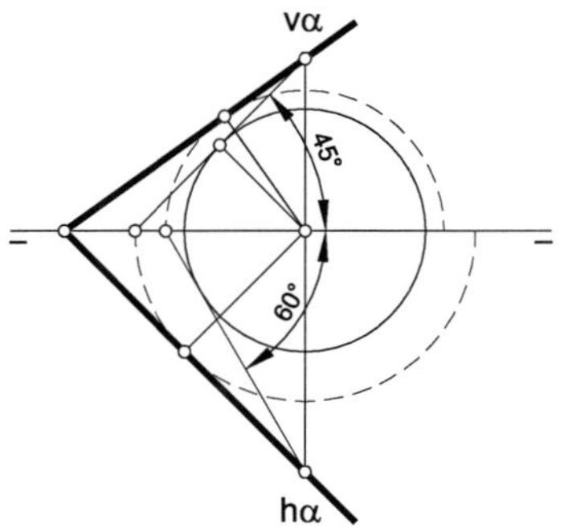

Fig. 70b

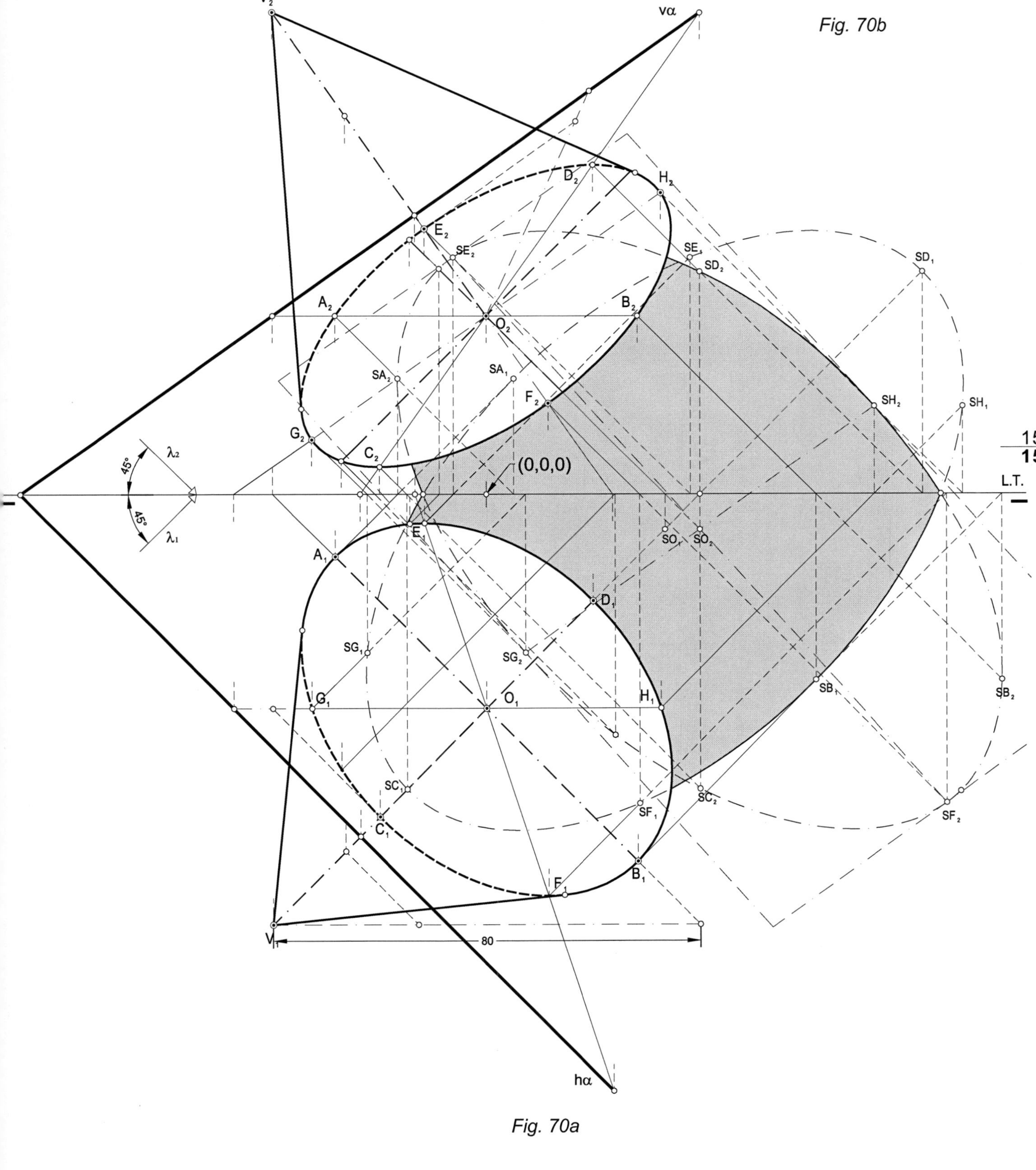

Fig. 70a

71 El diámetro de la base de un cono recto de revolución está definido por los puntos A (-3, 2, 3) y B (4, 4, 6). El plano que contiene a la base del cono forma 60° con el plano vertical de proyección y sus trazas en el primer diedro forman un ángulo agudo, vértice a la izquierda. Altura del cono: 8 cm. Trazar los planos tangentes al cono y las generatrices de contacto, paralelos a una recta que forma en proyección tanto en horizontal como en vertical 60° con LT y bajando de la derecha.

Solución:

- Desde el punto B construimos un cono cuyas generatrices forman 60° con el PV
- El plano α quedará definido por la recta AB, cuyas proyecciones se cortan en la LT y la tangente a la base del cono cuyas generatrices forman 60° con el PV
- Determinación de V con una altura de 8 cm a partir de la base contenida en el plano α
- Recta *m* que pasa por V y forma 60° el PV y con el PH→ Hm y Vm (trazas de la recta *m*)
- Intersección de la recta m con el plano α → punto I
- Desde I en las dos proyecciones, rectas tangentes a la base del cono → generatrices g - g'
- Construcción de los planos β y γ tangentes al cono y las generatrices de contacto, paralelos a una recta que forma en proyección tanto en horizontal como en vertical 60° con LT

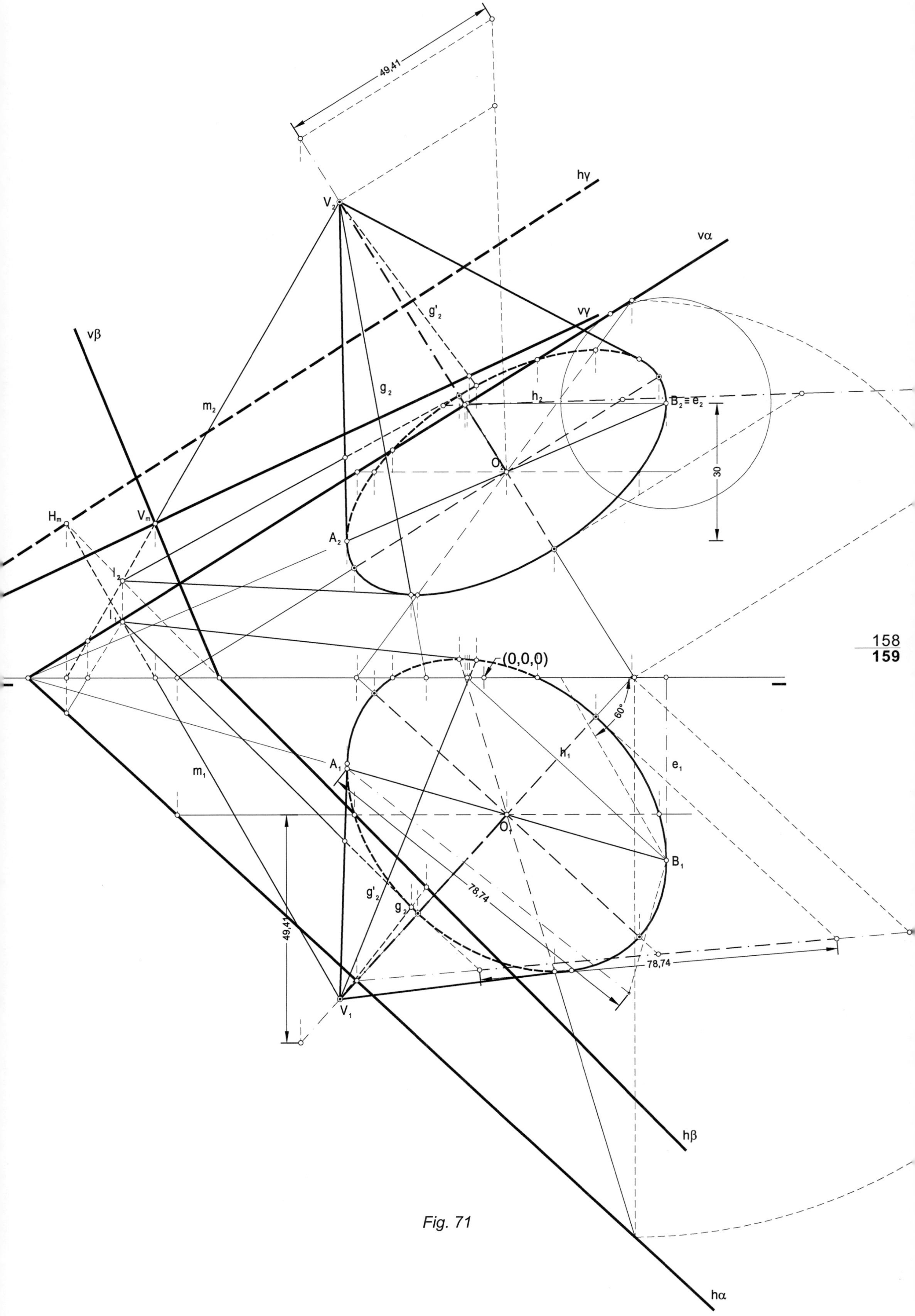
49,41
hγ
V2
vα
vγ
g'2
vβ
m2
g2
h2
B2 ≡ e2
30
O2
Hm
Vm
A2
I2
I
(0,0,0)
60°
h1
e1
A1
m1
O1
B1
78,74
g'2
g2
49,41
78,74
V1
hβ
hα

Fig. 71

72 El punto O ((0, 6, 5) es el centro de una esfera de radio 3 cm. Trazar los planos tangentes a la esfera paralelos al plano α (-5, 4, 5) y dibujar las proyecciones del cilindro circunscrito a la esfera cuyas generatrices son perpendiculares al plano P y cuyas bases también son tangentes a la esfera.

Solución:

- Por O recta perpendicular al plano α
- Esfera de radio 3 cm
- Intersección de la esfera con la recta perpendicular → puntos O' y O"
- Planos β y γ paralelos a α por los puntos O' y O"
- Construcción del cilindro tangente a la esfera y con sus centros de bases en los puntos O' y O"
- Partes vistas y ocultas del cilindro

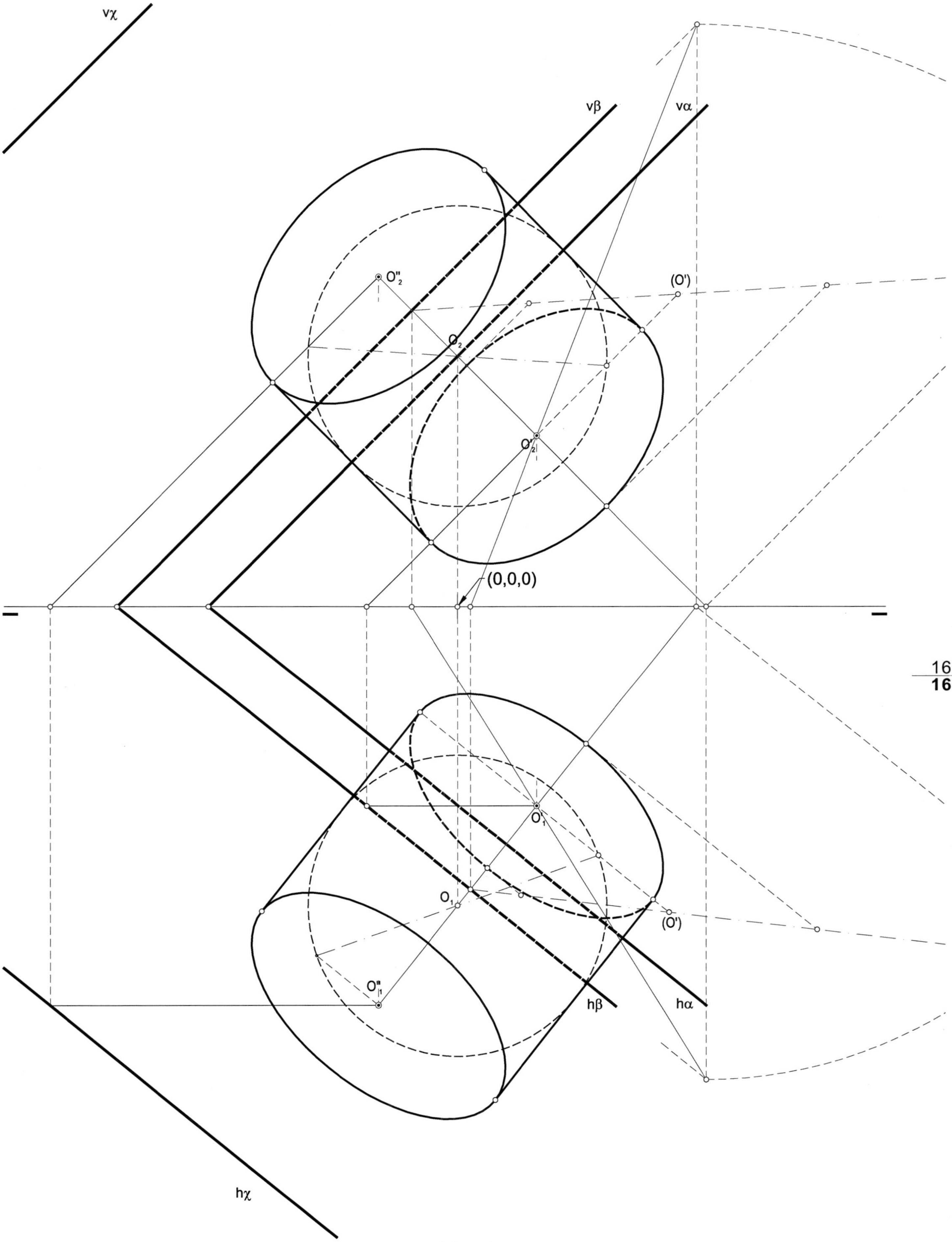

Fig. 72

73 En el plano α (-40, 30, 50) está apoyado un cilindro recto vertical de radio de la base 30 mm y altura 70 mm. Se pide:

- Dibujar las proyecciones del cilindro sabiendo que su base de apoyo es tangente a su vez al plano vertical y al horizontal.
- Trazar los planos tangentes y generatrices de tangencia del cilindro que sean paralelos a la recta AB. A(-30,60,40) y B(20,20,30). Cotas en mm. Escala 1/1.

Solución:

- Abatimiento del plano α sobre el PH
- Determinación de (O) siendo la base del cilindro de 30 mm tangente a (hα) ≡ hα y a (vα)
- Desabatimiento de la base del cilíndro, proyección horizontal y vertical
- Construcción de la altura del cilindro y de su base superior a partir del eje O-O'
- Planos tangentes y generatrices de tangencia a partir del plano β que contiene la recta AB y una paralela al eje que pasa por A

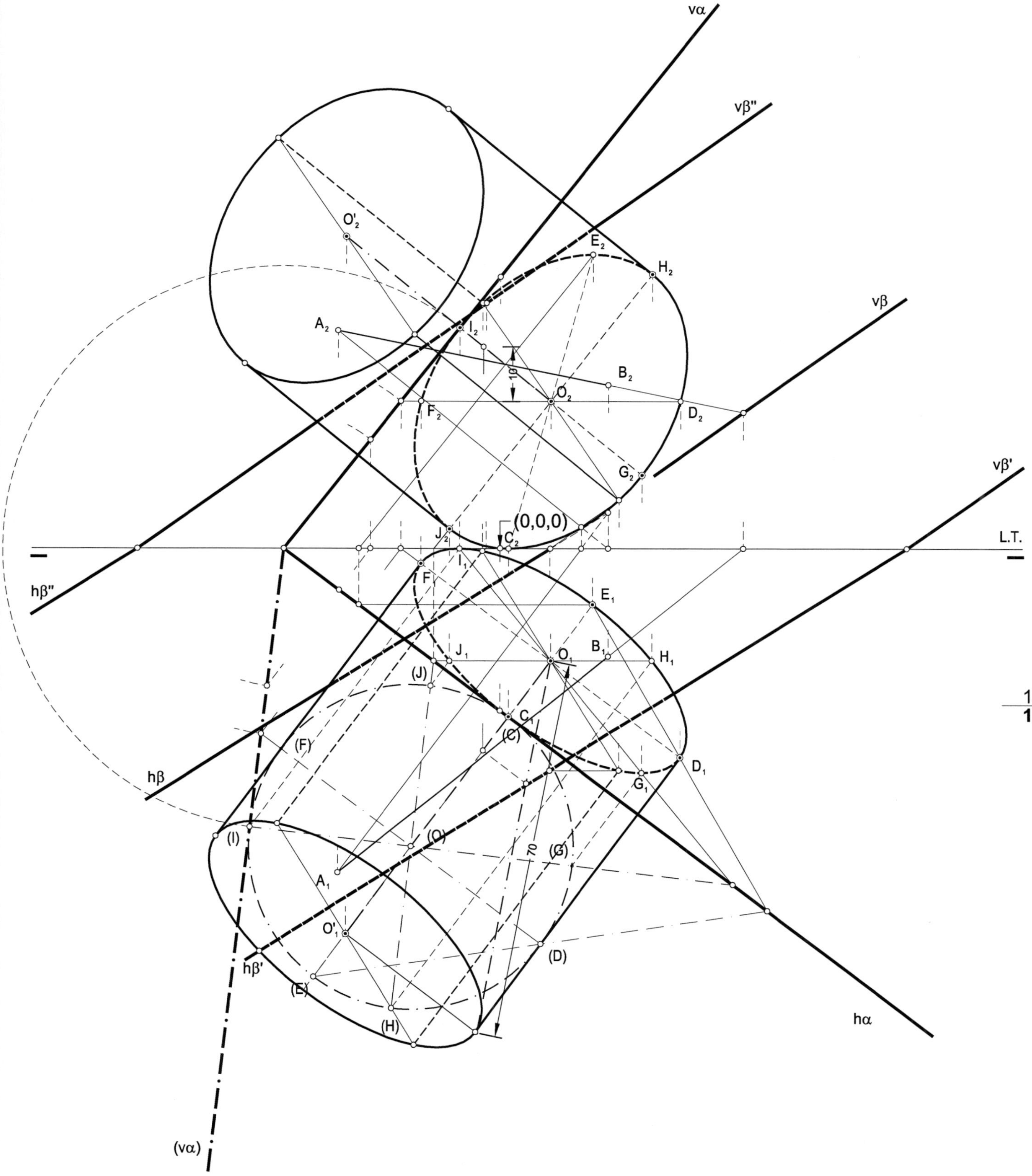
vα
vβ''
vβ
vβ'
L.T.
hβ''
hβ
hβ'
hα
(vα)
O'_2
E_2
H_2
A_2
I_2
10
B_2
O_2
D_2
F_2
G_2
(0,0,0)
J_2
C_2
I_1
F_1
E_1
J_1
O_1
B_1
H_1
(J)
C_1
(C)
(F)
G_1
D_1
hβ
(I)
(O)
(G)
70
A_1
O'_1
(D)
(E)
(H)

Fig. 73

PRISMAS Y PIRAMIDES

74 El punto A (0, 6, 3) es el vértice del triangulo isósceles ABC, del cual los lados AB y AC son iguales de longitud, 8 cm. Los vértices B y C se encuentran situados en la recta MN, siendo M (4, 9, 3) y N (-1, 1, 8). El triangulo ABC es la base inferior de un prisma recto de altura 6 cm. Dibujar las proyecciones del prisma y hallar la sombra propia y arrojada del mismo sobre los planos de proyección y el plano α que contiene a la recta DE y forma 45° con el plano horizontal de proyección, vértice a la izquierda. Luz paralela a 45° bajando por la izquierda, D (0, 2, 4) y E (0, 6 4).

Solución:

- Abatimos el plano definido por A y la recta MN, donde obtenemos la base del prisma.
- Por C trazamos la perpendicular al plano y en V.M. colocamos 6 cm.
- La sombra arrojada las trazas de rectas paralelas a la luz que pase por los vértices del prisma.
- La sombra propia utiliza la arrojada con el siguiente criterio:
  - Aristas que forman parte del contorno y que a su vez pertenecen a dos caras; una estará en luz y la otra en sombra.
  - Aristas que no pertenecen al contorno de sombra; ambas caras estarán o en luz o en sombra.

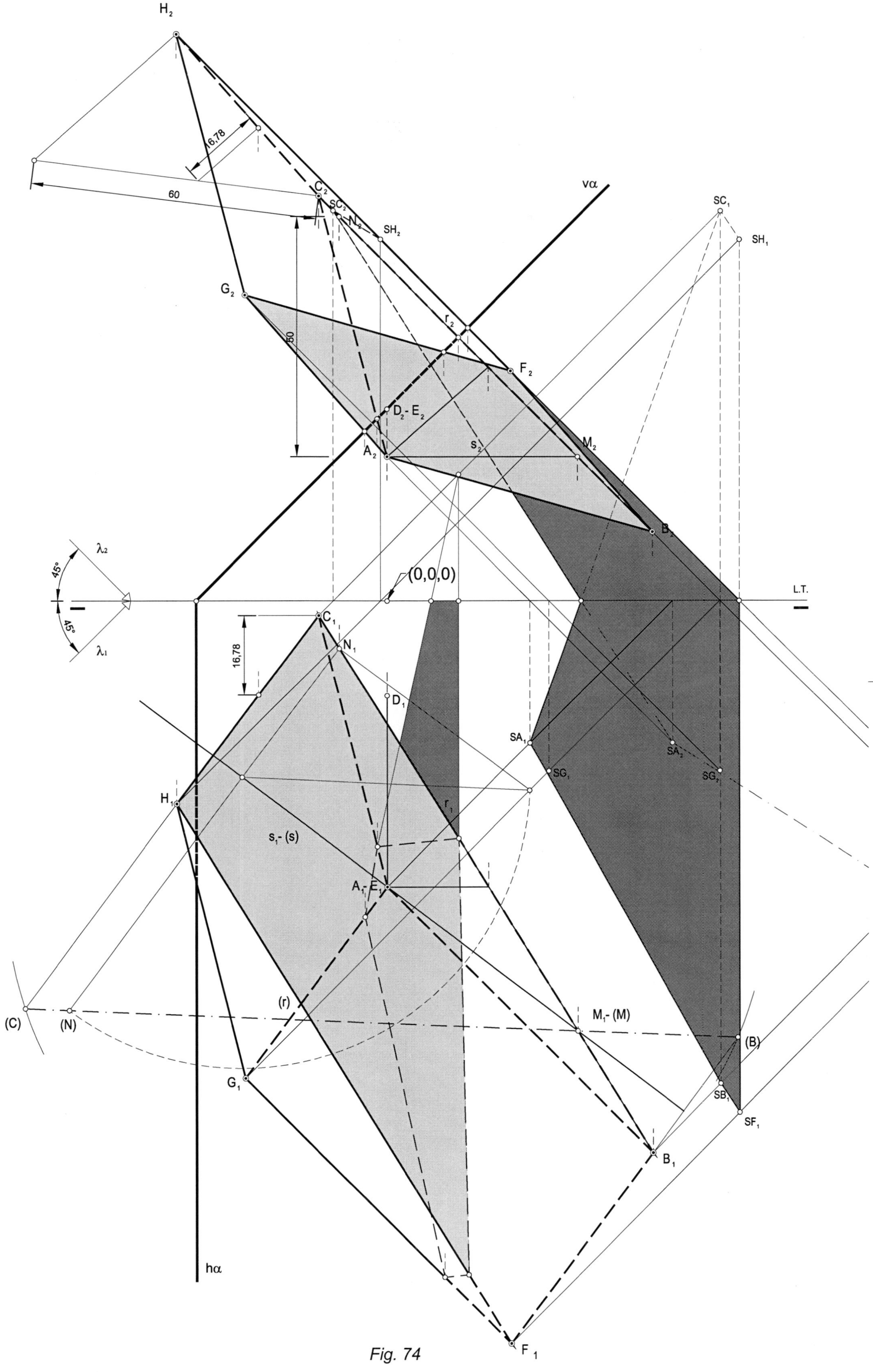
H2
16,78
60
C2
SC2
N2
SH2
vα
SC1
SH1
G2
r2
F2
50
D2 - E2
A2
s2
M2
B2
λ2
45°
(0,0,0)
L.T.
45°
λ1
C1
N1
16,78
D1
SA1
SA2
SG1
SG2
H1
r1
s1 - (s)
A1 - E1
(r)
M1 - (M)
(C)
(N)
(B)
G1
SB1
SF1
B1
hα
F1

Fig. 74

75 Los puntos A (-4,1,1) y B (2,4,5) definen dos vértices consecutivos de un rectángulo plano, cuyos vértices C y D se encuentran situados en una recta que pasa por el punto E(2,8,8).

- Dibujar las proyecciones del prisma recto cuya base superior es el rectángulo ABCD, que se encuentra situado en el primer diedro.
- Hallar la sombra propia y arrojada sobre el plano horizontal de proyección, según se indica en la L.T.
- Hallar la sección que produce en el prisma un plano que forma 60º con el P.V. y 45º con el P.H., vértice a la izquierda y pasa por el punto F(-6,0,0).

Solución:

- Por E, recta paralela a AB, en ella estarán situados los vértices C y D.
- Por B plano perpendicular, α, a la recta AB.
- Intersección del plano α con la recta paralela a AB que pasa por E; obtenemos C.
- Por paralelismo se obtiene D.
- Plano β contiene la base ABCD.
- Por los vértices ABCD rectas perpendiculares al plano β y se hallan sus trazas que nos darán la intersección con los planos de proyección y nos delimita la parte del prisma en el primer diedro (puntos 1, 2, 3 y 4). Las trazas horizontales de 1, 2, 3 y 4 serán puntos de sombra sobre el plano horizontal.
- Sólo falta hallar la sombra de los vértices ABCD, SA_1, SB_1, SC_1 y SD_1; uniendo el contorno exterior de los puntos de sombra se obtiene la sombra arrojada. 1-SA-SB-SC-3-4-1. A partir de este contorno, se obtiene la sombra propia conforme a lo explicado en otros ejercicios anteriores.
- Caras en sombra ABCD, BC23 y DA41
- Con centro en O, giramos todos los vértices 90º en proyección vertical, en horizontal se mueven paralelos a L.T.
- El plano γ se construye en el croquis.
- Por F pasamos un plano paralelo al del croquis y su intersección es del tipo recta con plano.

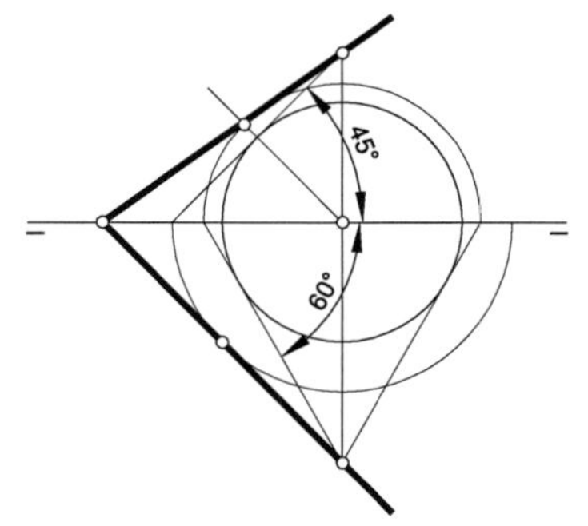

Fig. 75b

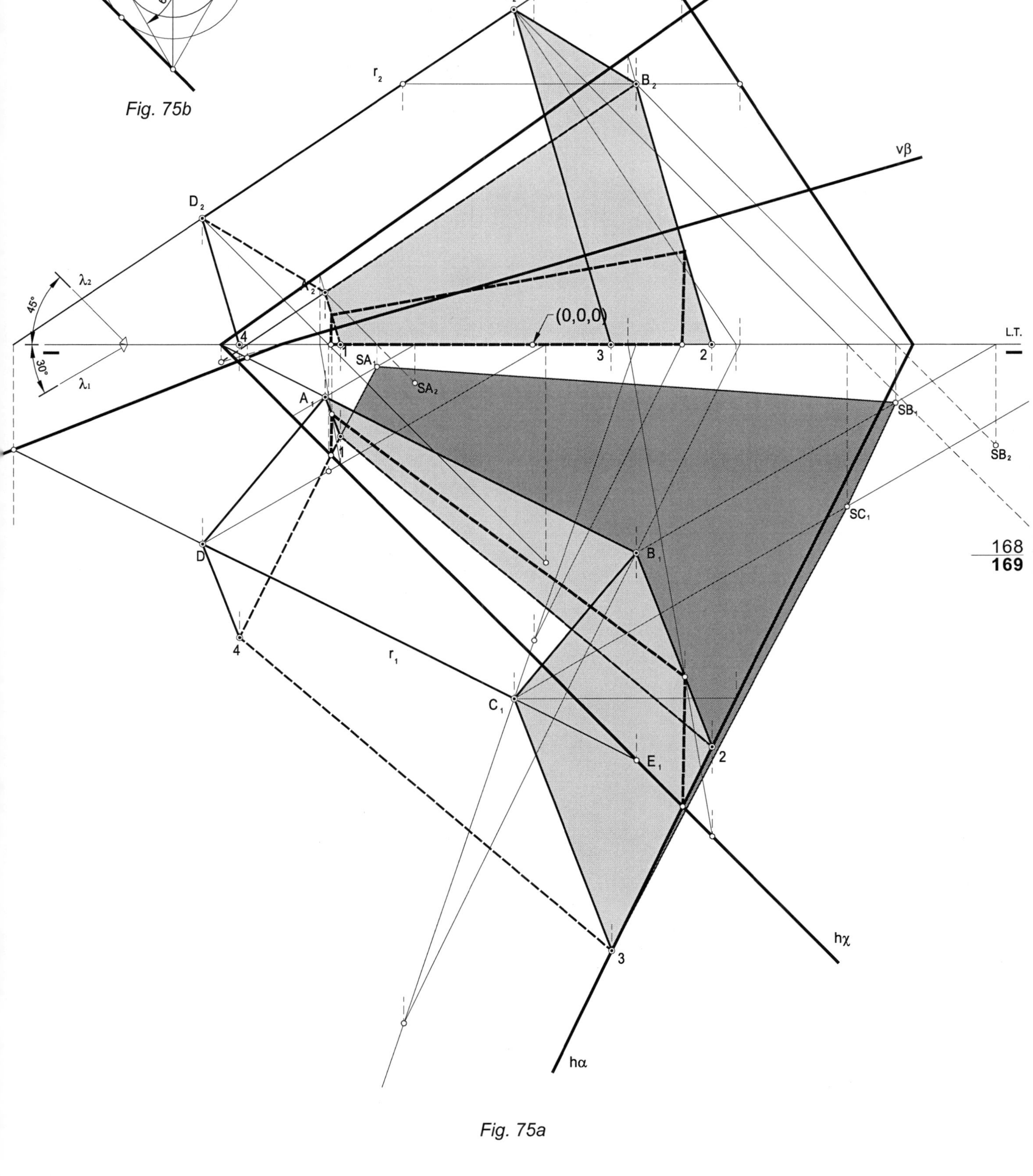

Fig. 75a

76 El punto A (-1, 1, 7) es un vértice del rombo ABCD, de los cuáles los vértices B y D se encuentran sobre la recta MN, M (-3, 5, 3) y N (3, 4, 6). Los lados AB y AD del rombo forman 60º con la recta MN. Dibujar las proyecciones de un prisma recto de altura 7 cm, sabiendo que el rombo es la base inferior del mismo, y hallar su intersección con el plano γ que pasa por el punto O (0, 7, 8) y forma 45º con el plano horizontal de proyección y 120º entre trazas con el vértice a la izquierda. Considerar el plano P opaco al representar las proyecciones del prisma. Cotas en cm. Escala 1/1.

Solución:

- El punto A y la recta MN definen un plano
- Abatimiento de la recta MN sobre el plano α paralelo al PH que pasa por el punto A
- Se abate alrededor de de la recta horizontal *h* que pasa por A y por I
- Desde (A) ≡ A rectas que formen 60º con (M)-(N) → puntos (B) y (D) → B y D
- Hallamos el punto C de la base del rombo por paralelismo desde B y D
- Construcción del prisma a partir de las aristas de 7 cm perpendiculares al plano β que contiene la base
- Posicionamiento del plano γ como indica la figura 76b
- Intersección del plano γ con el prisma mediante un cambio de plano, transformando el plano γ en un plano de canto → sección 1-2-3-4-5-6
- Partes vistas y ocultas del prisma con el plano

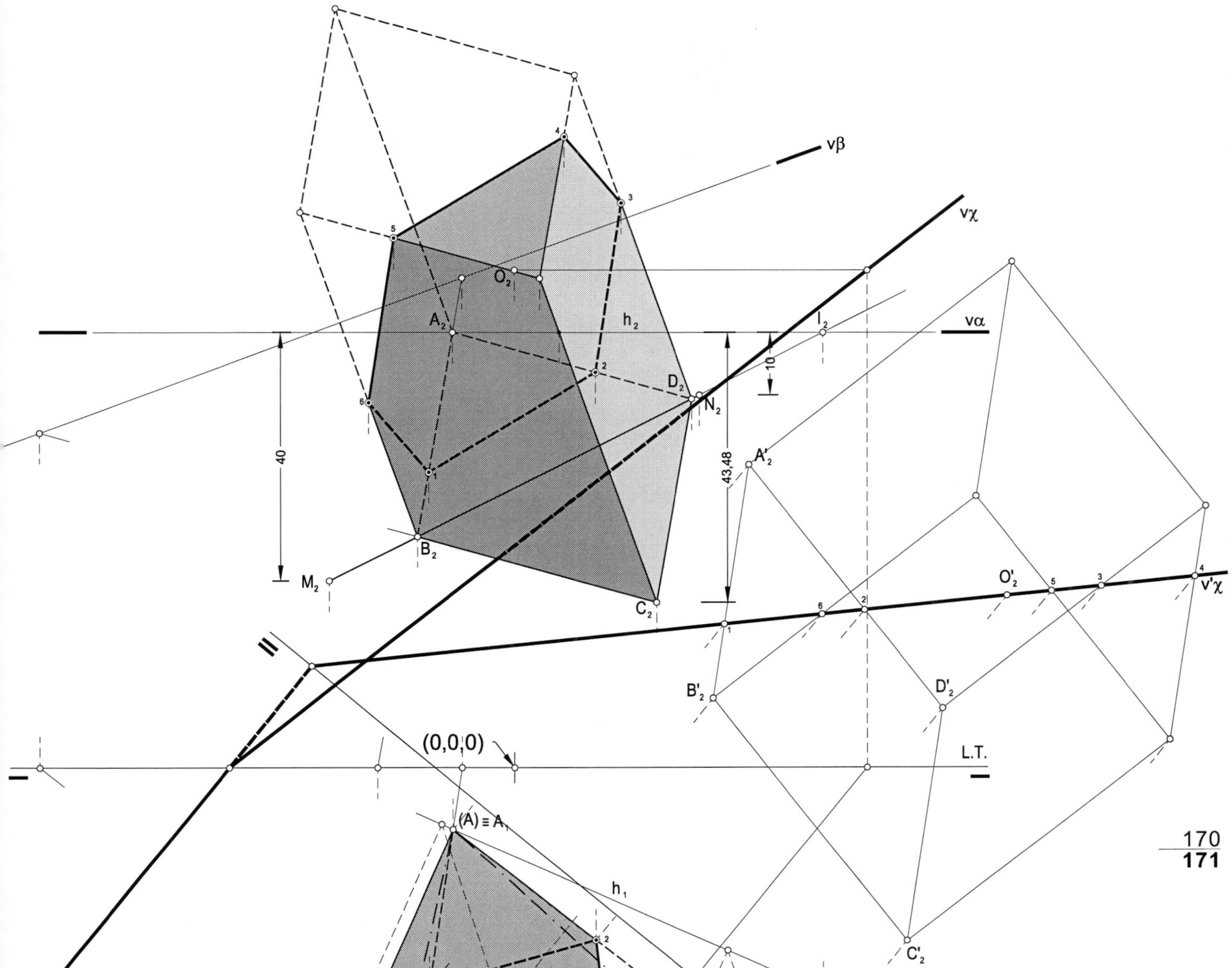
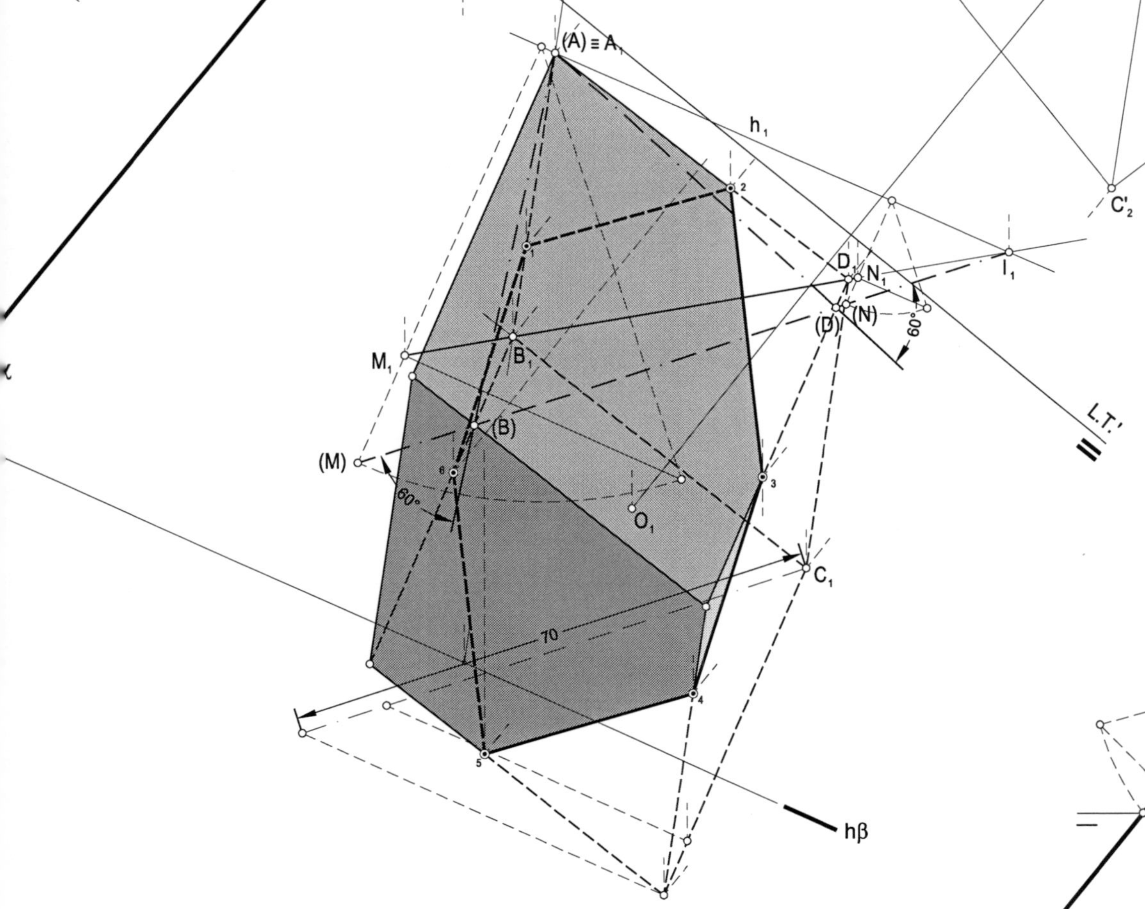

Fig. 76a

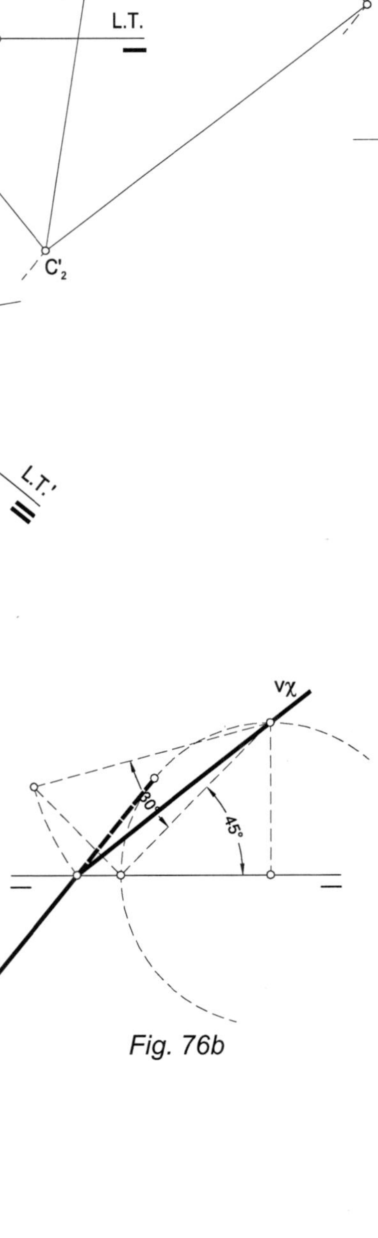

Fig. 76b

77 El punto A (0, 5, 0) es un vértice de la base de un prisma regular recto pentagonal, de lado de la base 5 cm y de altura 7 cm. El punto B de cota 4 cm y alejamiento 2 cm situado a la derecha de A es el otro vértice del prisma de la base superior y que junto con el vértice A forma la arista lateral AB. Se pide:

- Dibujar las proyecciones del prisma sabiendo que la arista lateral AB es la más baja y que en las bases del prisma las aristas opuestas a los vértices A y B son horizontales.
- Hallar la intersección del prisma con la recta que pasa por el punto O (0, 5, 7) y es paralela a los planos de proyección y a los planos bisectores.
- Sombra arrojada de la recta sobre el prisma con luz paralela a 45º bajando por la derecha.

Solución:

- Para hallar la distancia al origen de B, se construye el triangulo rectángulo del cual conocemos: hipotenusa (7 cm) y cateto (4 cm) de proyección horizontal.
- Por A plano perpendicular α a la arista AB.
- Se abate el plano a y se construye el pentágono con la condición de que su lado ED es horizontal.
- La recta que pasa por el punto tiene que ser paralela a los planos de proyección y a los bisectores, por tanto a su recta de intersección, L.T.
- La intersección de la recta paralela a LT (m) se halla cortando por el plano horizontal que la contiene.

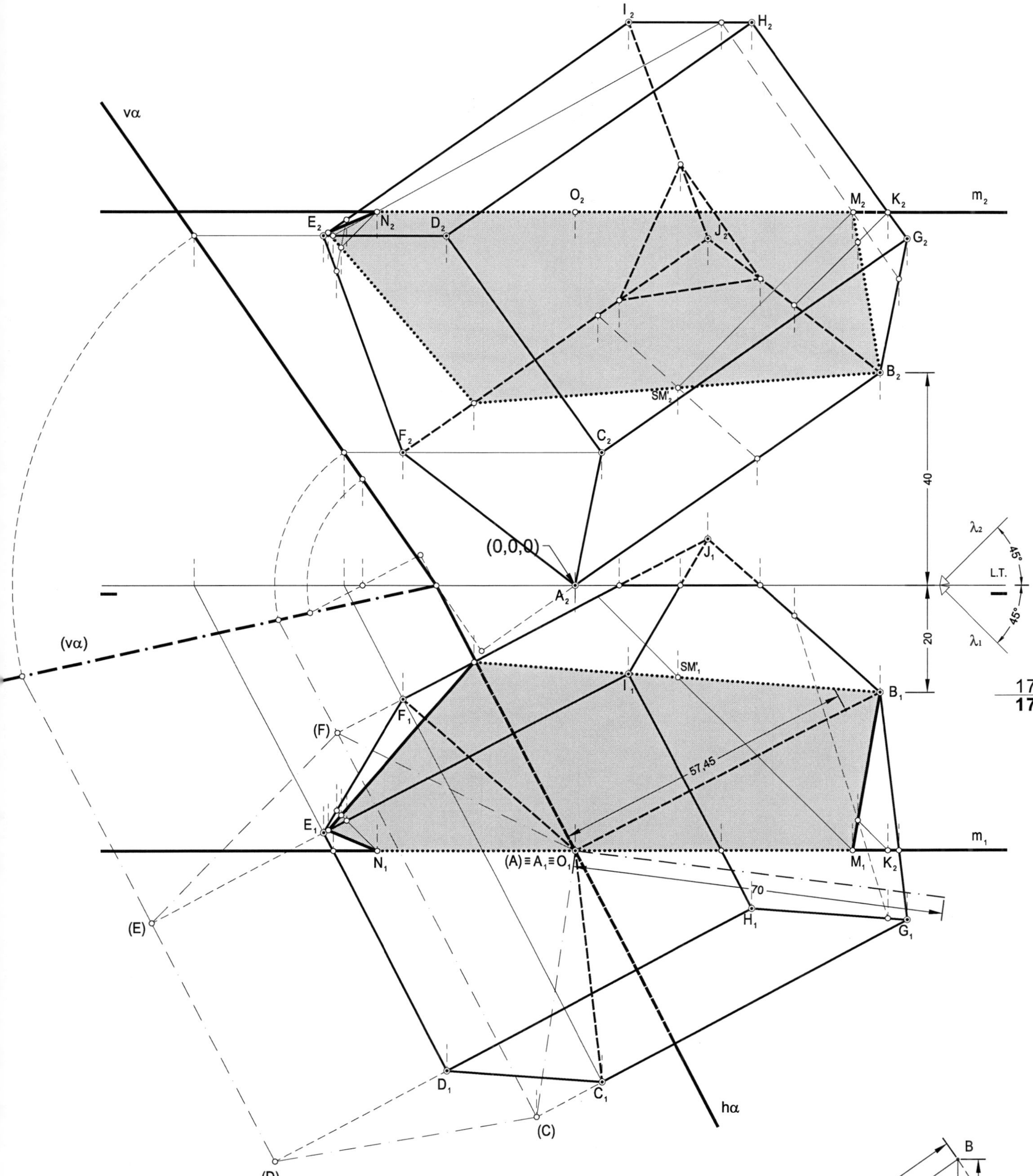

Fig. 77b

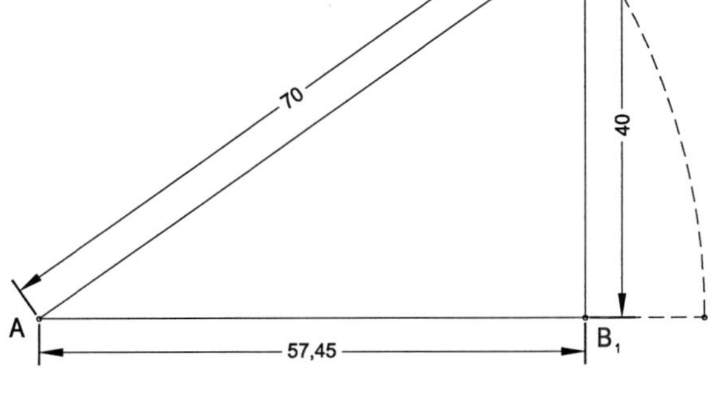

Fig. 77a

Penetración

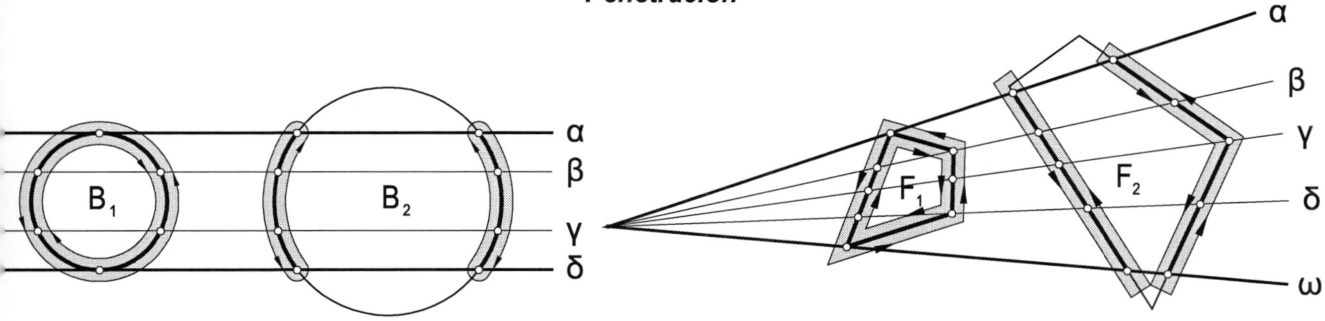

Penetración tangente

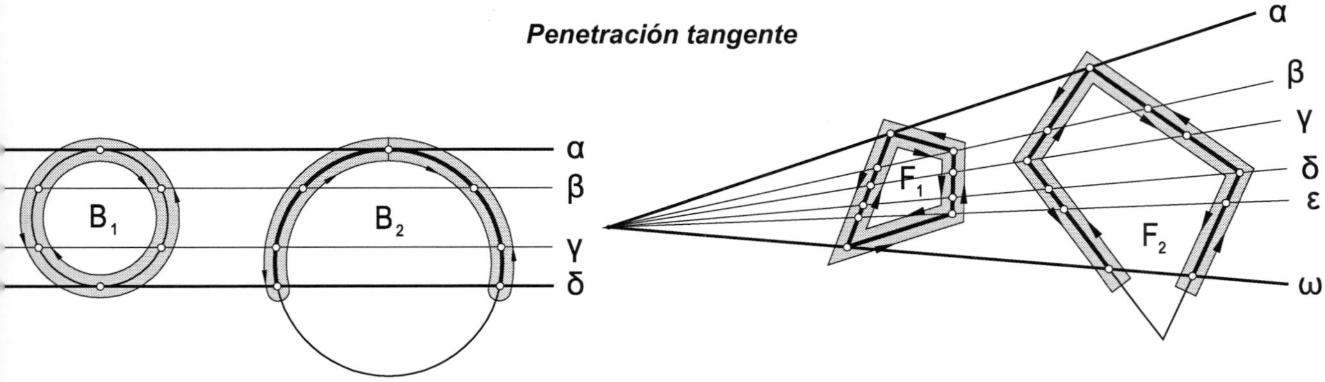

Penetración bitangente

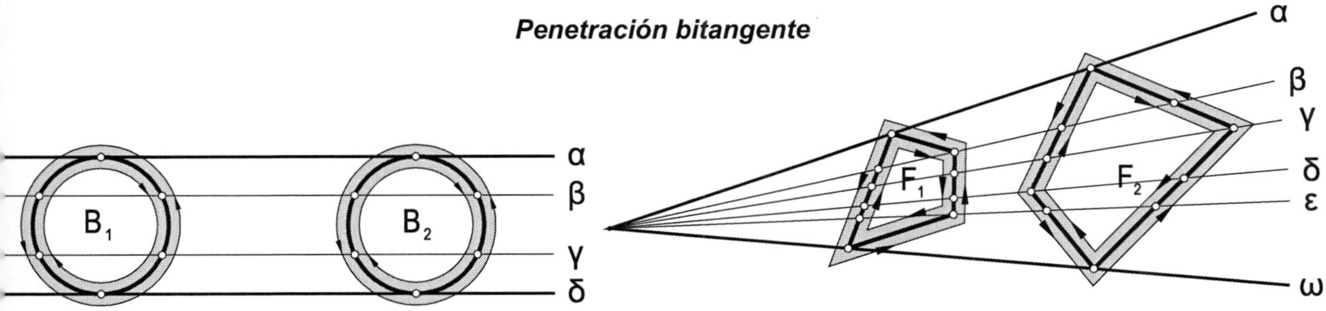

Mordedura

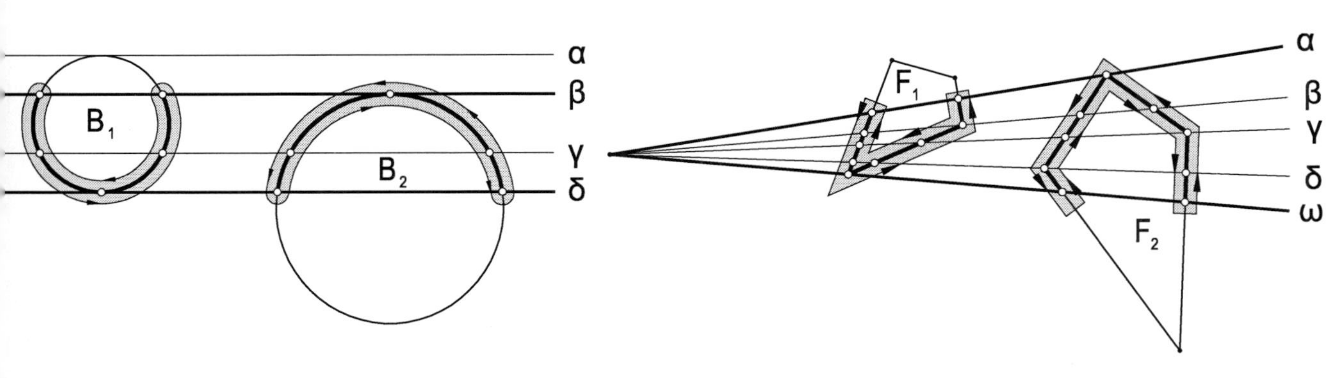

78 Una circunferencia horizontal de centro O (-50, 50, 0) y radio 35 mm es la base de un cono de vértice V (30,80,100). Otra circunferencia horizontal de centro B (20,3 5, 0) y radio 20 mm es la base de un cilindro cuya base superior (horizontal) tiene por centro el punto C (-40,80,100). Determinar las proyecciones de ambos cuerpos y obtener su intersección.

Solución:

- Trazamos una recta paralela a las generatrices del cilindro por V.
- Desde la intersección de la recta con el plano horizontal de proyección, trazamos los planos 1 y 10, donde 1 y 10 son tangentes a las bases.
- Mordedura una curva cerrada y convexa.

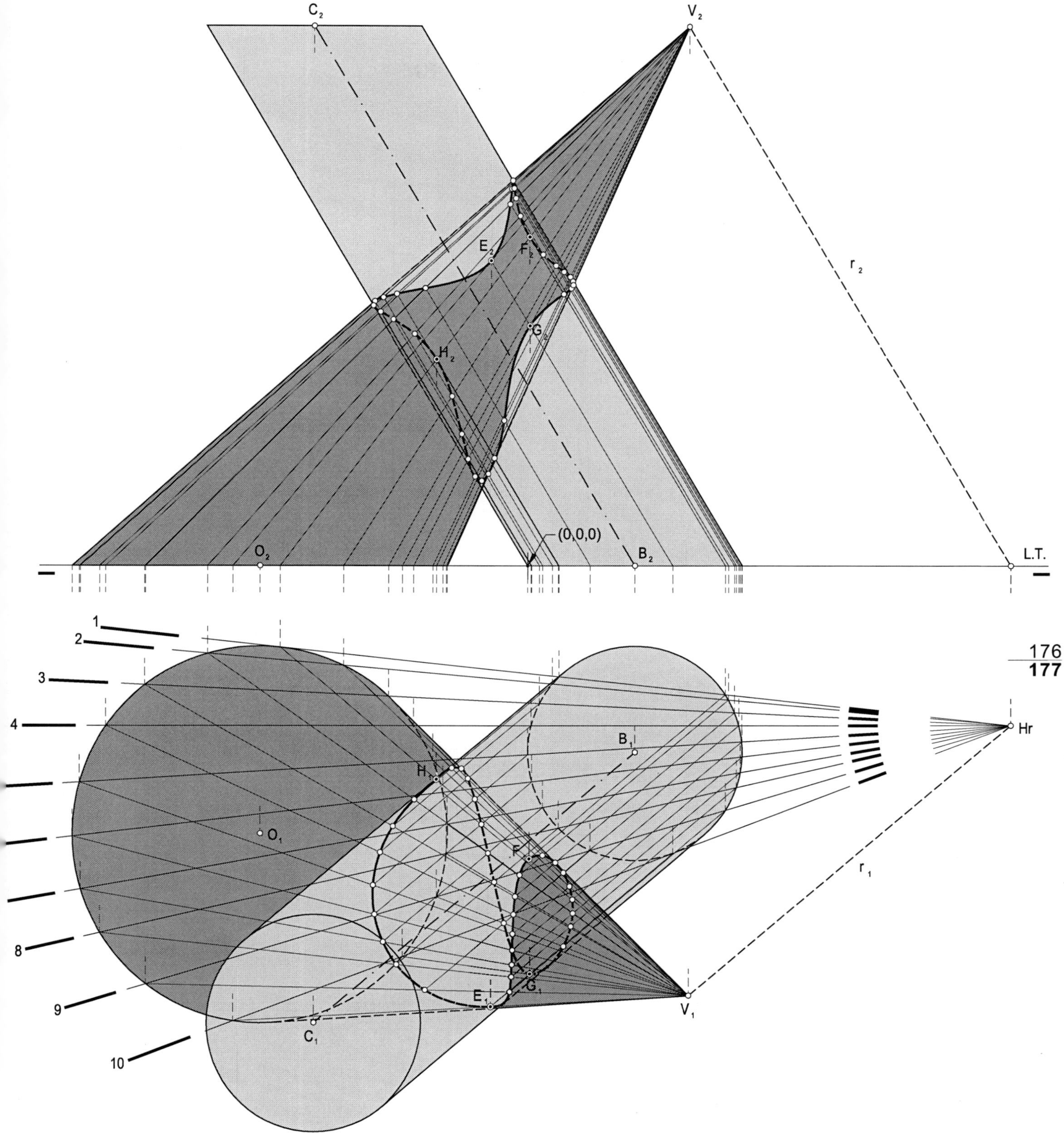
C2
V2
E2
F2
r2
G2
H2
(0,0,0)
O2
B2
L.T.
1
2
3
4
B1
Hr
H1
O1
F1
r1
8
G1
E1
V1
9
C1
10

Fig. 78

79 Hallar la intersección de dos cilindros oblicuos cuyas bases son circunferencias y están apoyadas en el plano horizontal de proyección, definidos por sus ejes y con bases paralelas.
Los puntos A (3, 3, 0) y B (-6, 10, 9) definen el eje y el centro de las bases de un cilindro oblicuo de diámetro 5 cm.
Los puntos C (-4, 5, 0) y O (5, 8, 9) definen el eje y el centro de las bases de otro cilindro de diámetro de 8 cm.

Solución:

- Por el punto P se trazan rectas paralelas a las generatrices de ambos cilindros (que están apoyados en el plano H), se hallan sus trazas horizontales y obtenemos la dirección de las trazas horizontales por las que debemos cortar.
- Trazando los planos límites, observamos que estamos en el caso de penetración del cilindro AB en el CO.
- La intersección serán dos curvas cerradas y convexas (una de entrada y otra de salida).
- Según la exactitud que se desee conseguir, se trazan los planos intermedios que se consideren necesarios.
- A la proyección vertical se suben los puntos de intersección mediante generatrices.
- Para obtener los puntos de intersección de forma consecutiva, se aplica el procedimiento que figura en la primera página de intersecciones.

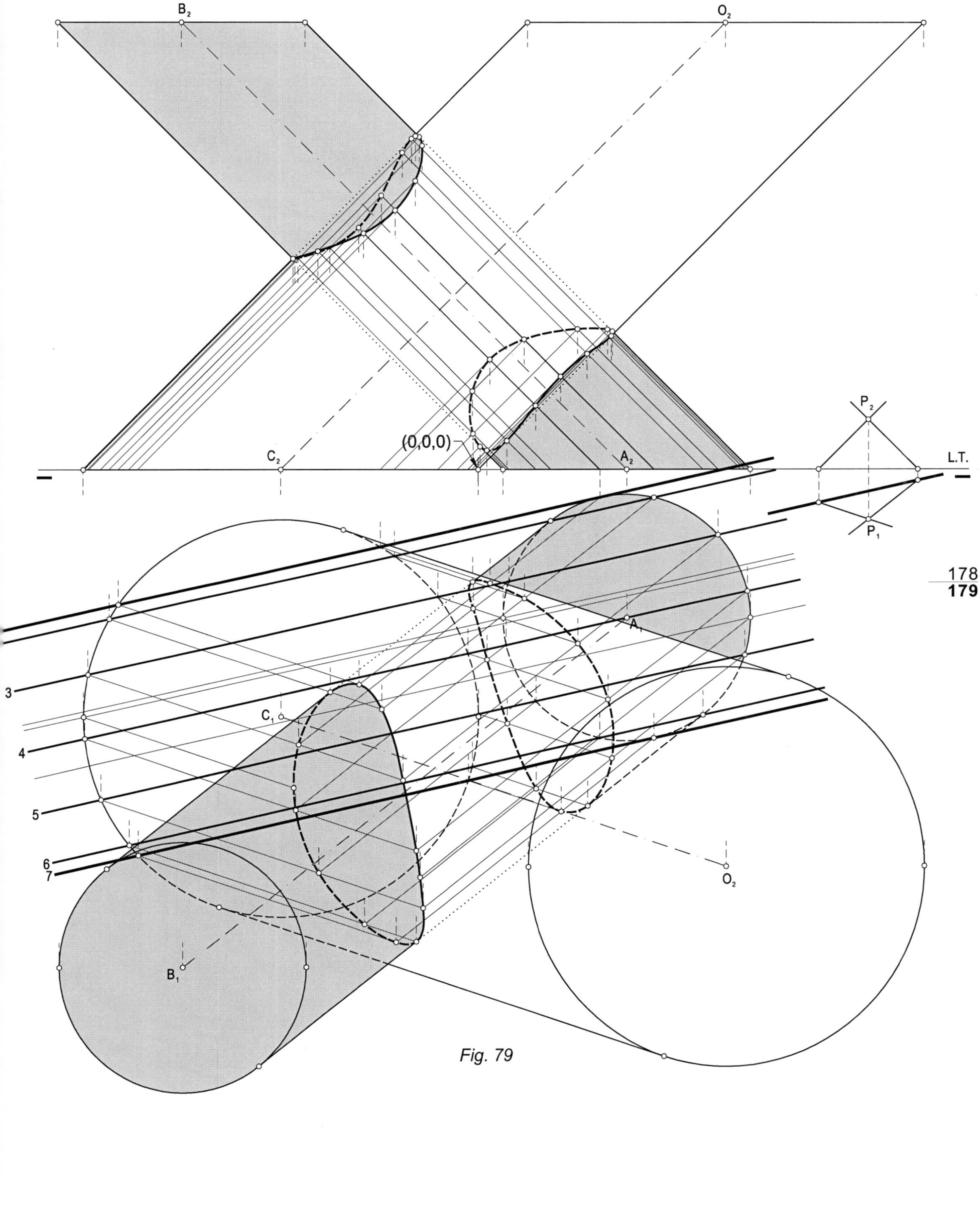

Fig. 79

80 Los puntos A (-1, 1, 0) B (-3, 6, 0) C (-8, 8, 0) y D (-6, 3, 0) definen la base de un prisma cuadrangular oblicuo, el punto E (7, 3, 9) pertenece a la base superior del prisma y con el punto A define la arista lateral AE. Los puntos M (0, 1, 0), N (2, 6, 0) y P (5, 2, 0) definen la base del otro prisma triangular oblicuo, y el punto Q (-8, 9, 9) pertenece a la base superior del prisma y junto con el M definen la arista lateral MQ. Hallar la intersección de ambos prismas con partes vistas y ocultas, sabiendo que las caras de ambos prismas son opacas.

Solución:

- En la construcción auxiliar pasamos por un punto Z dos rectas paralelas a las dos aristas para obtener una paralela a las trazas horizontales de los planos limites.
- Uno de los dos planos límite pasa por M y el otro por C, caso de mordedura.
- Trazamos tantos planos intermedios por los vértices de las dos bases de los dos prismas que queden comprendidos dentro de los planos límite de la mordedura.

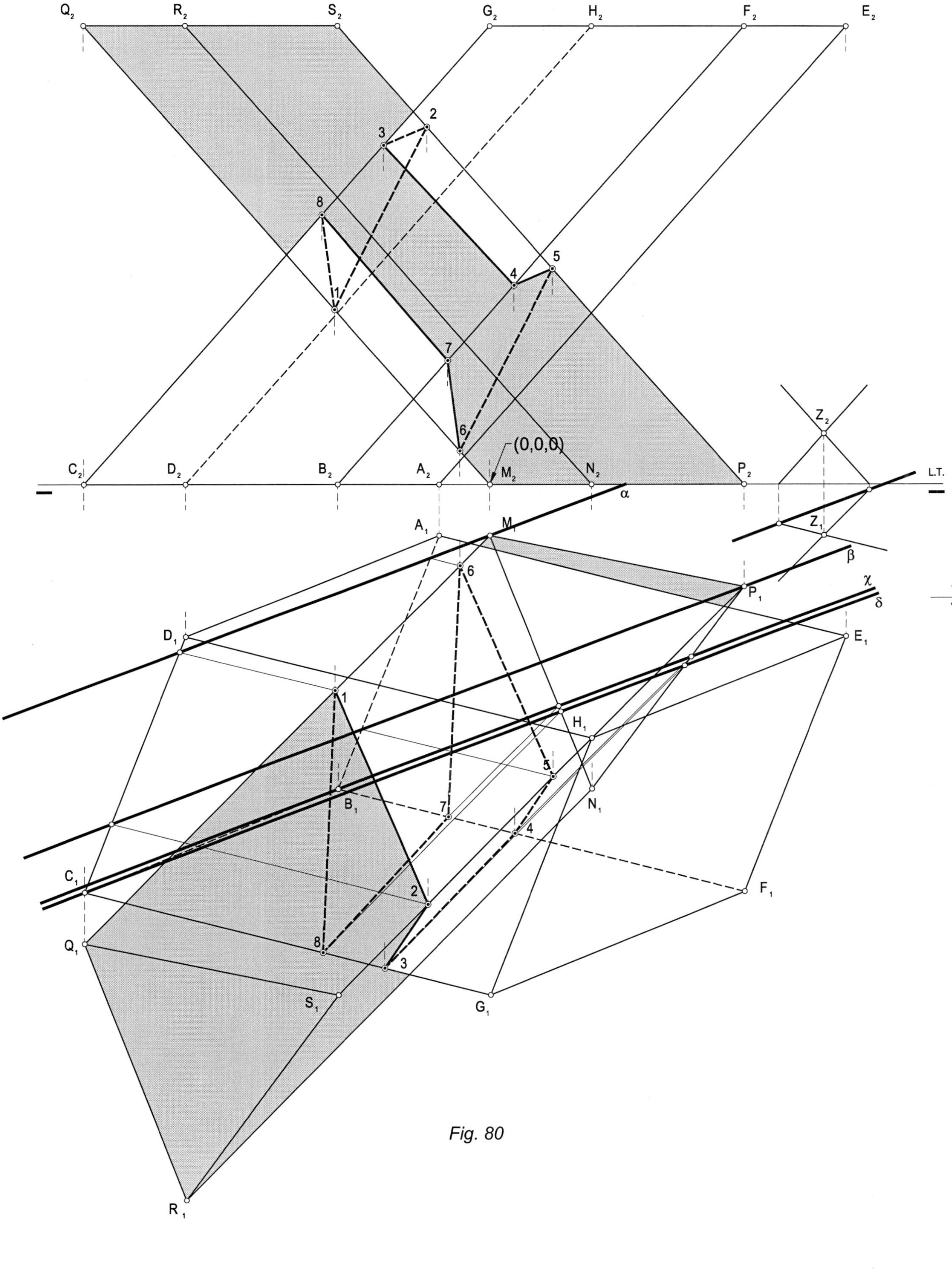
Q2
R2
S2
G2
H2
F2
E2
2
3
8
4
5
1
7
6
Z2
(0,0,0)
C2
D2
B2
A2
M2
N2
P2
L.T.
α
A1
M1
Z1
β
6
P1
χ
δ
D1
E1
1
H1
5
B1
7
N1
4
C1
2
F1
Q1
8
3
S1
G1
R1

Fig. 80

81

Los puntos A (-4, 2, 0), B (3, 1, 0) y C (0, 6.5, 0) definen los vértices de la base triangular de un prisma oblicuo, cuya arista lateral BM está definida por el punto B y el M (7, 4, 5). Los puntos D (7, 1, 0), E (9, 4, 0), F (5, 6, 0) y G (3, 3, 0) definen los vértices de la base de un prisma cuadrangular oblicuo, cuya arista lateral GN se define por el punto G y N (0, 6.5, 4). Dibujar las proyecciones y hallar la intersección de ambos prismas considerados de altura infinita, dibujando las partes vistas y ocultas sabiendo que todas las caras son opacas.

Solución:

- En la construcción auxiliar pasamos por un punto P_1 y P_2 dos rectas paralelas a las aristas de los prismas para obtener una paralela a las trazas horizontales de los planos límites.
- Los dos planos límite pasan por D_1 y por C_1, caso de mordedura.
- Trazamos tantos planos intermedios por los vértices de las dos bases de los dos prismas que queden comprendidos dentro de los planos límite de la mordedura.

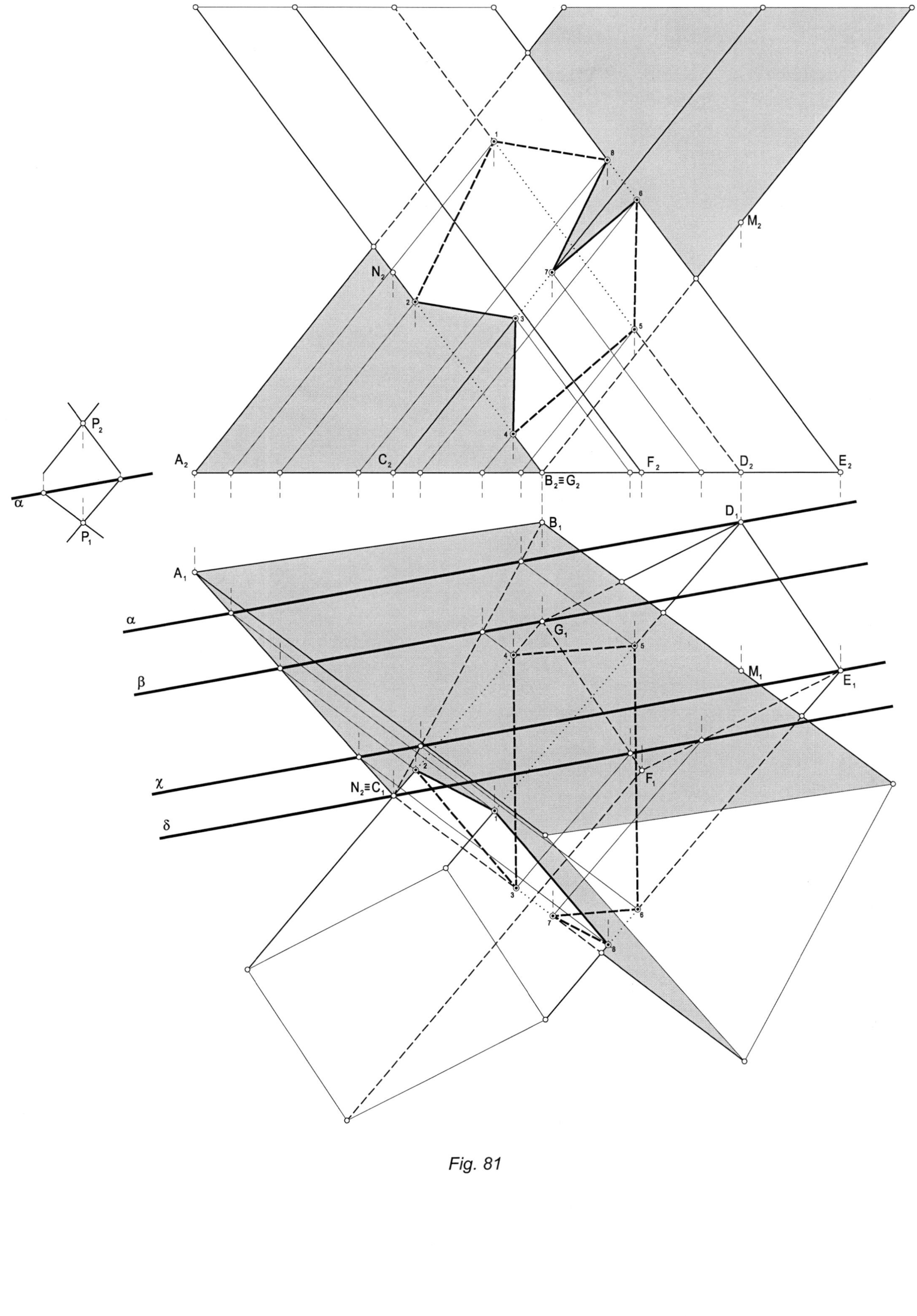
P2
α
P1
A2
C2
B2≡G2
F2
D2
E2
N2
M2
B1
D1
A1
α
β
χ
δ
G1
M1
E1
N2≡C1
F1
1
2
3
4
5
6
7
8

Fig. 81

82 Dibujar las proyecciones de un prisma oblicuo, de base un pentágono regular, situado en el plano horizontal del cual se conoce la arista lateral AB, A (-5, 0, 0), B (4, 10, 10) y el centro del pentágono O (-5, 4, 0). Dibujar también las proyecciones de otro prisma oblicuo de base un hexágono regular, apoyado en el plano horizontal, del cual se conoce el eje CD del prisma, C (-5, 9, 10), D (6, 3, 0) y el vértice de la base, E (5, 6, 0). Sabiendo que el punto D es el centro de la base hexagonal y que ambos prismas tienen las bases paralelas, hallar su intersección con partes vistas y ocultas.

Solución:

• Procedimiento análogo a los dos ejercicios anteriores

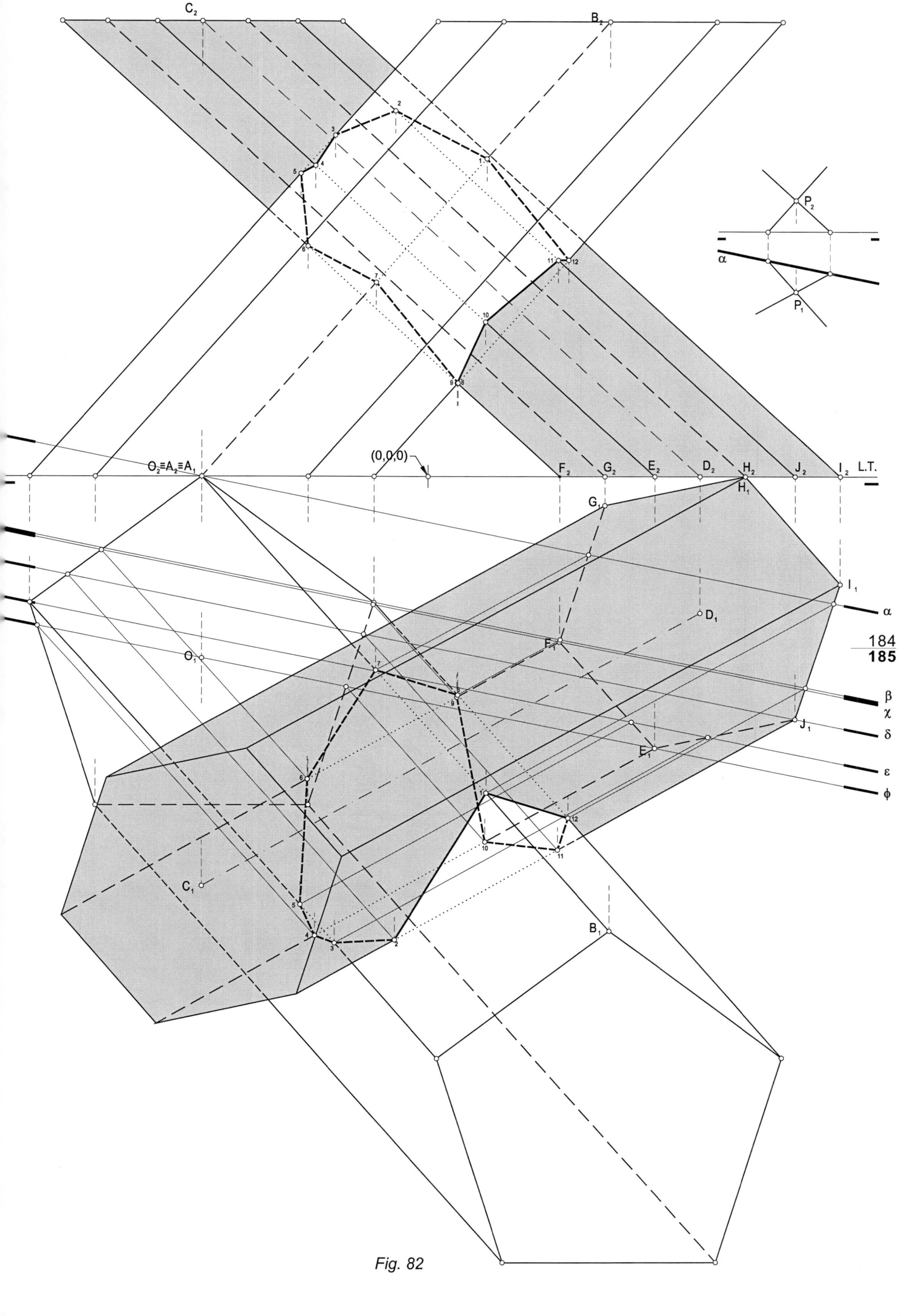
C2
B2
P2
P1
α
O2≡A2≡A1
(0,0,0)
F2
G2
E2
D2
H2
J2
I2
L.T.
H1
G1
I1
D1
F1
O1
J1
E1
C1
B1
β
χ
δ
ε
φ
1
2
3
4
5
6
7
8
9
10
11
12

Fig. 82

83 El cuadrado ABCD, situado en el primer diedro y en el plano horizontal de proyección, está definido por los puntos A (-7, 6, 0) y B (-5, 1, 0). Este cuadrado es la base de un prisma oblicuo de 7 cm de altura cuyas aristas laterales son rectas frontales y forman 45° con el plano horizontal, traza a la izquierda. Otro prisma triangular oblicuo, cuya base está definida por los puntos M (2, 7, 0), N (5, 1, 0) y P (7, 5, 0), tiene una altura de 7 cm y sus aristas laterales son rectas frontales que forman 45° con el plano horizontal, traza a la derecha. Dibujar las proyecciones de ambos prismas y hallar su intersección con partes vistas y ocultas, sabiendo que ambos son opacos. Cotas en cm. Escala 1/1.

Solución:

- Procedimiento análogo a los tres ejercicios anteriores
- Penetración con un punto doble (1)

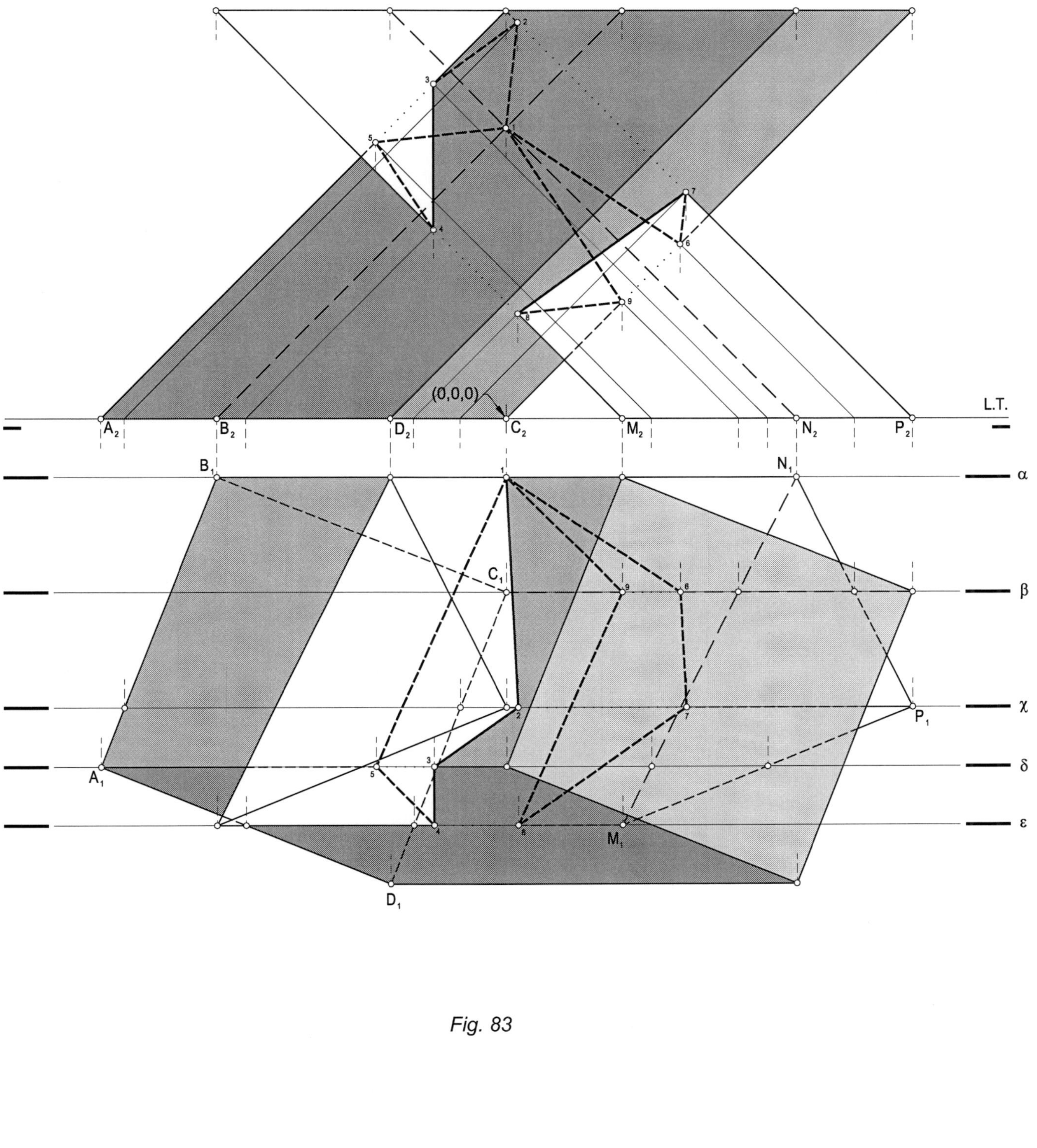

Fig. 83

84 Hallar la intersección con partes vistas y ocultas de la pirámide triangular ABCV; A (-3, 0, 9), B (5, 0, 6), C (2, 0, 2), V (-6, 10, 0), con la pirámide DEFG y vértice H, siendo: D (-6, 4, 0), E (2, 10, 0), F (5, 3, 0), G (-3, 0, 0) y H (10, 0, 11). Una de las pirámides apoyada en el PV y la otra en el PH.

Solución:

a)
- Intersección arista con cara
- Unir puntos que estén en la misma cara y en ambas figuras.
- Se recomienda usar un cuadro como el de la figura.

b)
- Definición de un plano limite, δ, uniendo V_1 D_1 y D_2 H_2.
- Definición del otro plano limite, β, uniendo H_2 C_2 y, en el contacto con L.T., H_2, → es una mordedura.

Punto	ABCV	DEFGH	H	V
1	ABV	HD	V	V
2	ABV	GH	V	0
3	BV	GHF	0	0
4	CV	GHF	0	0
5	ACV	GH	0	0
6	ACV	HD	0	0
7	CV	HDE	0	V
8	VB	HDE	0	V

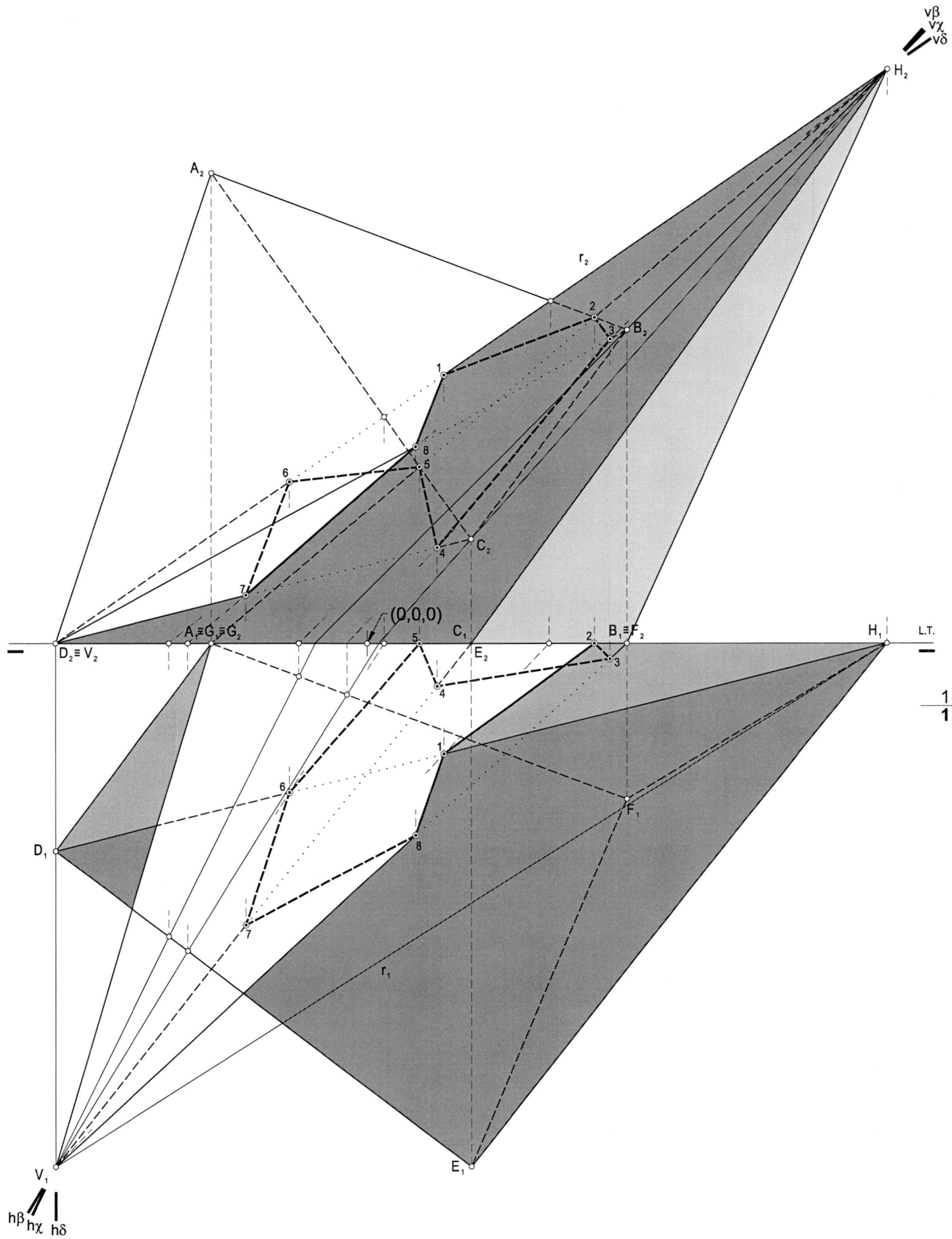
vβ
vχ
vδ
H_2
A_2
r_2
2
3
B_2
1
8
5
6
4
C_2
7
(0,0,0)
$D_2 \equiv V_2$
$A_1 \equiv G_1 \equiv G_2$
5
C_1
E_2
2
$B_1 \equiv F_2$
H_1
L.T.
3
4
1
6
F_1
D_1
8
7
r_1
V_1
E_1
hβ
hχ
hδ

Fig. 84

85 El segmento A (-30, 10, 0), B (30, 30, 0) es el lado de un cuadrado situado en el primer cuadrante; el cuadrado es la base de un prisma oblicuo cuyas aristas laterales son rectas frontales que forman 45º con el plano horizontal, traza horizontal a la izquierda. La altura del prisma es de 80 mm. Se pide hallar la intersección con partes vistas y ocultas del prisma con la pirámide triangular definida por los puntos E (-20, 0, 20), F (10, 0, 0), G (30, 0, 50) y el vértice V (120, 80, 20), considerando en ambas figuras todas sus caras como opacas. Cotas en mm.

Solución:

- Procedimiento análogo al ejercicio anterior

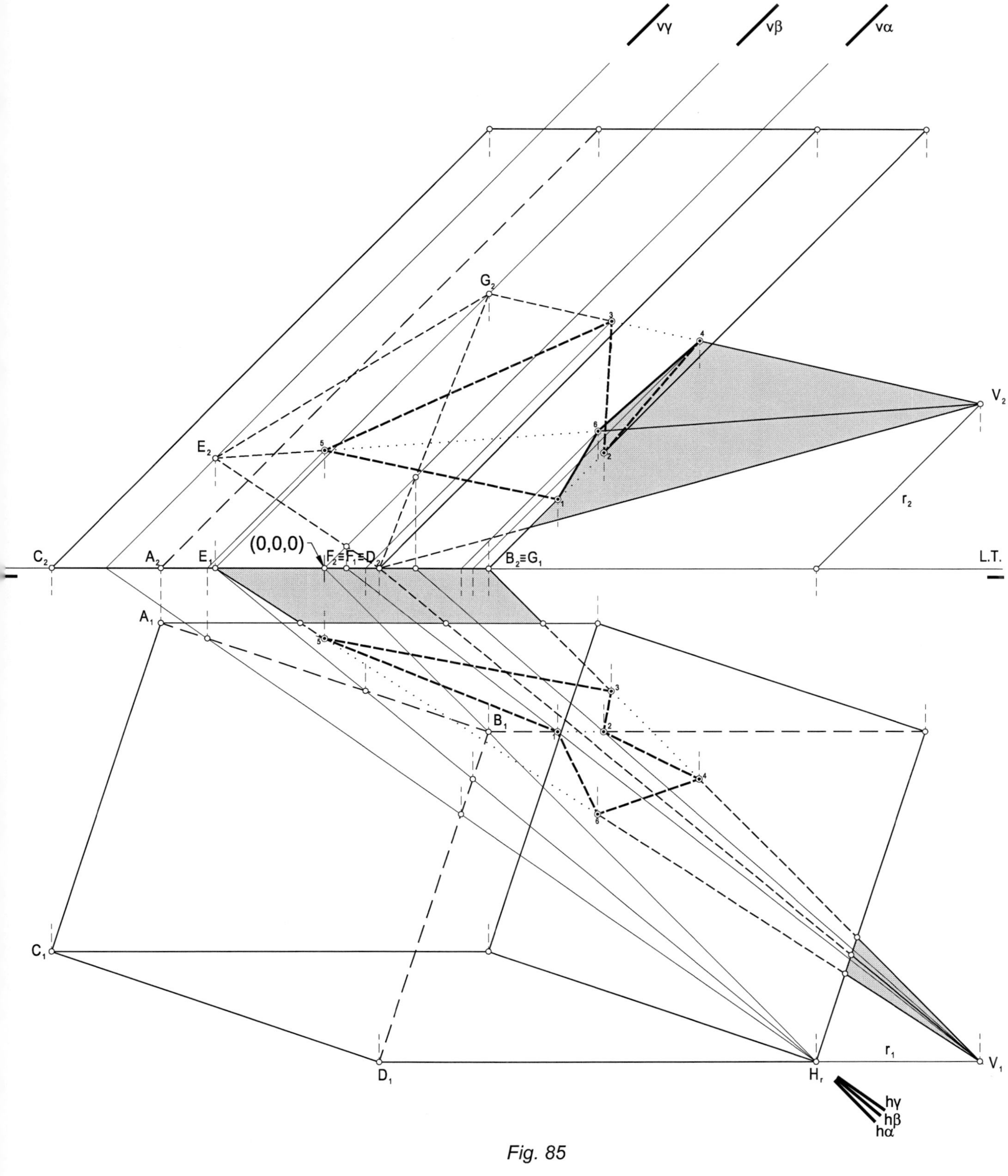
vγ
vβ
vα
G2
E2
V2
r2
C2
A2
E1
(0,0,0)
F2≡F1≡D
B2≡G1
L.T.
A1
B1
C1
D1
Hr
r1
V1
hγ
hβ
hα

Fig. 85

86 Hallar en diédrica la intersección, con partes vistas y ocultas, de dos tetraedros irregulares ABCD y MNPQ siendo: A (15, 5, 2), B (0, 0, 2), C (5, 11, 6), D (8, 6, 12) y M (9, 1, 4), N (2, 10, 1.5), P (0, 4, 9), Q (14, 8, 10).

Solución:

- En este caso se ha usado la intersección de aristas de uno con caras del otro y uniendo siempre dos puntos que estén en la misma de ambos tetraedros, según el cuadro que se adjunta.

	mnp	mnq	mpq	npq
abc	8-9	9-10	-	10-11
abd	6-7	5-6	1-2	-
acd	-	4-5	2-3	3-4
bcd	7-8	-	12-1	11-12

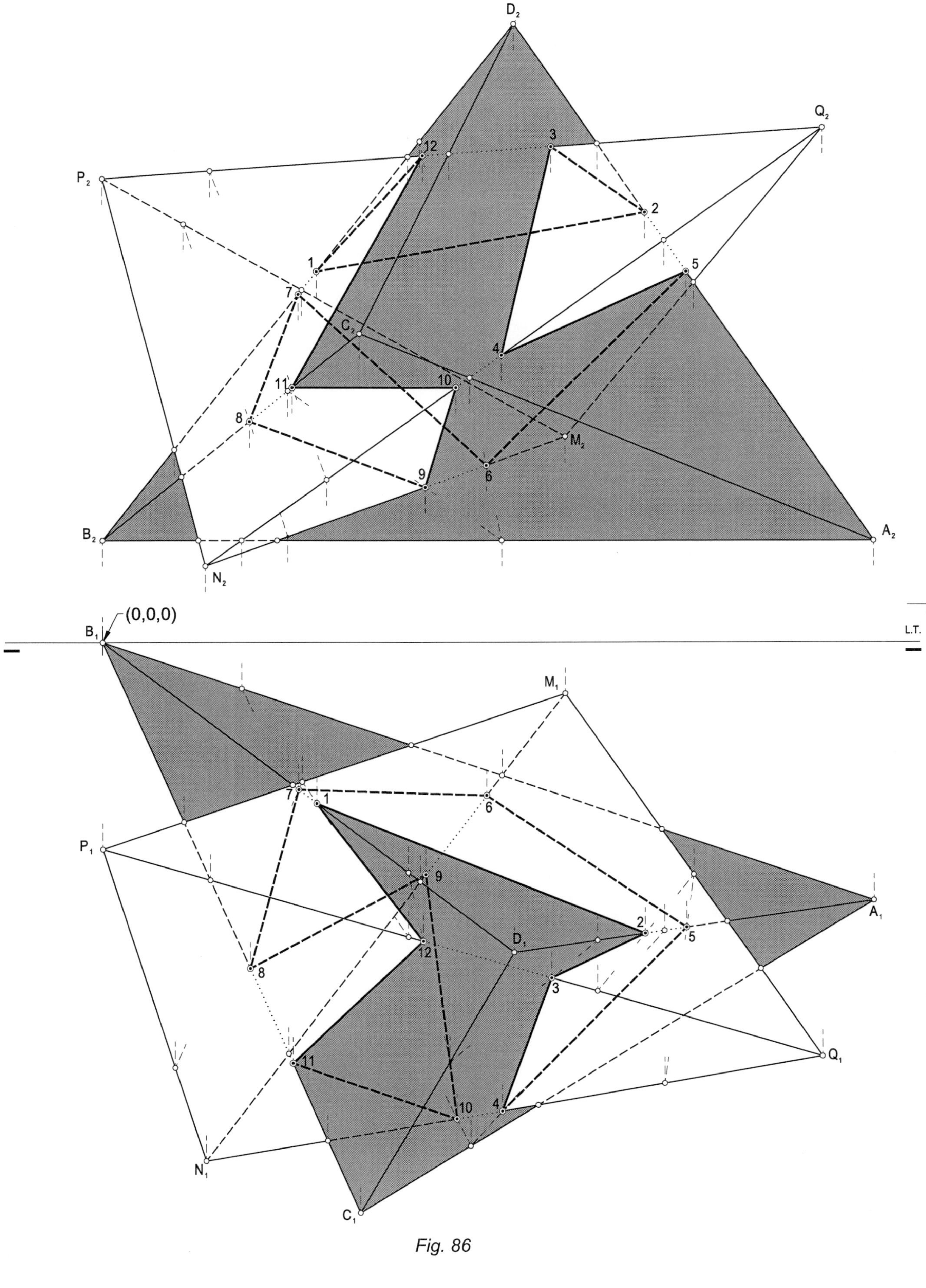
D_2
Q_2
P_2
1
2
3
4
5
6
7
8
9
10
11
12
C_2
M_2
B_2
A_2
N_2
(0,0,0)
B_1
L.T.
M_1
P_1
D_1
A_1
Q_1
N_1
C_1

Fig. 86

ACOTADO - TRAZADO

87 Sobre un terreno horizontal a la cota 0 se construye una plataforma horizontal a la cota 10 m, según la figura adjunta. Dibujar con curvas de nivel a una equidistancia de 2 m la zona de terraplén comprendida entre la cota 10 m de la plataforma y la cero del terreno, sabiendo que se rellena con tierras de talud ½. Dibujar también el perfil AB de la obra terminada. (El eje de la plataforma coincide con el eje mayor de la lámina. Escala 1/100.)

Solución:

- Dibujar el terreno.
- Hallar las líneas de paso, intersecciones del terreno y el camino.
- Analizar y aplicar a cada zona taludes de desmonte o terraplén, según corresponda.
- Hallar intersecciones de planos.

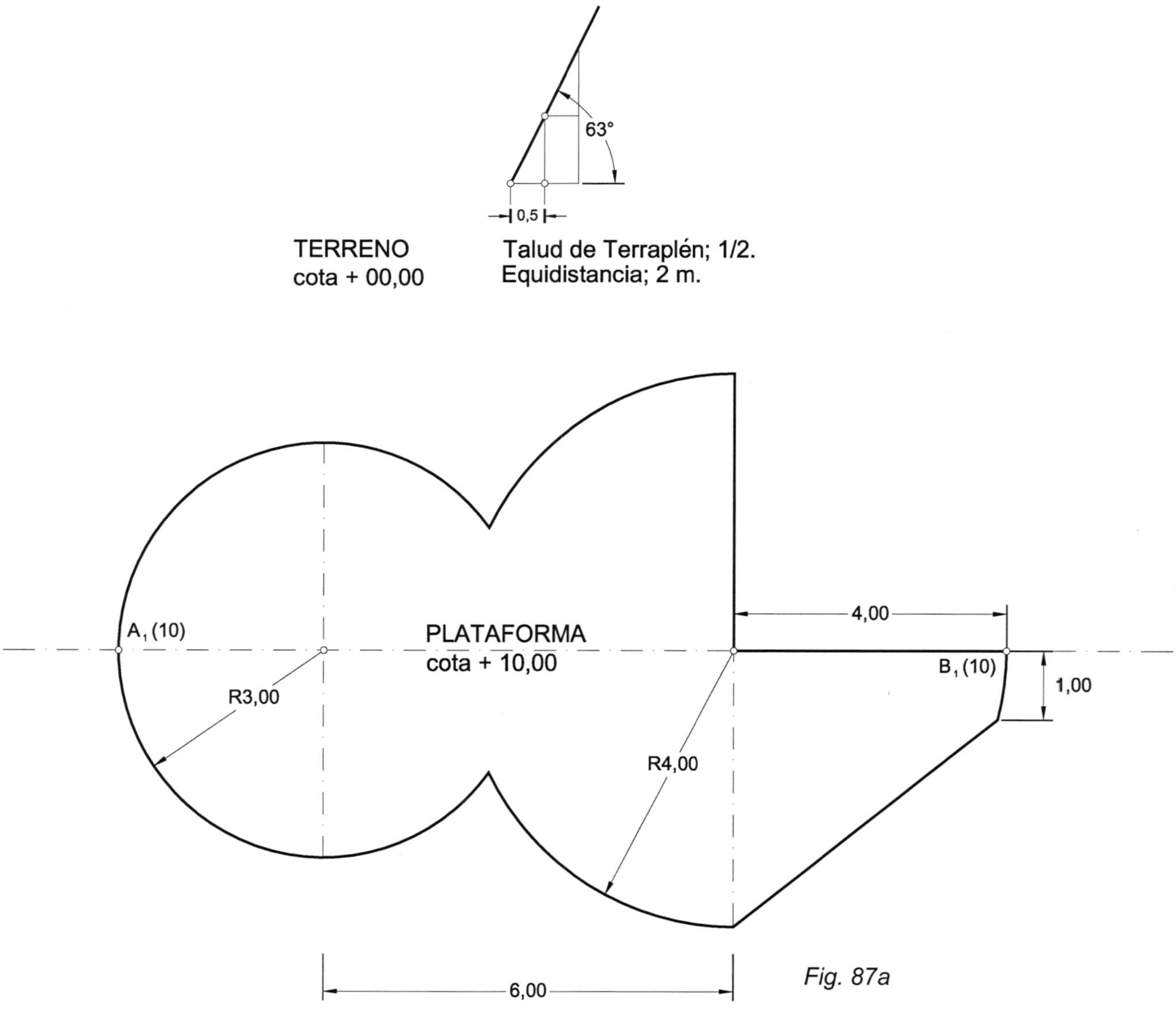

Fig. 87a

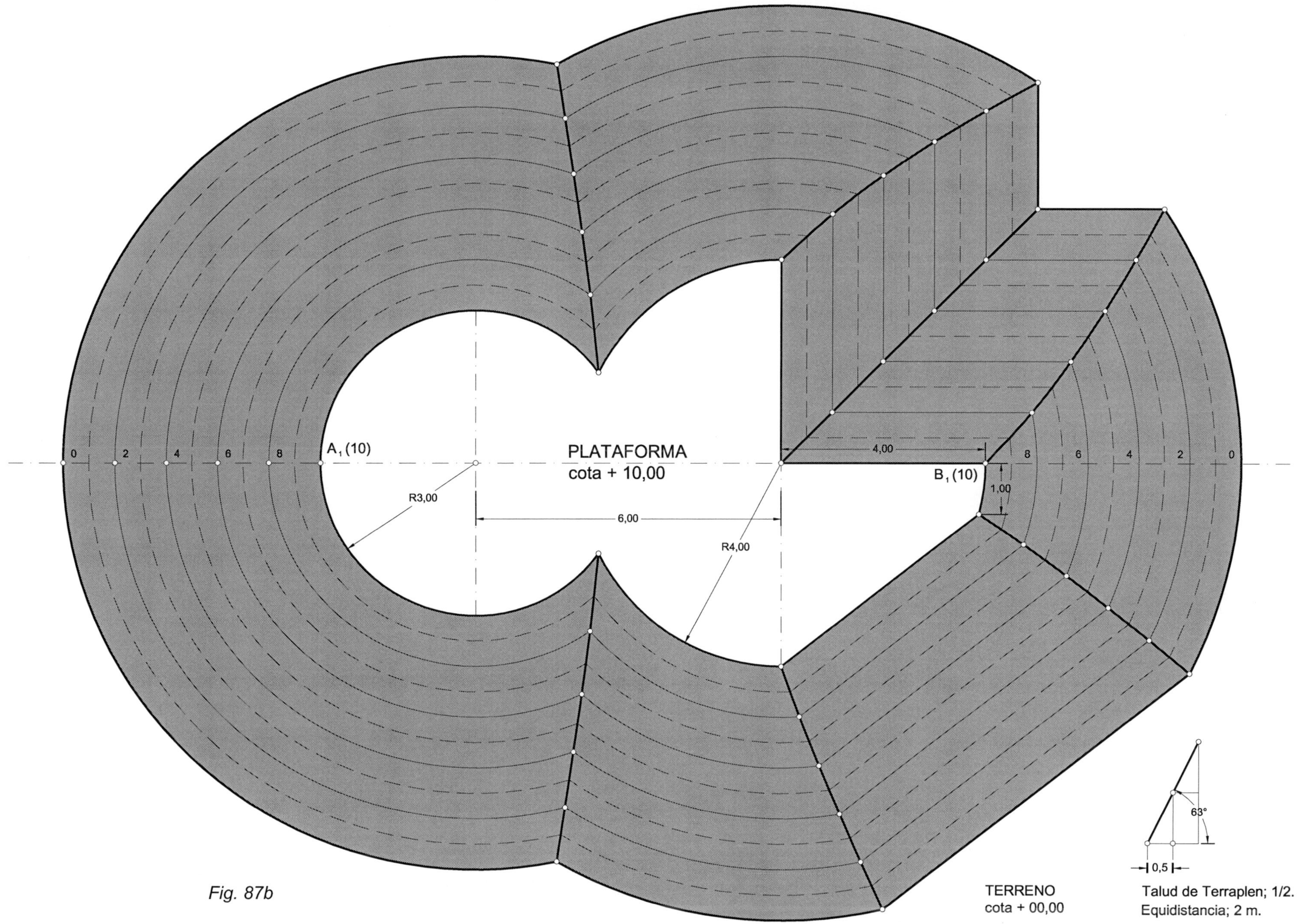
PLATAFORMA
cota + 10,00
A₁ (10)
B₁ (10)
R3,00
R4,00
6,00
4,00
1,00
0
2
4
6
8
TERRENO
cota + 00,00
63°
0,5
Talud de Terraplen; 1/2.
Equidistancia; 2 m.

Fig. 87b

88 Las coordenadas A_1 (-9,-12), B_1(9,-12), C_1(9,13), D_1(-9,13) definen en planta los vértices de un rectángulo que delimita un terreno, en el cual la línea de nivel de cota 20 m pasa por el punto E_1(00,-03) y es paralela al lado AB; el terreno asciende a partir de la línea de nivel de cota 20 m hacia AB con un módulo de 1 m y desciende hacia CD con un módulo de 1,50 m. Sobre este terreno se va a construir una plataforma horizontal a la cota 20 m, a la cual se accede mediante una rampa de 2 m de anchura y 7 m de longitud, según croquis que se adjunta y que asciende de la cota 16 m en HI hasta la cota 20 m en FG.
Sabiendo que las cotas y coordenadas están expresadas en metros, representar el conjunto formado por el terreno, la plataforma y la rampa, dibujando las líneas de nivel con una equidistancia de 2 m. Los taludes de desmonte y de terraplén serán de 0,5 y 1 m de intervalo respectivamente. E: 1/100.

• La solución se realiza de forma similar al ejercicio 73.

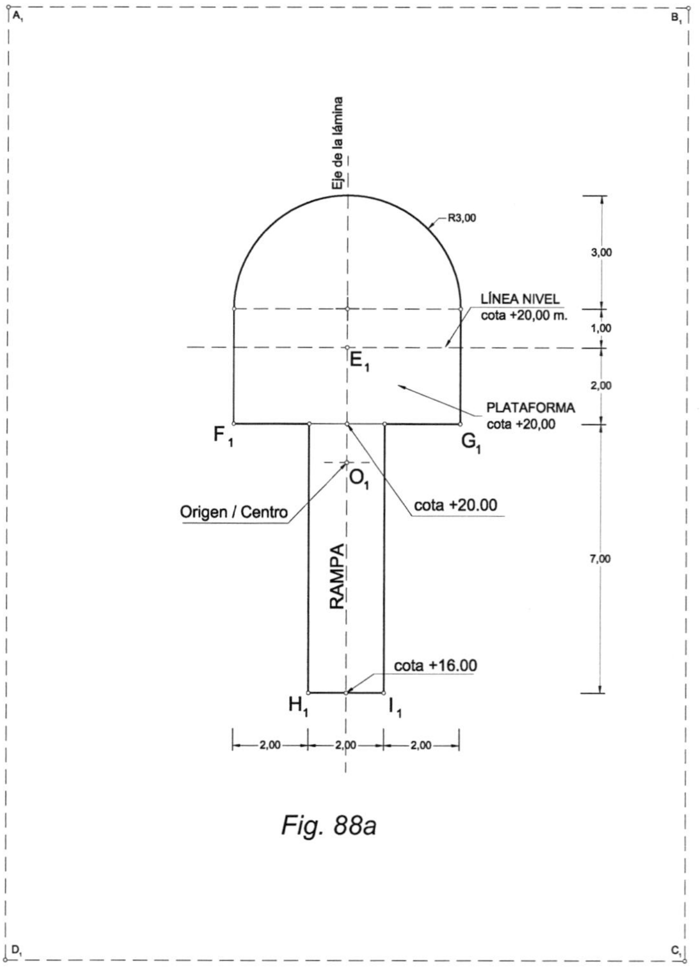

Fig. 88a

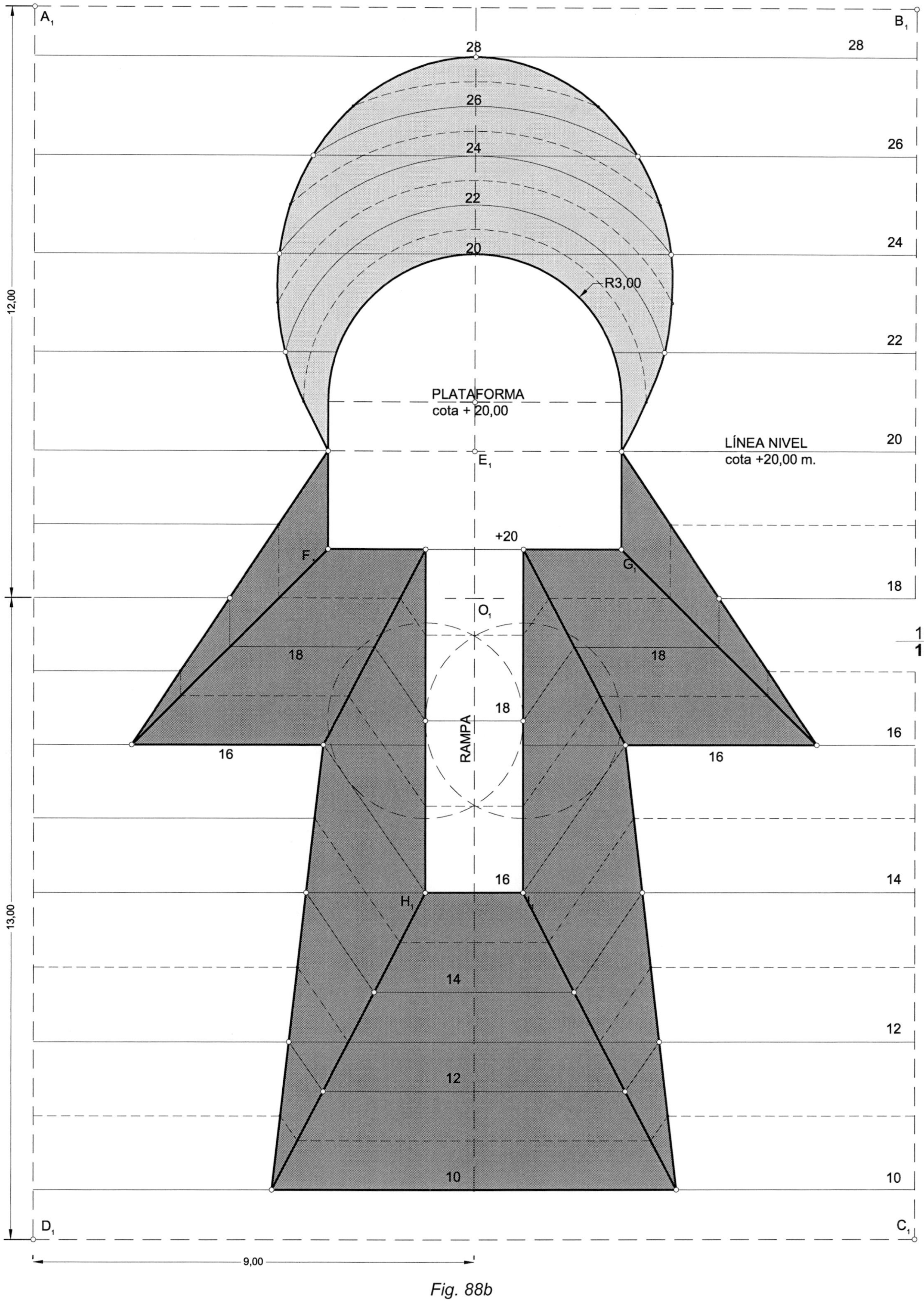
A1
B1
C1
D1
28
26
24
22
20
R3,00
PLATAFORMA
cota + 20,00
E1
LÍNEA NIVEL
cota +20,00 m.
+20
F1
G1
18
O1
RAMPA
16
14
12
10
H1
12,00
13,00
9,00

Fig. 88b

89 Los puntos A (-3, -5, 10), B (3, -5, 10), C (3, 1, 10) y D (-3, 1, 10) definen el contorno de un depósito de agua cuadrado y horizontal. Los puntos E (-1, 1, 10), F (1, 1,10), G (1, 5, 8) y H (-1, 5, 8) definen el de una cámara de llaves rectangular e inclinada unida al depósito por su lado EF. El depósito y la cámara de llaves se van a construir sobre un terreno, cuya línea de nivel de cota 14 está definida por los puntos I (-8, -13, 14) y J (-3, -10, 14). El terreno baja siguiendo la dirección de los alejamientos positivos y tiene dos pendientes distintas, desde la cota 7 hacia arriba su pendiente es uniforme e igual a 2/3 y desde la cota 7 hacia abajo su pendiente es uniforme e igual a 1/3.

- Dibujar el terreno, el depósito con la cámara de llaves y las superficies de desmonte (talud 2/3) y de terraplén (talud 5/4) así como las líneas de nivel de metro en metro, que queden limitadas por los márgenes de la lámina. Coordenadas en metros, escala 1/100.

Solución:

- Se halla la línea de paso, intersección del terreno con el plano del depósito (línea de nivel).
- Conocida ésta, fácilmente se localizan las zonas de desmonte y terraplén.
- Aplicamos los correspondientes taludes de desmonte y terraplén a cada zona y se hallan las intersecciones entre los planos respectivos (sabiendo que la intersección de dos planos es una recta y la de tres un punto).
- Cuando la plataforma es horizontal, las líneas de nivel serán paralelas al contorno de la plataforma. Si, por el contrario, tiene pendiente, las líneas de nivel serían tangentes a un cono de radio el talud.

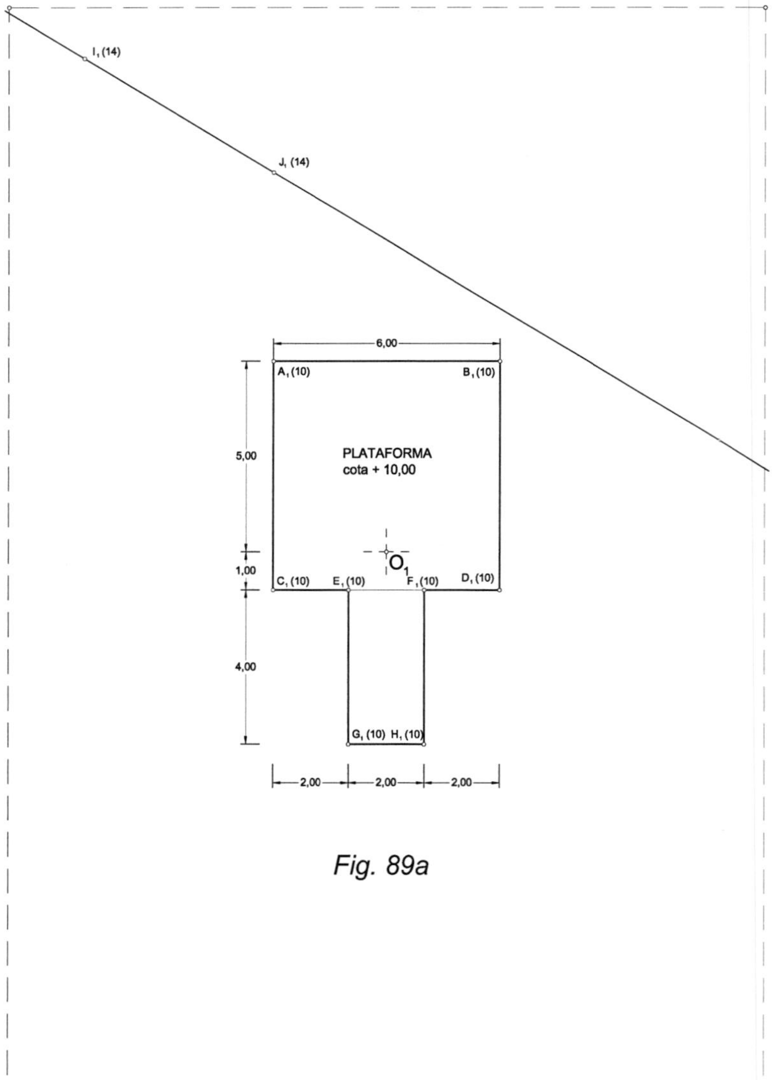

Fig. 89a

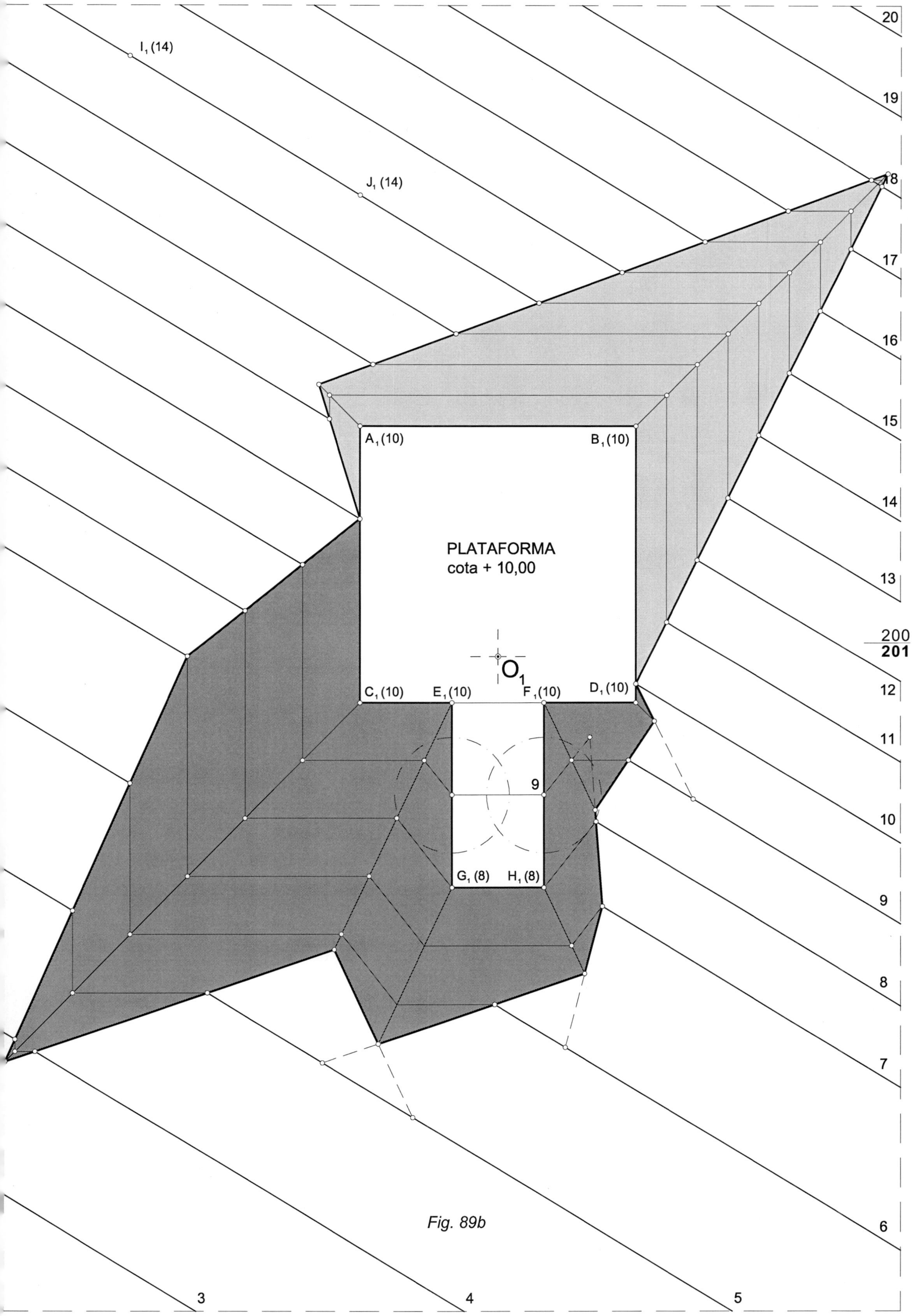
I1 (14)
J1 (14)
A1 (10)
B1 (10)
PLATAFORMA
cota + 10,00
O1
C1 (10)
E1 (10)
F1 (10)
D1 (10)
9
G1 (8)
H1 (8)
20
19
18
17
16
15
14
13
12
11
10
9
8
7
6
3
4
5

Fig. 89b

90 La plataforma rectangular ABCD es de dimensiones AB=CD=7 m y BC=DA=4.5 m; su lado AB es paralelo al lado más corto del papel y a una equidistancia de 6 cm coincidiendo en el punto medio de AB con el eje mayor de la lámina. Toda la plataforma se encuentra a una cota de 100 m. Del lado CD de la plataforma parte una rampa rectangular de 3 m de ancho cuyo eje coincide con el de la plataforma, y 10 m de larga, que finaliza a la cota 70 m. En el terreno sobre el cual se debe implantar la plataforma y la rampa, la línea de nivel de cota 100 pasa por el punto C y forma 120º con el eje mayor de la lámina medida en el sentido de las agujas del reloj. El terreno asciende según la dirección CB (alejamientos negativos) con un módulo de 2 m.

- Representar a escala 1:100 el terreno, la plataforma, la rampa, las superficies de desmonte y terraplén, las líneas de intersección y las de nivel con una equidistancia de 10 m sabiendo que el talud de desmonte es ¾ y el de terraplén 1/1. Lámina vertical, L.T. y origen en el centro, cotas en m. El ejercicio estará limitado por los márgenes de la hoja.

Solución:

- La solución se realiza de forma similar a casos anteriores.

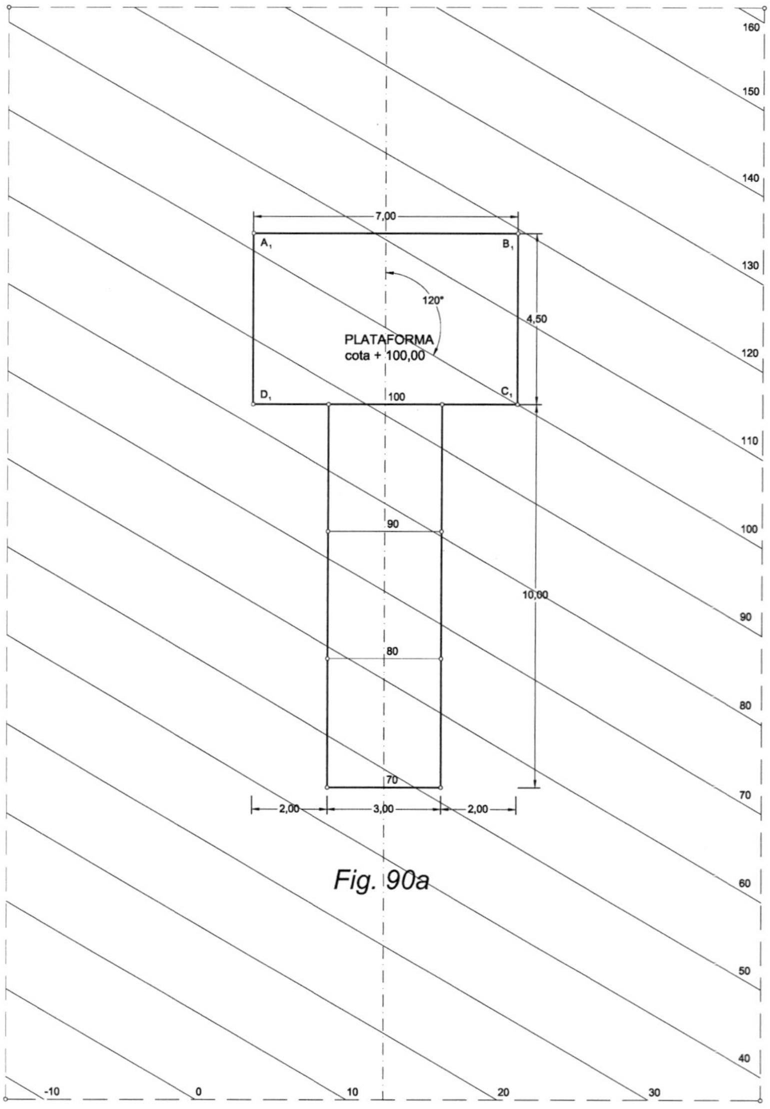

Fig. 90a

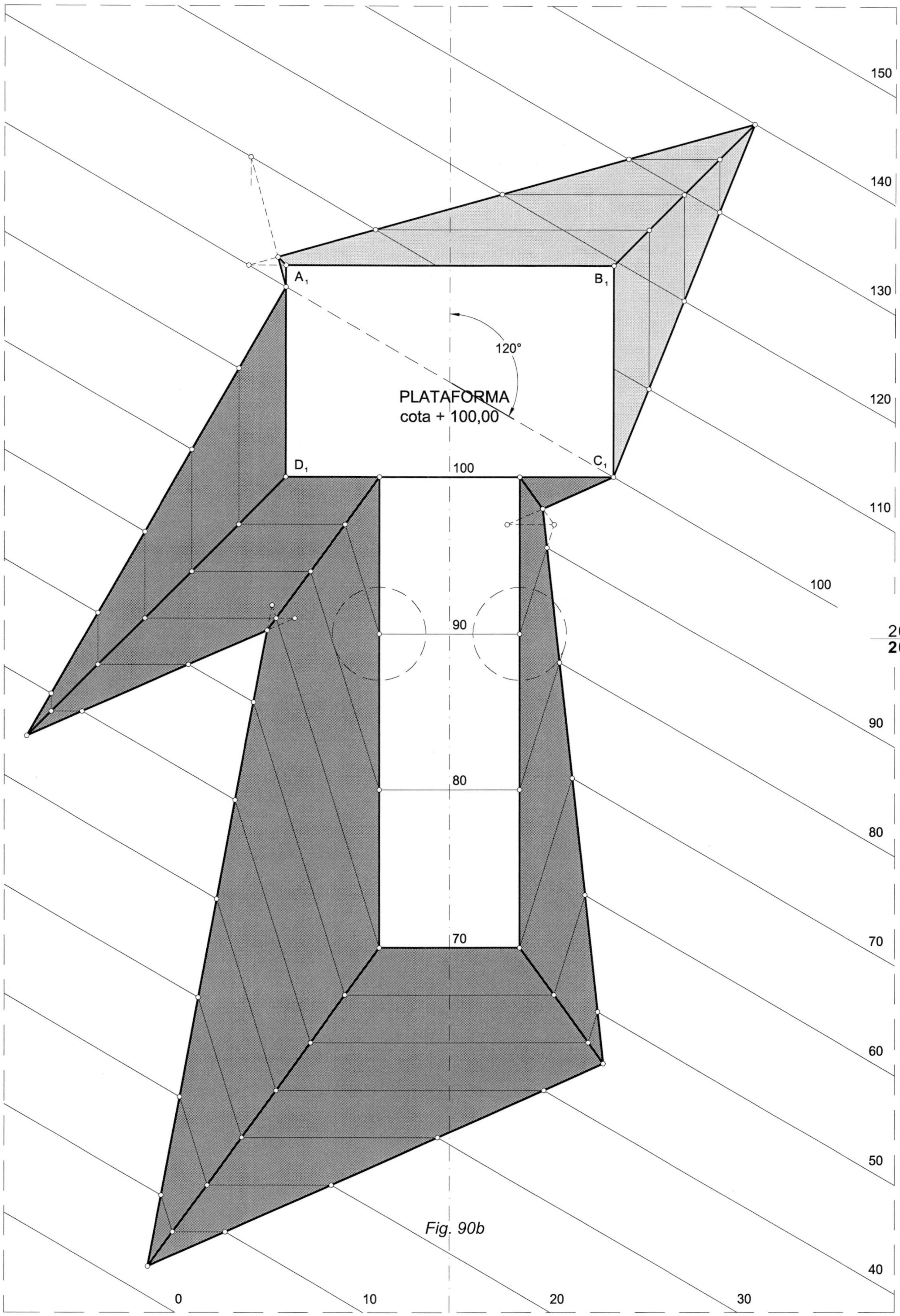
150
140
130
120
110
100
90
80
70
60
50
40
A_1
B_1
C_1
D_1
120°
PLATAFORMA
cota + 100,00
100
90
80
70
0
10
20
30

Fig. 90b

91 Un terreno limitado en planta por un rectángulo ABCD de 250x200 m está formado por cuatro conos de revolución iguales de eje vertical y talud de sus generatrices 1/1. Los puntos P y Q son los vértices de dos de ellos situados a cota 120 m. Los otros dos conos invertidos tienen por vértices los puntos M y N (a la cota 2.075 m y tangentes a los dos primeros), que son los puntos medios de los lados AB y CD. El punto O es el centro del rectángulo y coincide con el de la lámina. La recta POQ es paralela al lado AB y los puntos P y Q están situados uno a cada lado del centro O y a 62.5 m de distancia del mismo. Sobre este terreno y a la cota 70 m se desea construir una carretera horizontal de 14 m de anchura. Su eje tiene un tramo recto CO y un tramo circular con su centro situado en la recta AB. El talud de las superficies de desmonte es de 0.70 y el de las de terraplén 1/1. Representar el terreno, la carretera, las superficies de desmonte y terraplén, así como las líneas de nivel, con equidistancia de 10 m (múltiplos de 10), escala 1:1000.

Solución:

- Igual que en casos anteriores, hallamos líneas de paso a la cota 70 m, en este caso dos líneas.
- Delimitamos las zonas de desmonte y terraplén.
- Aplicamos los taludes respectivos a cada zona.
- Hallamos la intersección con los criterios anteriormente expuestos.

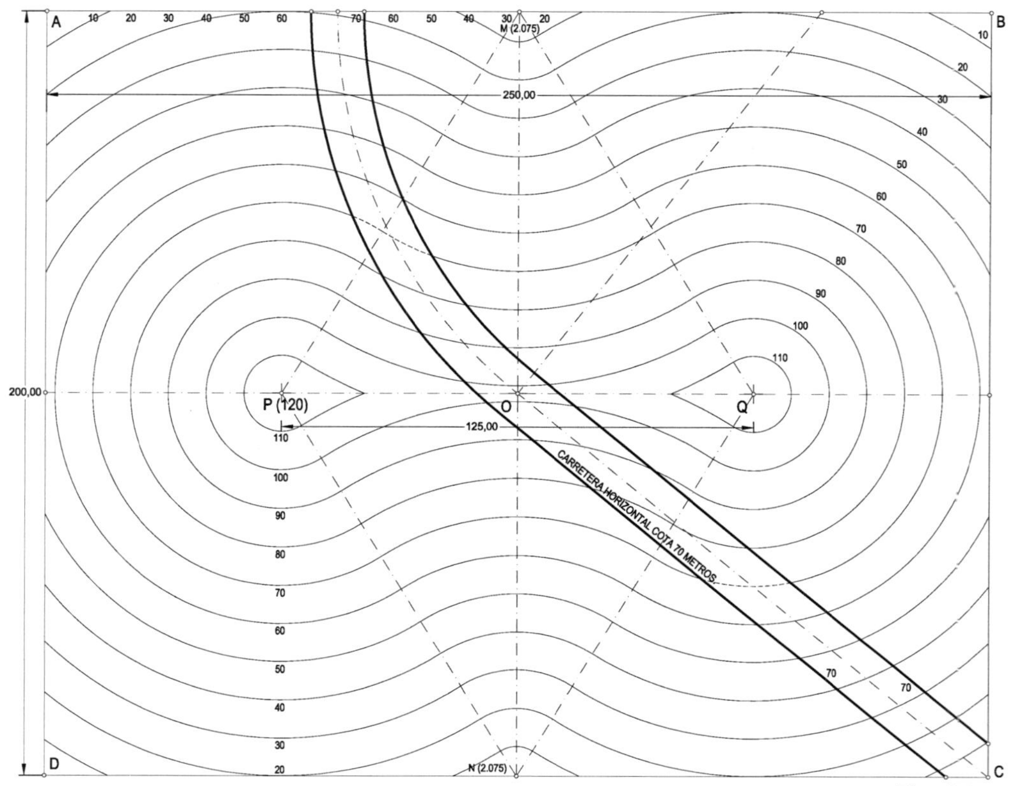

Fig. 91a

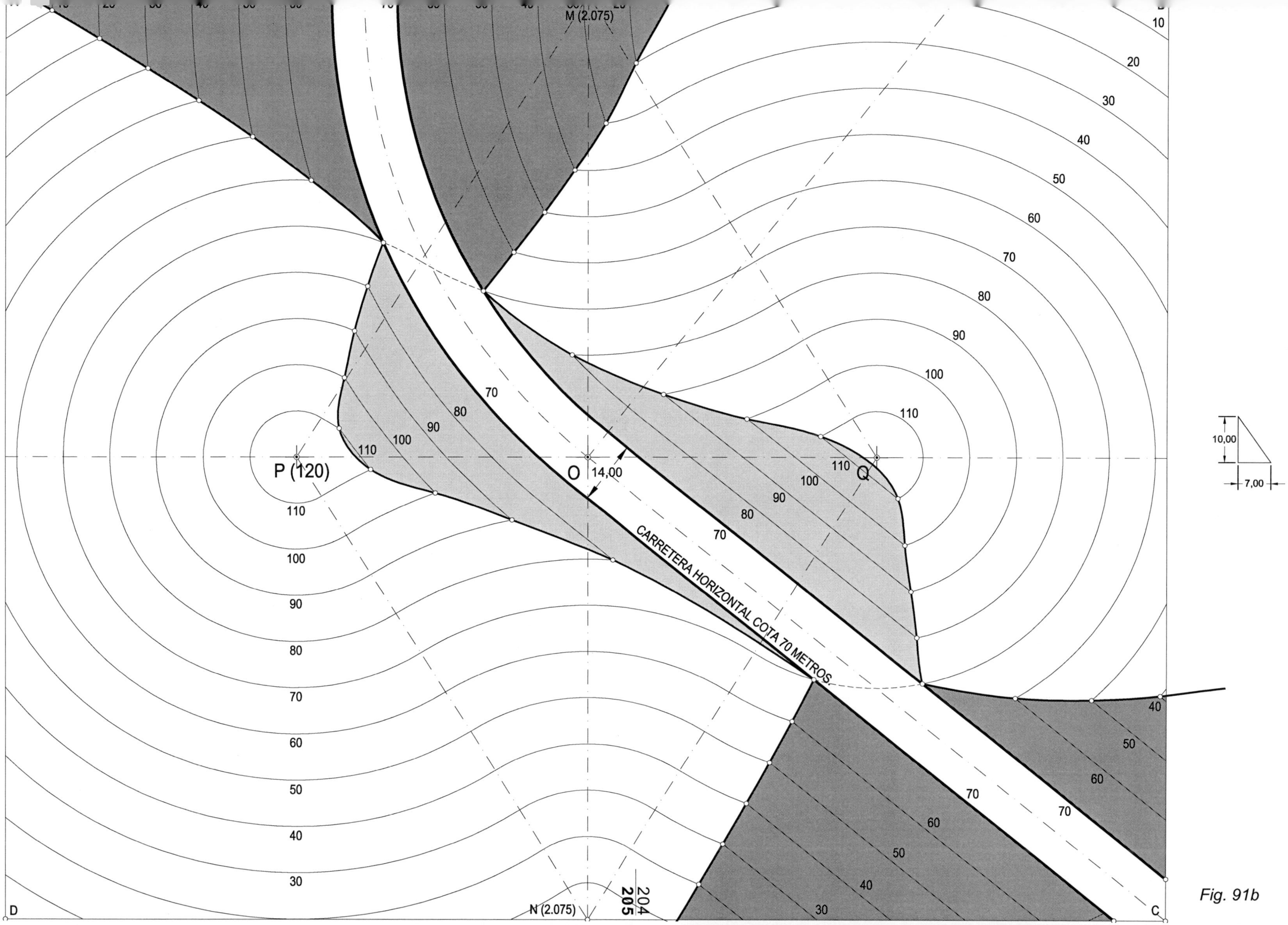
P (120)
Q
O
14,00
M (2.075)
N (2.075)
CARRETERA HORIZONTAL COTA 70 METROS
10,00
7,00
C
D

Fig. 91b

92 Cruce de dos carreteras horizontales a la cota 20 m. Lámina vertical L.T. y origen en el centro, escala 1/400. Coincidiendo con el centro geométrico de la lámina, se sitúa una rotonda circular de radio 10 m, en la cual coinciden ortogonalmente dos carreteras, una cuyo eje coincide con el eje mayor de la lámina y con una anchura de plataforma de 10 m. El eje de la otra carretera coincide con el menor de la lámina y una anchura de plataforma de 6 m. El terreno sobre el cual se va a construir la intersección de ambas carreteras está compuesto por dos planos, el AB: A(-20,-16,20), B(0,-24,20), cuya curva de nivel de 20 es la AB según se desprende del enunciado, que asciende con un módulo 8 siguiendo la dirección de los alejamientos negativos, y el plano CD: C(-20,0,20) y D(0,20,20), cuya línea de nivel de 20 es la CD, que asciende en la dirección de los alejamientos positivos con módulo 10. Ambos planos forman una vaguada y se deben de prolongar hasta que se intersecciones.

- Representar el terreno, las carreteras sabiendo que son ambas horizontales y a la cota 20 m, las superficies de desmonte y terraplén, las líneas de intersección y las de nivel de metro en metro, considerándose los taludes de terraplén 4/1 y los de desmonte 1/1.

- La solución se realiza de forma similar a casos anteriores.

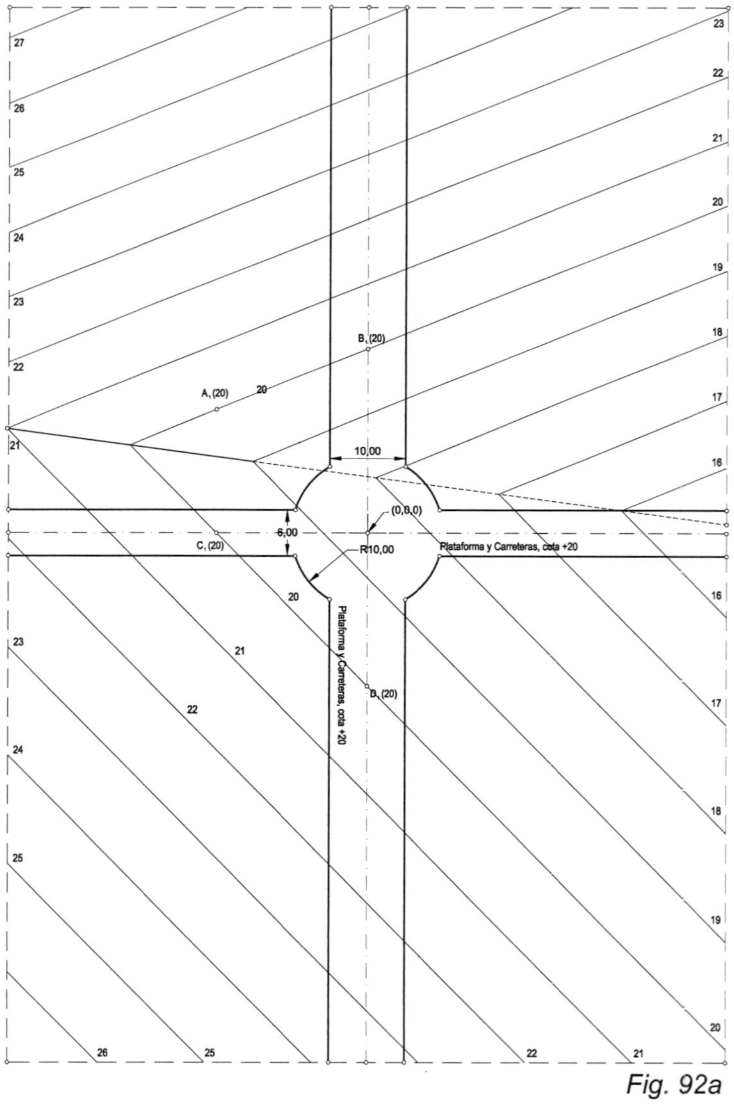

Fig. 92a

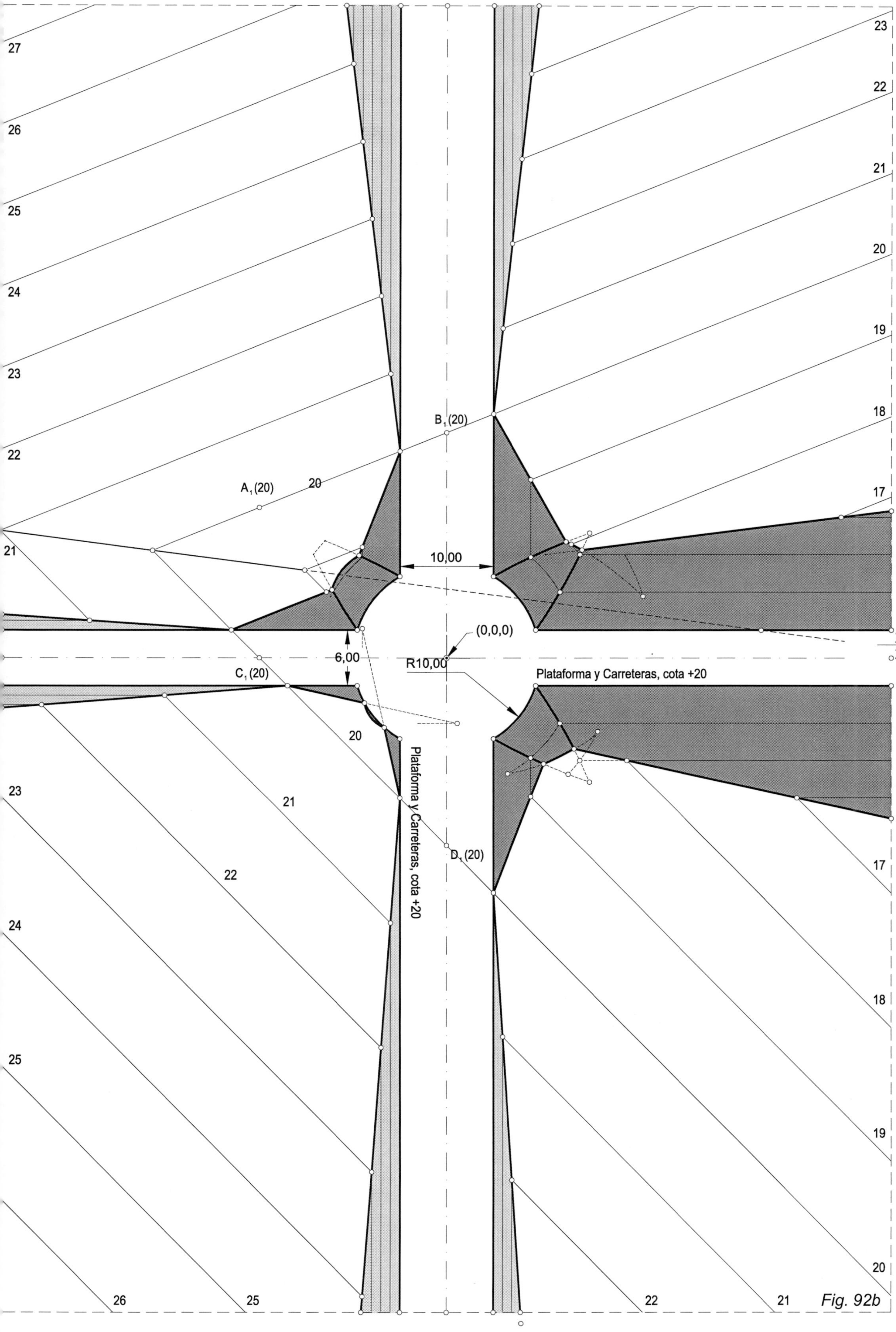

27
26
25
24
23
22
21
20
19
18
17
A_1(20)
B_1(20)
C_1(20)
D_1(20)
10,00
6,00
(0,0,0)
R10,00
Plataforma y Carreteras, cota +20
Plataforma y Carreteras, cota +20

Fig. 92b

93 Un terreno está definido de la forma siguiente:
Los puntos A (70, 00, 14) y B (90, 40, 14) definen una línea de nivel AB de cota 14 m de un plano que desciende hacia la derecha con un módulo de 16 m y asciende hacia la izquierda con el mismo módulo hasta la cota 16 m, que cambia por otro plano de módulo 4 m que asciende hasta la cota 24 m y a partir de esa cota se convierte en un plano horizontal. Los puntos C (50, 00, 16) y D (30, 50, 16) definen la línea de nivel de cota 16 m de dos planos, uno que desciende hacia la derecha con un talud de 20 m y otro que asciende hacia la izquierda con un talud de 5 m hasta la cota 24 m que cambia a un plano horizontal (estos dos planos forman una vaguada). Sobre este terreno se desea construir un camino de 10 m de ancho, cuyo eje coincide con la L.T. El camino se inicia con una rotonda circular de radio 10 m y horizontal a la cota 20 m, cuyo centro coincide con el origen de coordenadas; a partir de la recta de intersección del camino con la rotonda y hacia la derecha, el camino desciende con una pendiente uniforme del 10 % hasta la cota 15 m, a partir de la cual asciende con una pendiente del 5 %.

- Representar a escala 1/500 el terreno, el camino, las superficies de desmonte y de terraplén, las líneas de paso de intersección y las de nivel, de metro en metro. Los taludes de terraplén son de 7 m y los de desmonte de 5 m. Todo el conjunto se considera limitado por los márgenes de la lámina.

- La solución se realiza de forma similar a casos anteriores.

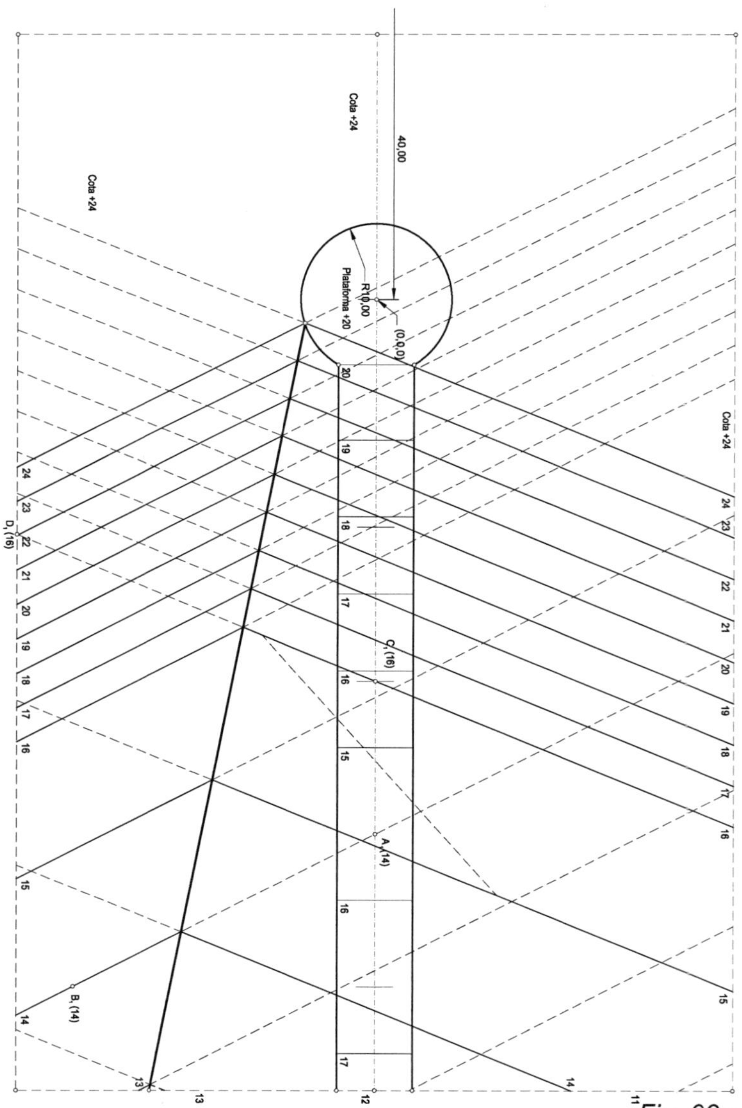

Fig. 93a

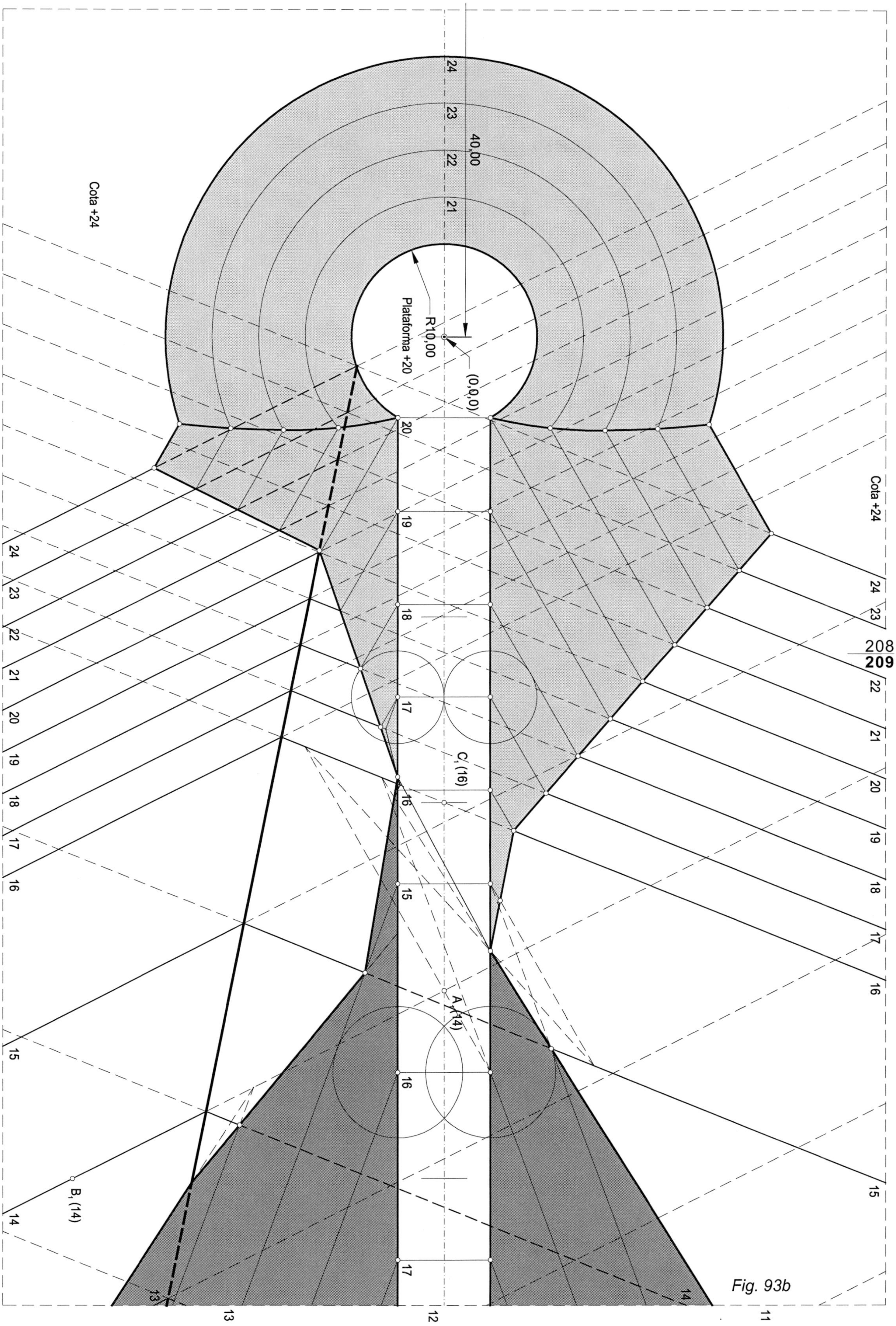

Cota +24
Cota +24
40,00
R10,00
Plataforma +20
(0,0,0)
C1 (16)
A1 (14)
B1 (14)
D1 (16)

Fig. 93b

94 Por el centro de la lámina y paralelo a su lado más largo, discurre el eje de un camino vecinal de 4 m de anchura. El camino consta de un primer tramo horizontal a la cota 10 m que discurre desde la parte superior de la lámina hasta la LT (zona de alejamientos negativos) y un segundo tramo descendente que discurre desde la LT hasta la parte inferior de la lámina con un talud uniforme de 100/15 (zona de alejamientos positivos). El terreno sobre el cual se va a ubicar el camino consta de dos picos situados en el punto A(-8,-9,18) y B(7,-6,16), que son los vértices de dos terrenos en forma de conos rectos de revolución cuyas laderas tienen taludes 1/1 y 3/2 respectivamente.

Los puntos C(-7,0,10) y D(9,6,10) definen la línea de nivel (10) de otro terreno de módulo 4, que desciende uniformemente en la dirección de los alejamientos positivos y que por su parte superior se intersecciona con el definido por los dos conos.

Representar a escala 1/100 el terreno, el camino, las superficies de desmonte y de terraplén, las líneas de intersección y las de nivel de metro en metro, considerando como taludes de desmonte 1/1 y de terraplén 3/1.

Lámina vertical. LT y origen en el centro. El ejercicio estará limitado por los márgenes de la lámina. Cotas en m.

Solución:

- La solución se realiza de forma similar a casos anteriores.

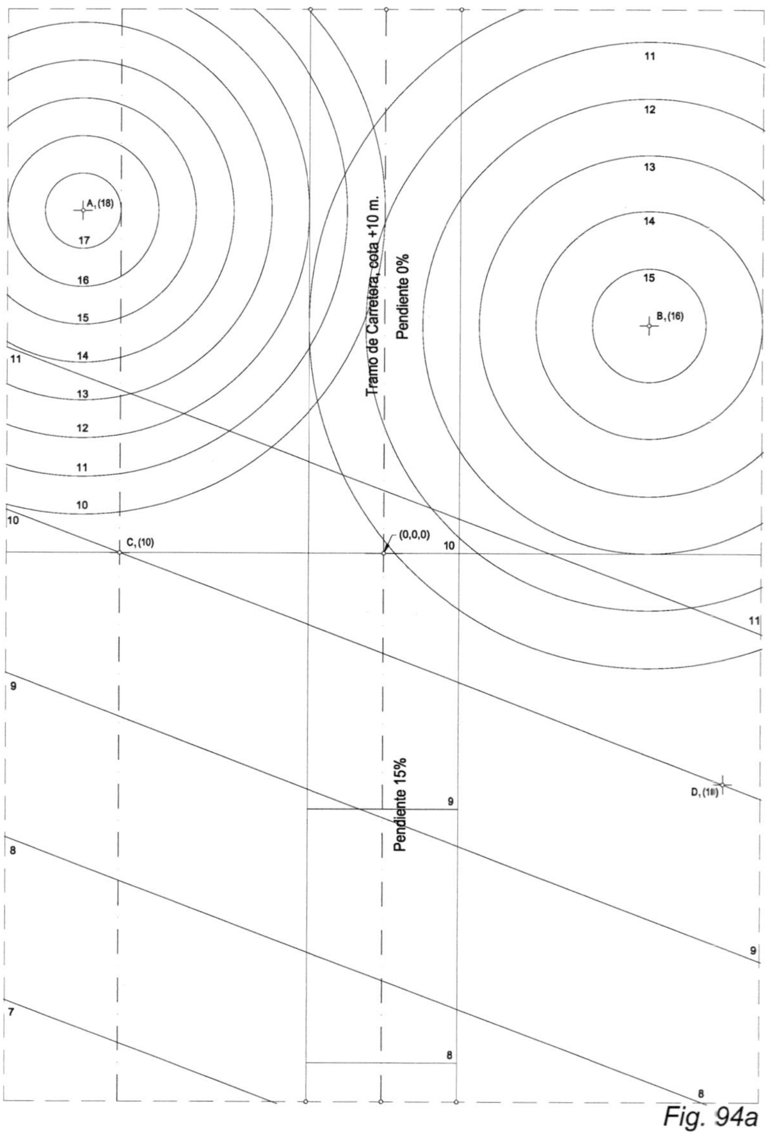

Fig. 94a

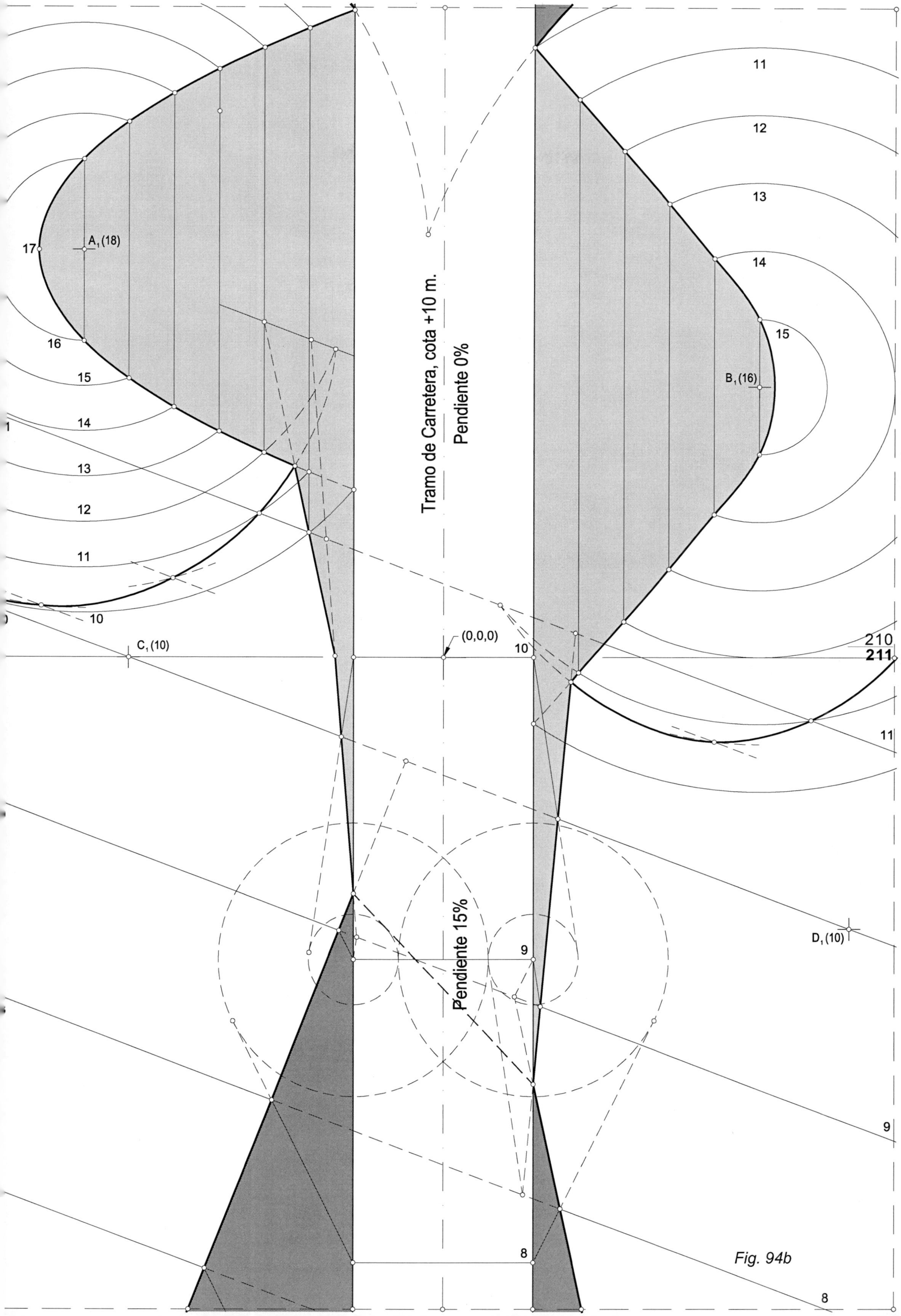
Tramo de Carretera, cota +10 m.
Pendiente 0%
Pendiente 15%
A1(18)
B1(16)
C1(10)
D1(10)
(0,0,0)
17
16
15
14
13
12
11
10
9
8

Fig. 94b

95 Lámina horizontal, LT y origen en el centro. Cotas en metros. Escala 1/500.
Dados los puntos A(-30,25,20), B(00,-10,20), C(20,15,20), por la recta AB se trazan dos planos: uno que asciende hacia la izquierda de módulo 5, hasta la cota 24 m y desde esta línea de nivel desciende con otro plano de módulo 7 m hasta la cota 20 m, que se convierte en horizontal. El otro plano que parte de la recta AB desciende hacia la derecha con un módulo de 10 m.
Por la recta BC también se trazan dos planos, uno que asciende hacia la derecha con módulo 4 m hasta la cota 24 y a partir de esta línea de nivel desciende con el mismo módulo hasta la cota 20 m en que se convierte en horizontal. El otro plano que parte de la recta BC desciende hacia la izquierda con módulo 15 m.
Sobre este terreno se desea construir una carretera recta de 10 metros de anchura y horizontal a la cota 22 metros, cuyo eje coincide con la LT.
Representar el terreno, la carretera, las superficies de desmonte y de terraplén, las líneas de intersección y las de nivel de metro en metro, sabiendo que el talud de terraplén es de 7,5 m y el talud de desmonte es de 5 m.

Solución:

- La solución se realiza de forma similar a casos anteriores.

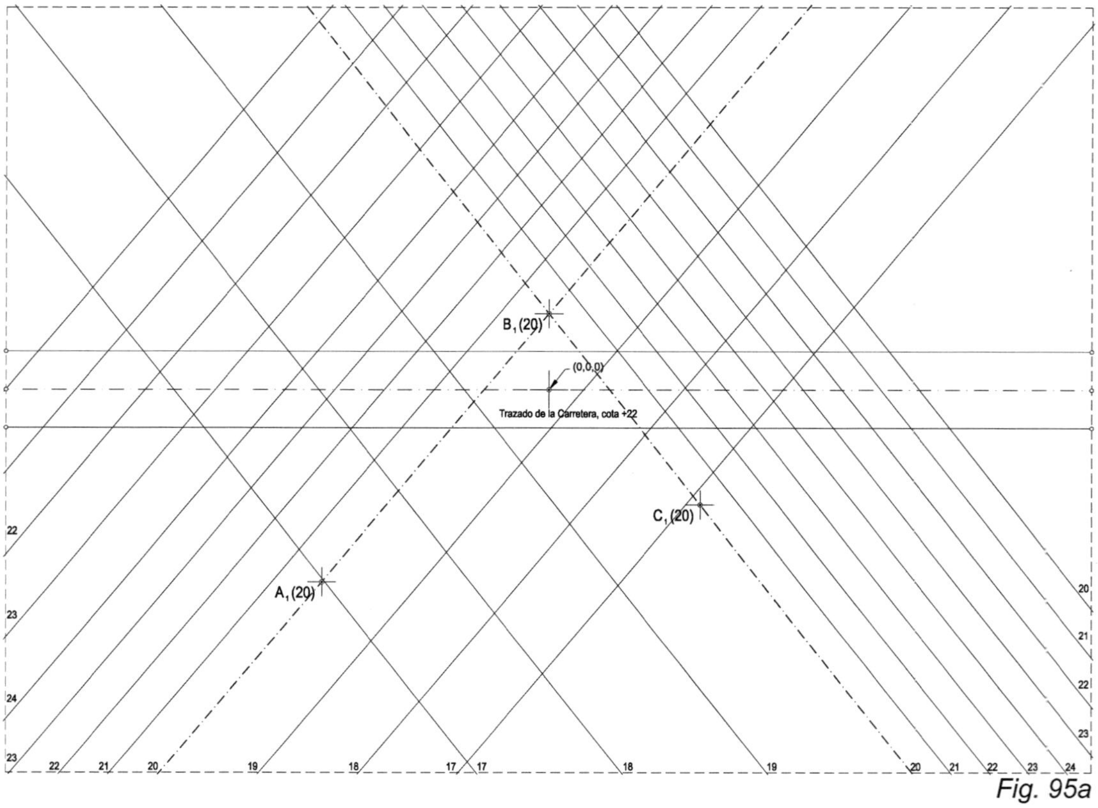

Fig. 95a

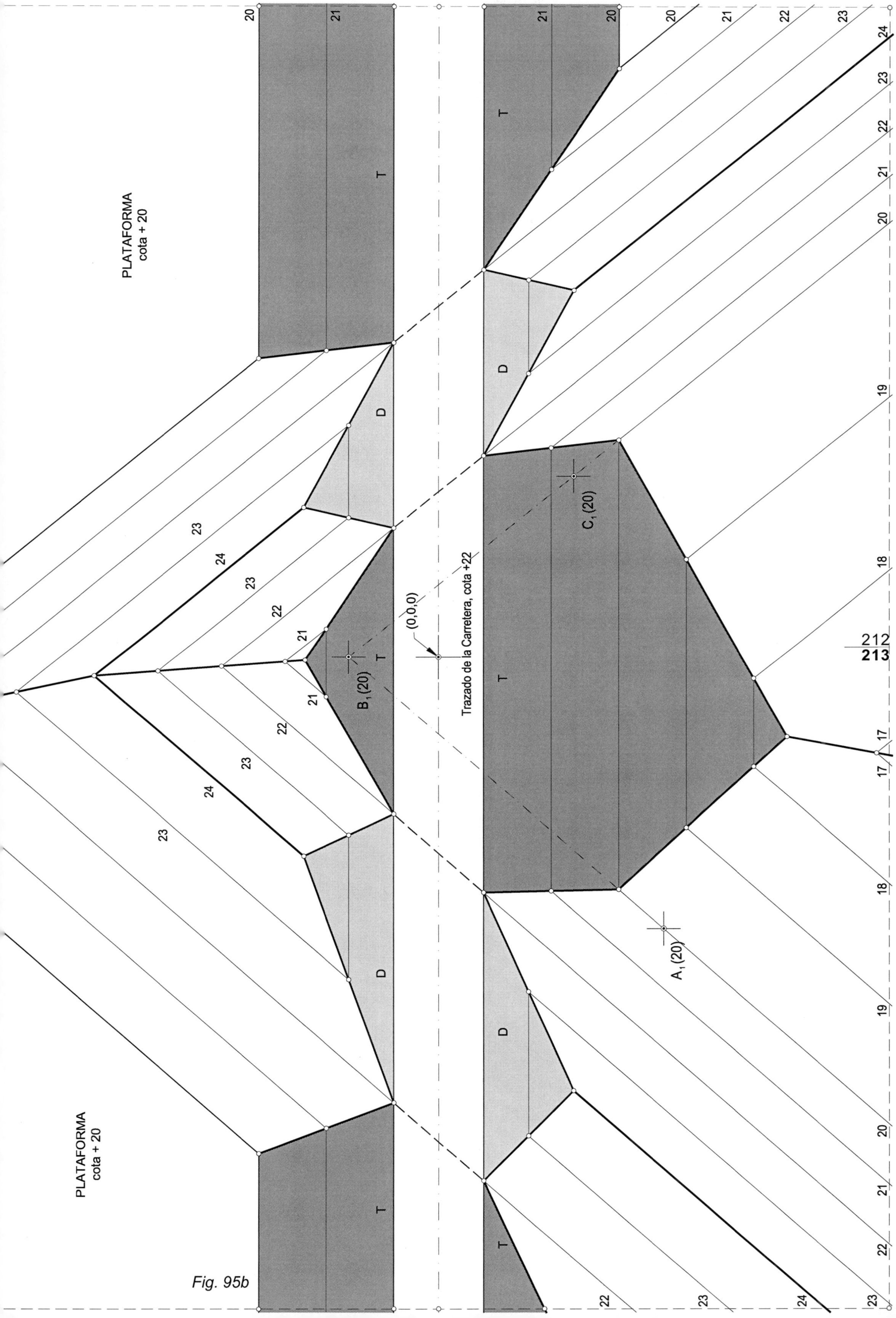
PLATAFORMA
cota + 20
PLATAFORMA
cota + 20
Trazado de la Carretera, cota +22
(0,0,0)
A_1(20)
B_1(20)
C_1(20)
T
D
20
21
22
23
24
17
18
19
Fig. 95b

ACOTADO - CUBIERTAS

96 Los puntos A (-9, 8), B (7, 8), C (7, -7), D (-2, -9), E (-12, 0) tienen de cota 10 m y definen la línea de aleros de un edificio. Los puntos F (-4, 4), G (2, -1) definen dos vértices contiguos de un patio rectangular cuyo lado HI paralelo al FG equidista 3,5 metros medidos hacia ED y los cuatro vértices también se encuentran a cota 10 m. Representar la cubierta del edificio con las líneas de nivel cada metro, las pendientes de las vertientes de fachada y de patio son iguales, 1/1. Escala 1/100.

Solución:

- Conocida la línea de aleros y patios, sabemos el número de vertientes.
- Asignamos la pendiente correspondiente a cada vertiente y hallamos por intersección de planos las lima-tesas, lima-hoyas, vértices de intersección de tres planos, caballetes y cumbrera.

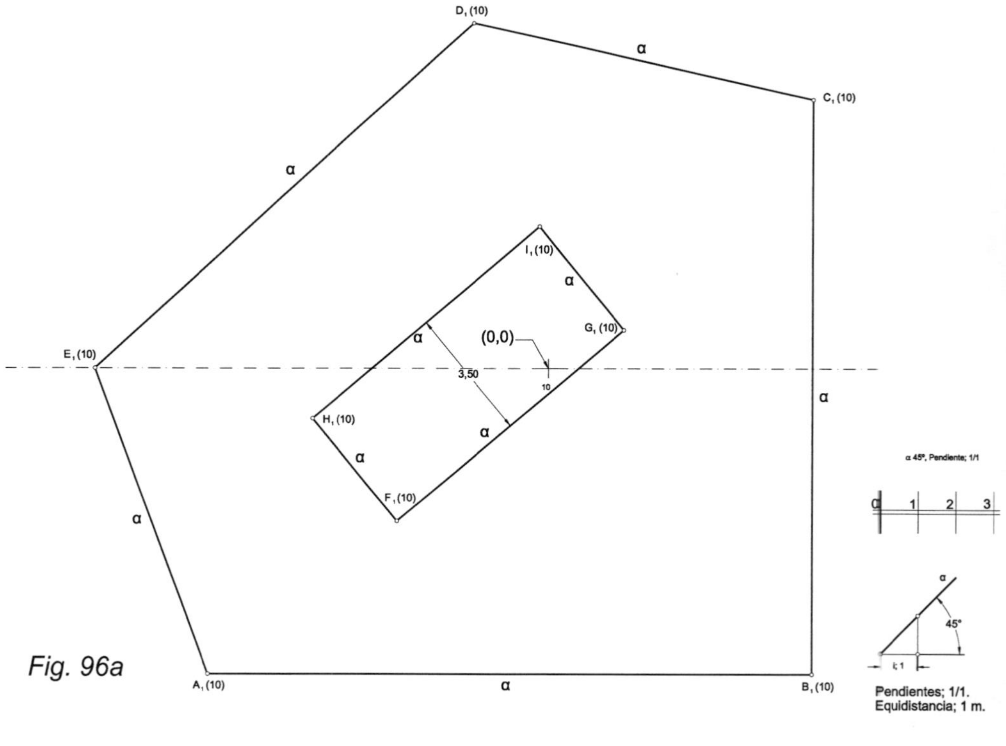

Fig. 96a

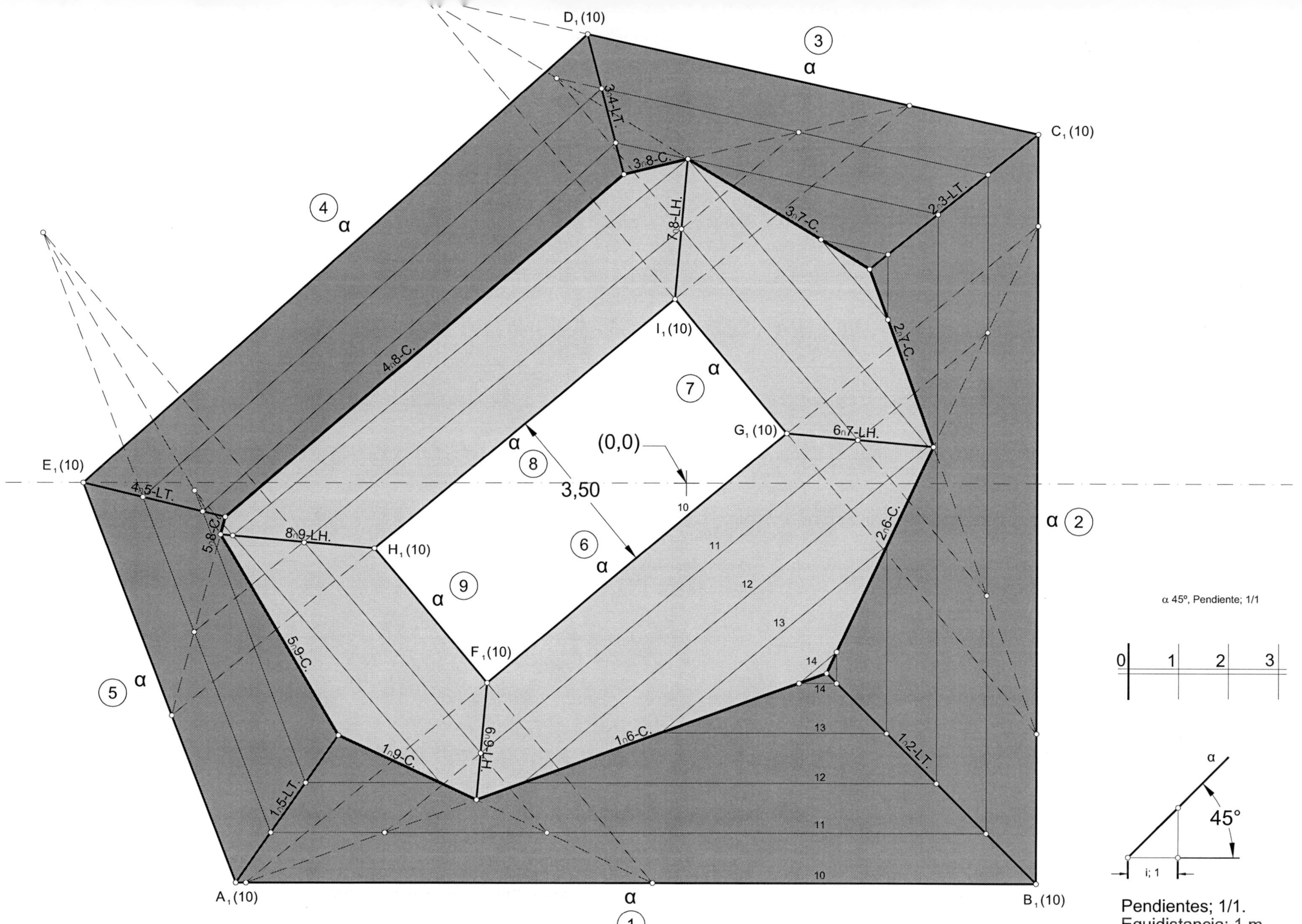
D1 (10)
C1 (10)
B1 (10)
A1 (10)
E1 (10)
I1 (10)
G1 (10)
H1 (10)
F1 (10)
(0,0)
3,50
3∩4-LT.
3∩8-C.
7∩8-LH.
3∩7-C.
2∩3-LT.
2∩7-C.
6∩7-LH.
2∩6-C.
4∩8-C.
4∩5-LT.
5∩8-C.
8∩9-LH.
5∩9-C.
1∩5-LT.
1∩9-C.
6∩9-LH.
1∩6-C.
1∩2-LT.
α 45º, Pendiente; 1/1
0 1 2 3
45°
i; 1
Pendientes; 1/1.
Equidistancia; 1 m.

Fig. 96b

97 El contorno exterior de un edificio tiene la forma del croquis adjunto, compuesto por dos triángulos equiláteros de lado 15 m. Los dos patios interiores también son triángulos equiláteros de lado 3 m y paralelos a los del contorno exterior, coincidiendo con sus centros de gravedad. Sabiendo que todos los vértices del contorno exterior tienen de cota 10 m excepto el vértice A de cota 12 m, y que los vértices de los patios interiores están en la cota 11 m, dibujar la cubierta del edificio, representando las líneas de nivel de metro en metro. Las vertientes exteriores tienen un talud de 1/1 y las vertientes interiores un talud de 1/2. Escala 1/100.

- La solución se realiza de forma similar a casos anteriores.

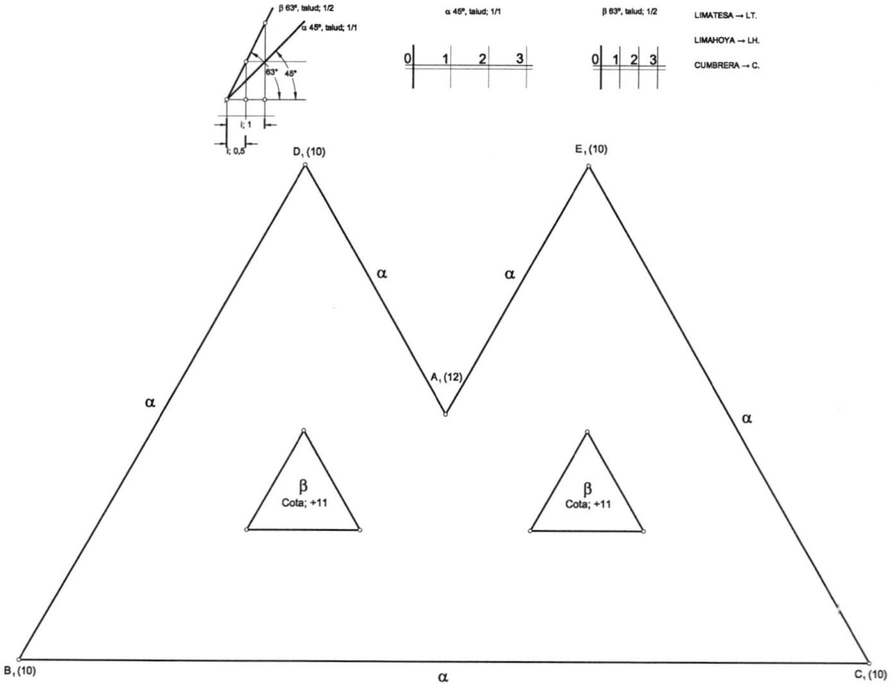

Fig. 97a

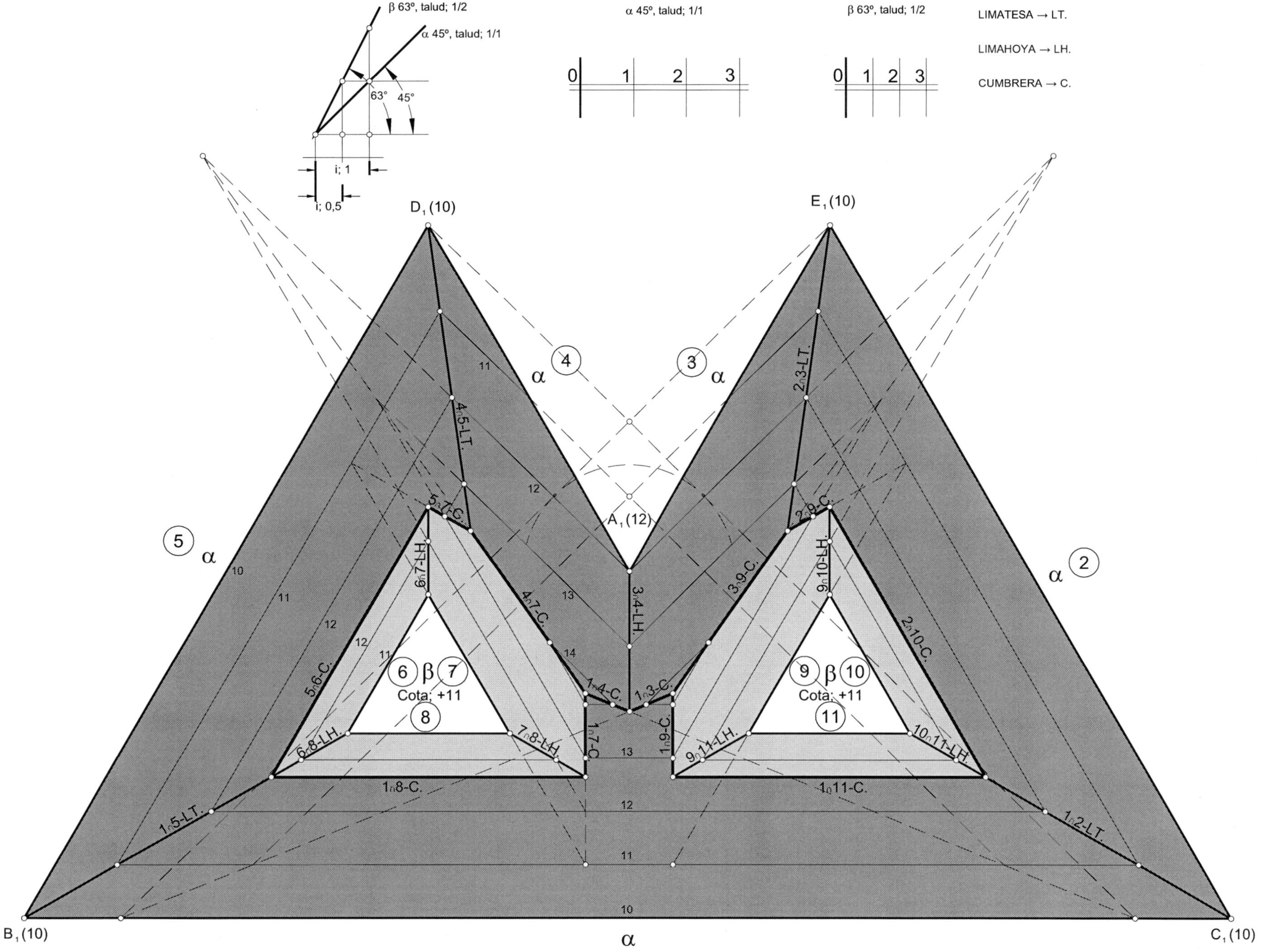

β 63º, talud; 1/2
α 45º, talud; 1/1
63°
45°
i; 1
i; 0,5
α 45º, talud; 1/1
0 1 2 3
β 63º, talud; 1/2
0 1 2 3
LIMATESA → LT.
LIMAHOYA → LH.
CUMBRERA → C.
D₁ (10)
E₁ (10)
A₁ (12)
B₁ (10)
C₁ (10)
α 1
α 2
3 α
α 4
5 α
6 β 7
Cota; +11
8
9 β 10
Cota; +11
11

Fig. 97b

98 Resolver la cubierta dibujada con línea de faldones y de patios a la cota cero. Datos: AB-DE-EF-HA, con línea de faldón de 10 m, BC-CD-FG-GH, con línea de faldón de 5 m, y JK-LM-MN-WP-PL, con una longitud de 2.5 m. AE es el eje de simetría de los patios. Taludes alternando (empezando por AB) de 1/1 y 3/2 en los faldones exteriores y en los patios talud de 1/1. Escala 1/100. Representar la cubierta con equidistancias de 1 m.

• La solución se realiza de forma similar a casos anteriores.

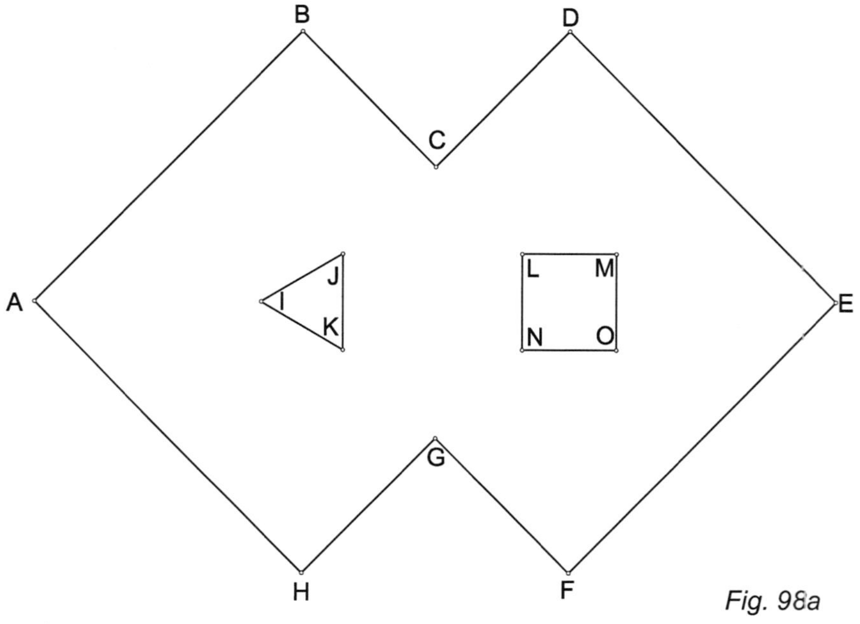

Fig. 98a

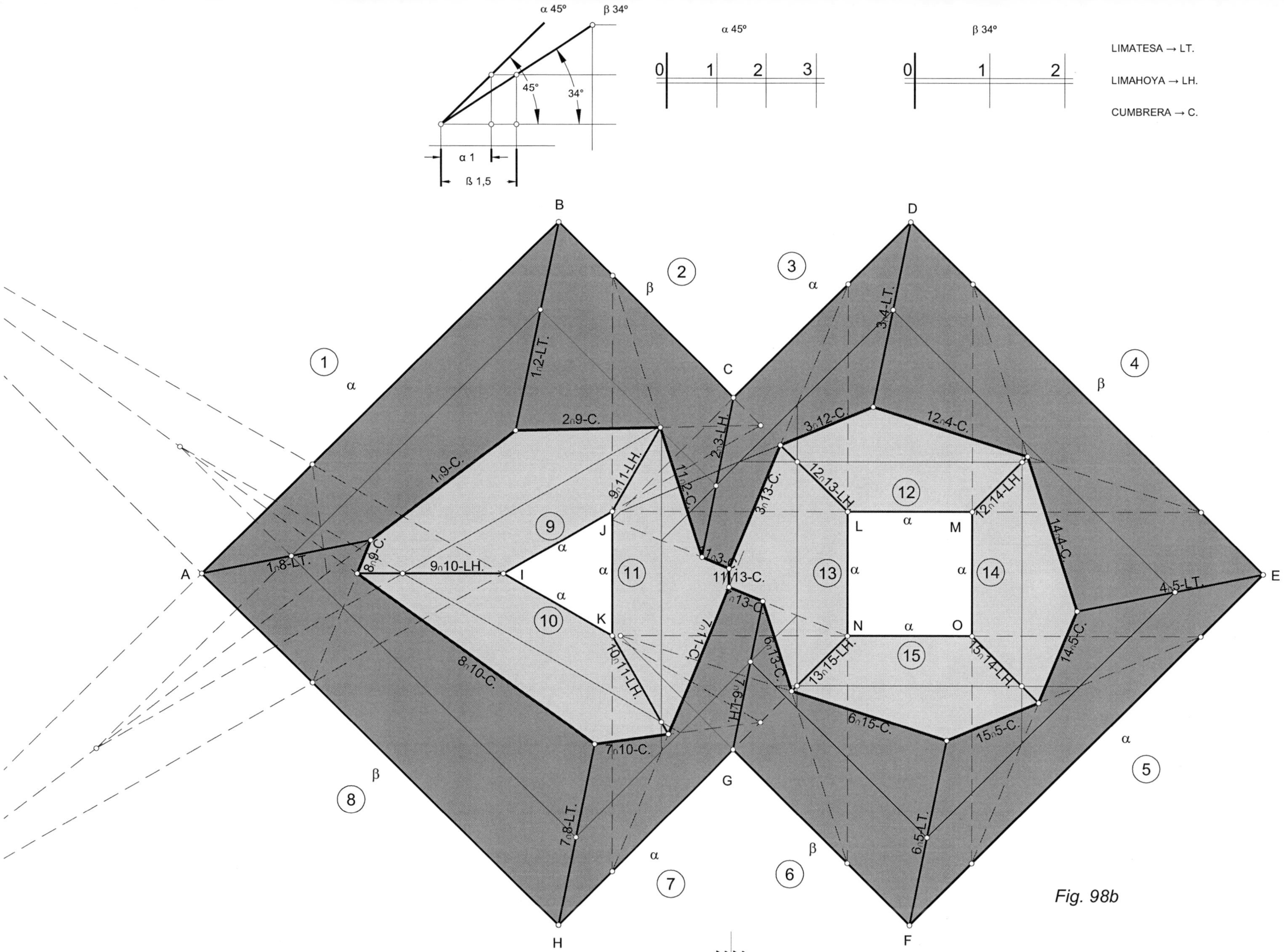
α 45º
β 34º
45º
34º
α 1
ß 1,5
α 45º
0 1 2 3
β 34º
0 1 2
LIMATESA → LT.
LIMAHOYA → LH.
CUMBRERA → C.
A
B
C
D
E
F
G
H
I
J
K
L
M
N
O
1∩2-LT.
2∩9-C.
1∩9-C.
8∩9-C.
1∩8-LT.
9∩10-LH.
9∩11-LH.
11∩2-C.
2∩3-LH.
1∩3-C.
11∩13-C.
7∩11-C.
10∩11-LH.
8∩10-C.
7∩10-C.
7∩8-LT.
7∩6-LH.
6∩13-C.
3∩4-LT.
3∩12-C.
12∩4-C.
3∩13-C.
12∩13-LH.
12∩14-LH.
14∩4-C.
4∩5-LT.
14∩5-C.
15∩14-LH.
13∩15-LH.
6∩15-C.
15∩5-C.
6∩5-LT.

Fig. 98b

99 Resolver la cubierta dibujada con línea de faldones y de patios a la cota cero. Datos: AB-DE-EF-HA, con línea de faldón de 10 m, BC-CD-FG-GH, con línea de faldón de 5 m, y JK-LM-MN-WP-PL, con una longitud de 2.5 m. AE es el eje de simetría de los patios. Taludes alternando (empezando por AB) de 1/1 y 3/2 en los faldones exteriores y en los patios talud de 1/1. Escala 1/100. Representar la cubierta con equidistancias de 1 m.

• La solución se realiza de forma similar a casos anteriores.

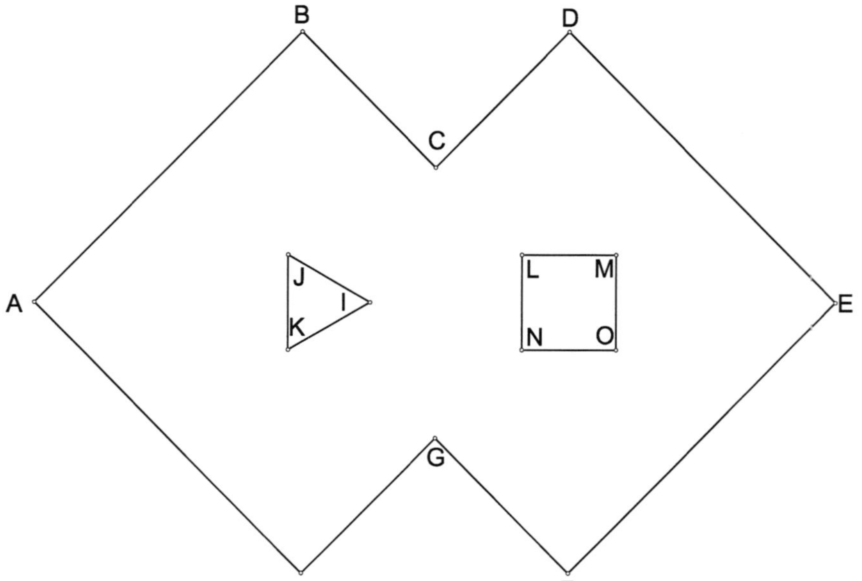

Fig. 99a

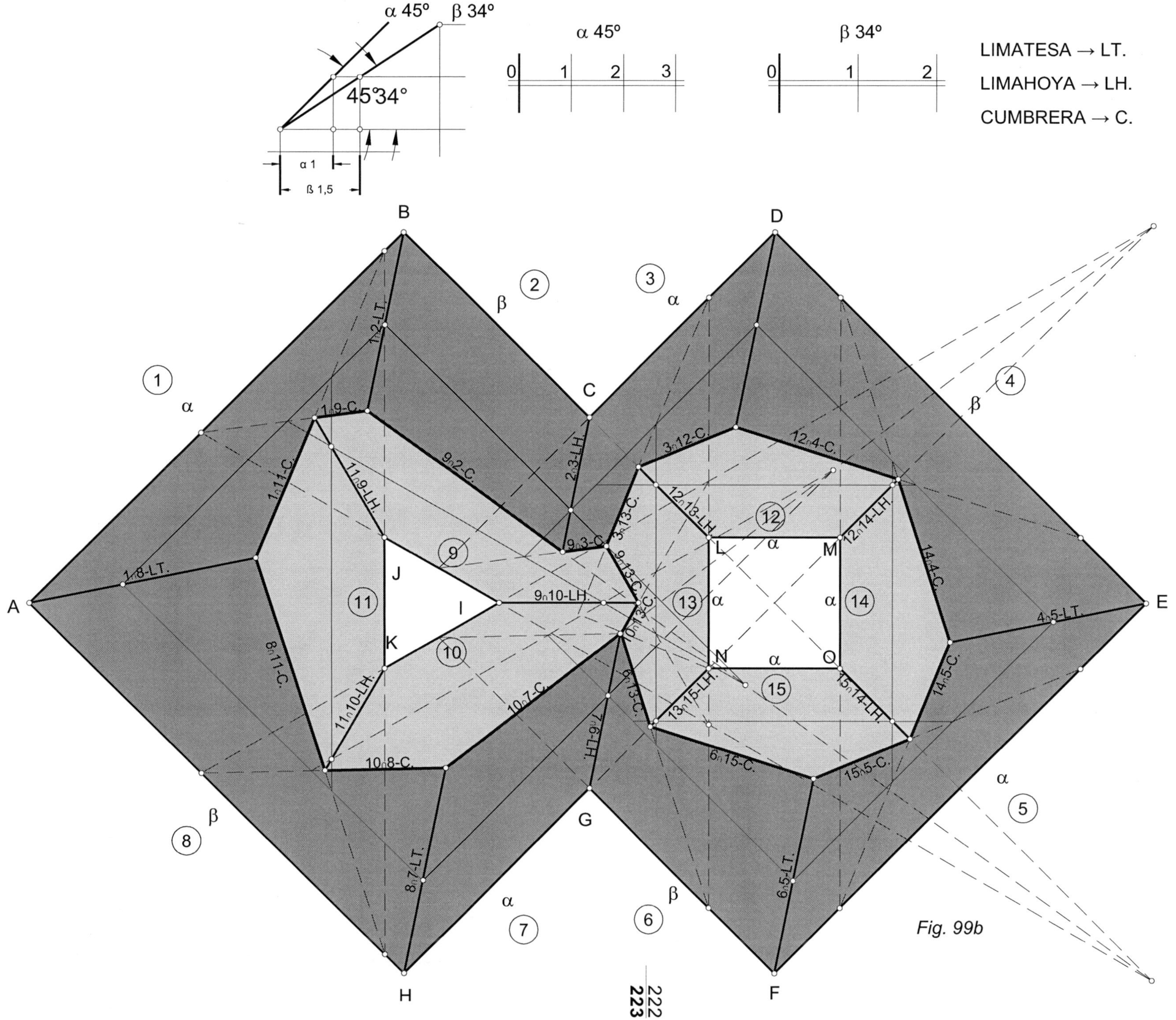
α 45º β 34º
45º 34º
α 1
ß 1,5
α 45º
0 1 2 3
β 34º
0 1 2
LIMATESA → LT.
LIMAHOYA → LH.
CUMBRERA → C.
A B C D E F G H I J K L M N O
1-8-LT.
1-2-LT.
1-9-C.
1-11-C.
9-2-C.
2-3-LH.
9-3-C.
3-12-C.
3-13-C.
12-4-C.
12-13-LH.
12-14-LH.
9-13-C.
9-10-LH.
10-13-C.
11-9-LH.
11-10-LH.
8-11-C.
10-8-C.
10-7-C.
6-13-C.
7-6-LH.
8-7-LT.
13-15-LH.
6-15-C.
15-14-LH.
15-5-C.
14-5-C.
14-4-C.
4-5-LT.
6-5-LT.

Fig. 99b

100 La línea de contorno exterior de un edificio tiene forma de cuadrado regular ABCD de lado 180 m y altura a la cota 10 m con un patio interior pentagonal, cuya circunferencia circunscrita tiene un radio de 30 m. Sabiendo que los centros de gravedad del edificio y del patio coinciden y que el lado del patio es paralelo al lado CD del cuadrado, dibujar la cubierta del edificio, con una equidistancia entre líneas de nivel de 1 m. Pendiente de las vertientes exteriores del 10%. Pendiente de los faldones de los patios, 10/75. Escala 1/1000.

- La solución se realiza de forma similar a casos anteriores.

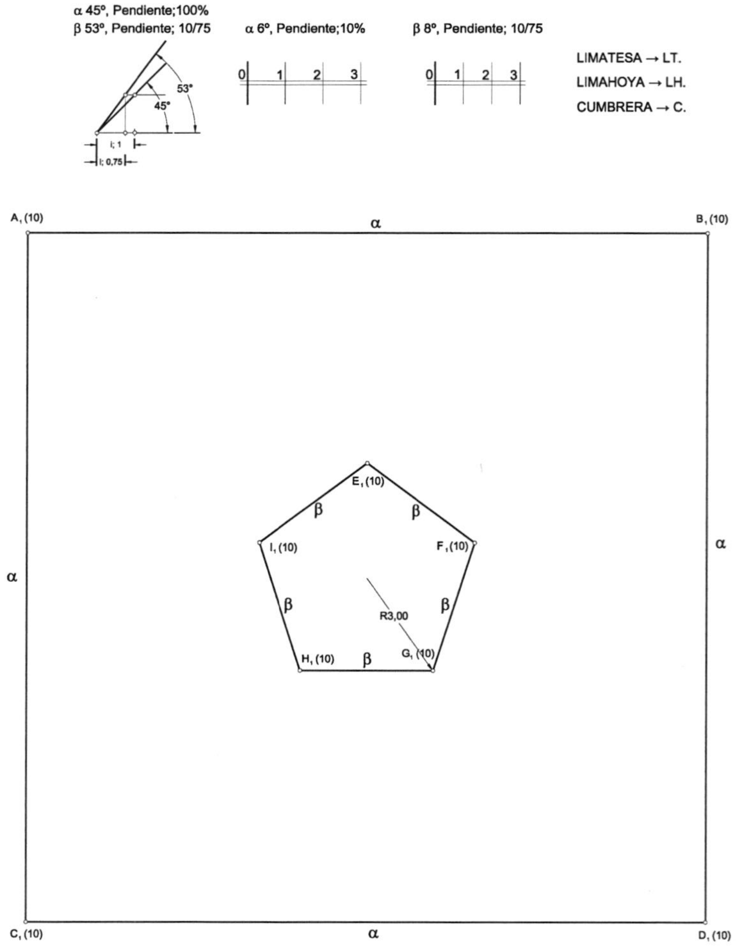

Fig. 100a

α 45º, Pendiente;100%
β 53º, Pendiente; 10/75 α 6º, Pendiente;10% β 8º, Pendiente; 10/75

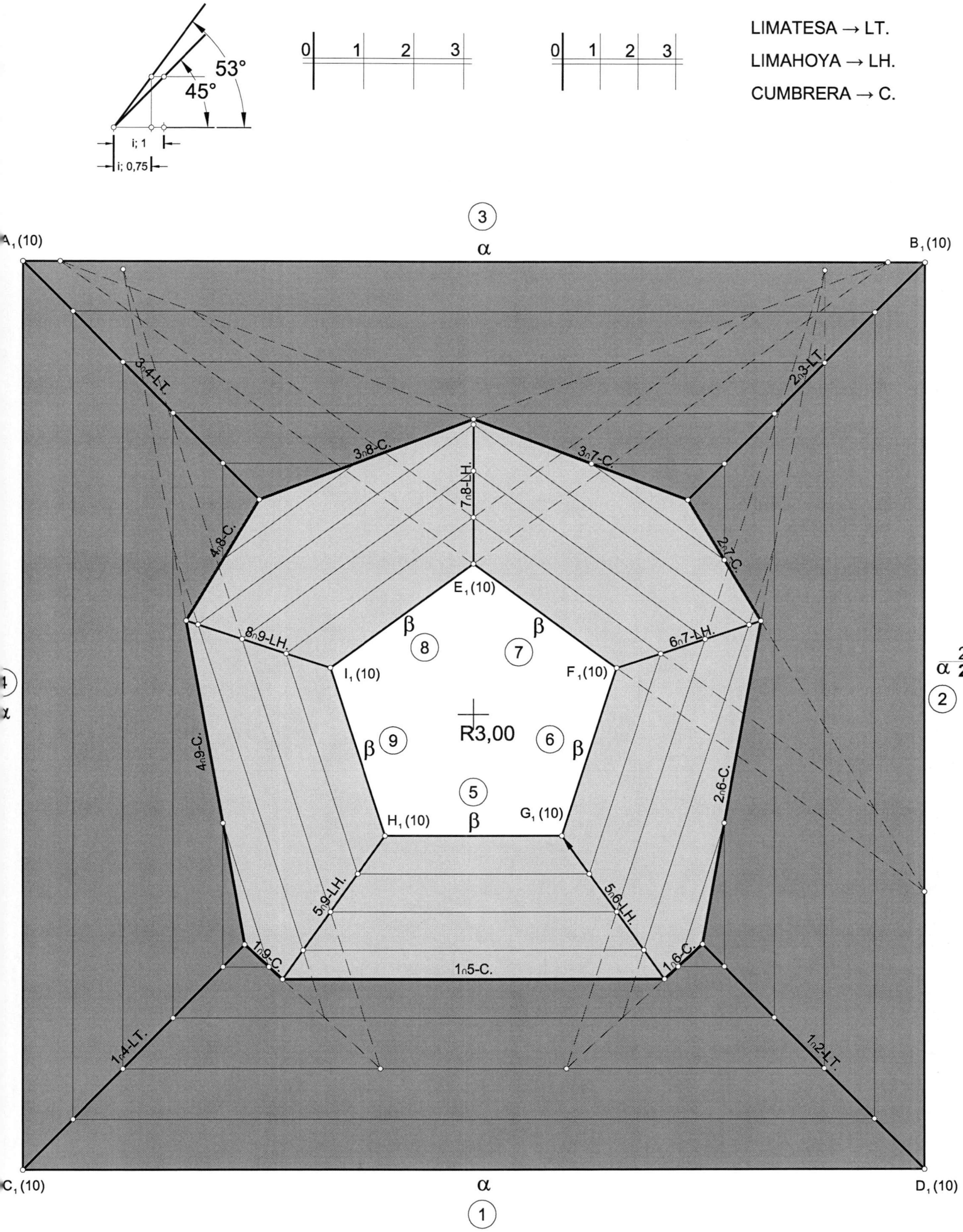

Fig. 100b

101 El contorno de la planta de un edificio coincide con el croquis al margen. Tanto el perímetro exterior como el de los patios se encuentran a una cota de 5 m. Representar la cubierta del edificio con las líneas de nivel a una equidistancia de 1 m. Taludes de fachada 3/2 y de patios 1/1. Escala 1/100.

- La solución se realiza de forma similar a casos anteriores.

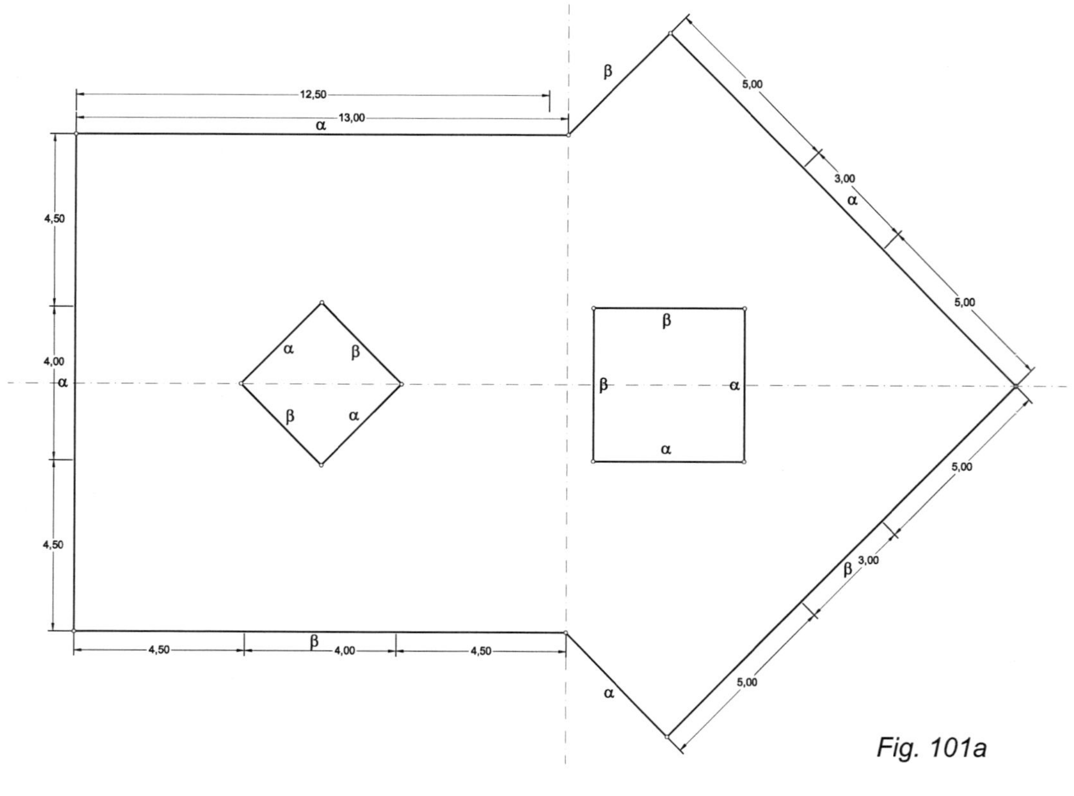

Fig. 101a

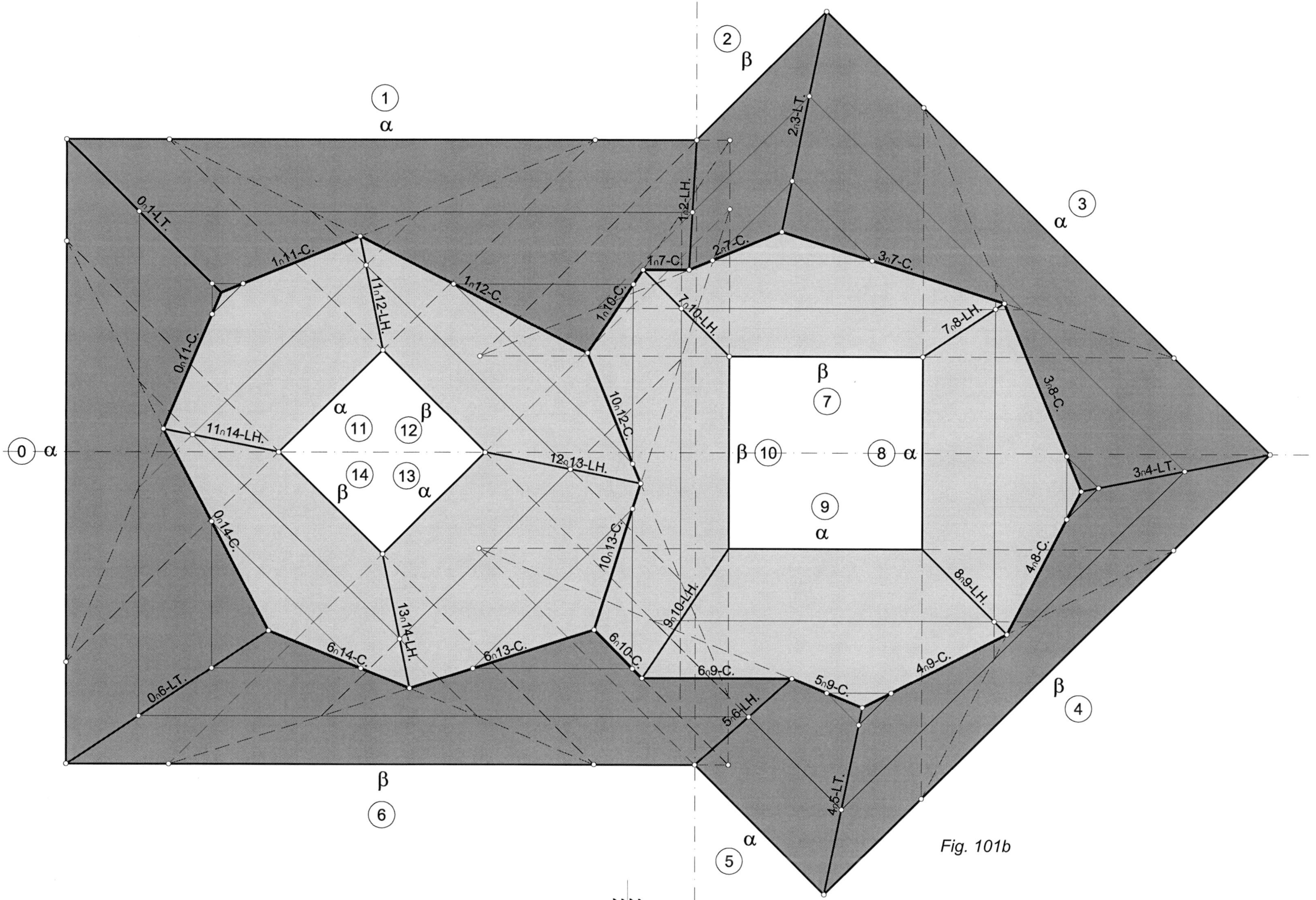

0 α
1 α
2 β
3 α
4 β
5 α
6 β
7 β
8 α
9 α
10 β
11 α
12 β
13 α
14 β
0∩1-LT.
0∩11-C.
0∩14-C.
0∩6-LT.
1∩11-C.
11∩12-LH.
1∩12-C.
1∩10-C.
1∩7-C.
1∩2-LH.
2∩7-C.
2∩3-LT.
3∩7-C.
7∩10-LH.
7∩8-LH.
3∩8-C.
3∩4-LT.
4∩8-C.
8∩9-LH.
4∩9-C.
5∩9-C.
4∩5-LT.
5∩6-LH.
6∩9-C.
9∩10-LH.
6∩10-C.
10∩12-C.
12∩13-LH.
10∩13-C.
11∩14-LH.
13∩14-LH.
6∩14-C.
6∩13-C.

Fig. 101b

102 La línea de contorno exterior de un edificio tiene la forma y dimensiones de la figura adjunta, compuesta por un rectángulo central de 40x80 m, un semicírculo en cada extremo de radio 40 m y dos patios que son triángulos equiláteros de lado 15 m. La línea de aleros del contorno exterior y de los patios es horizontal a la cota 10 m y la pendiente de las vertientes exteriores, así como la de los patios, es de 1/1. Dibujar la cubierta del edificio, con equidistancia de las curvas de nivel de 5 m. Cotas en metros, escala 1:500.

• La solución se realiza de forma similar a casos anteriores.

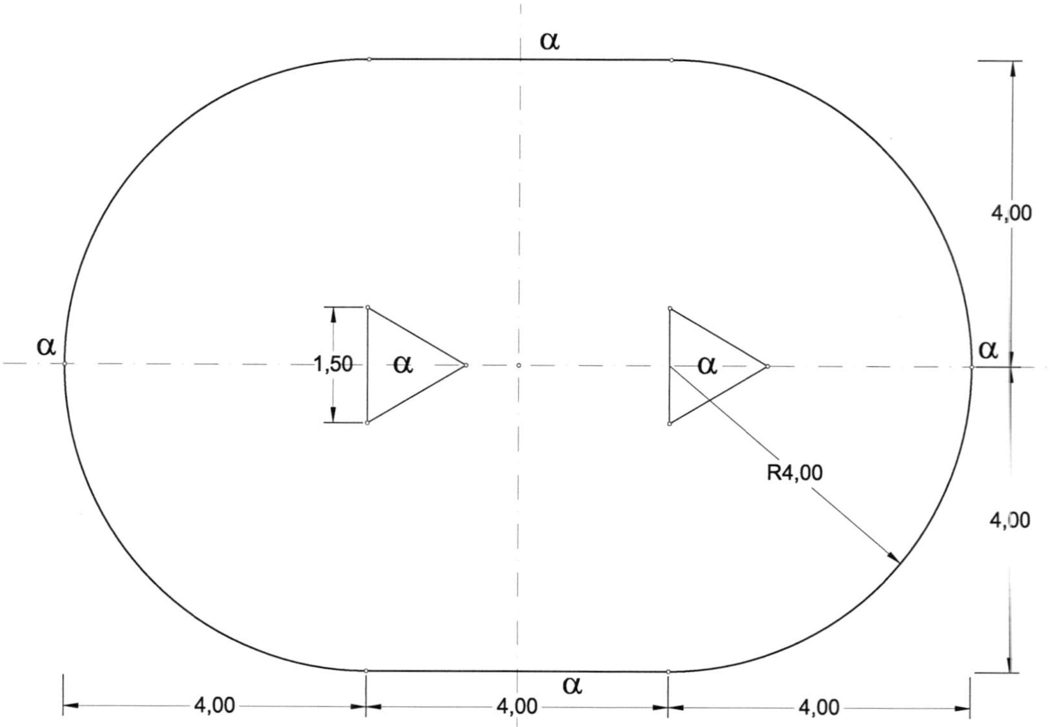

Fig. 102a

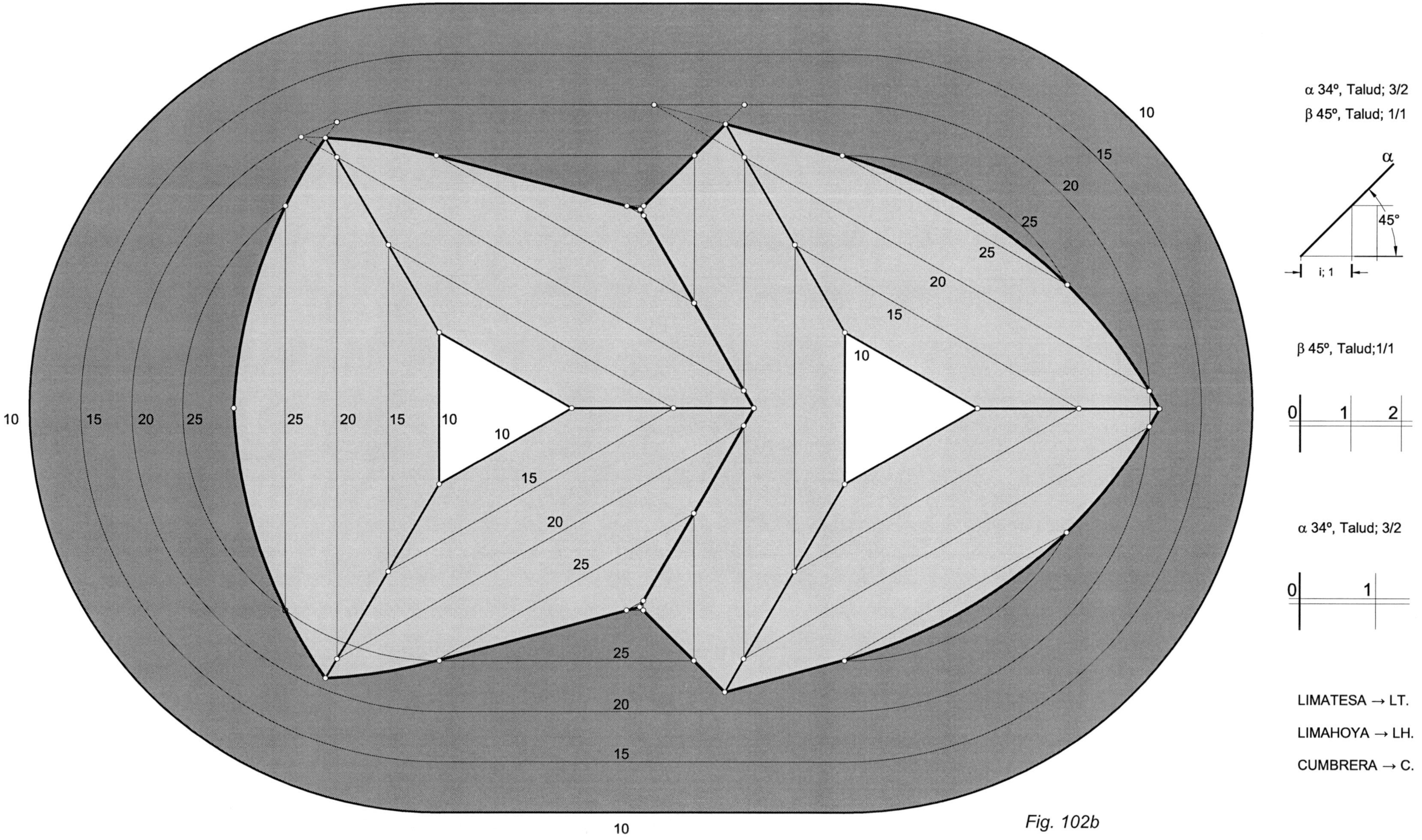
α 34°, Talud; 3/2
β 45°, Talud; 1/1
α
45°
i; 1
β 45°, Talud;1/1
0
1
2
α 34°, Talud; 3/2
0
1
LIMATESA → LT.
LIMAHOYA → LH.
CUMBRERA → C.
10
15
20
25

Fig. 102b

103 Los puntos A(0,-6,3), B(0,6,3),C(-4.5,0,3),D(4.5,0,3) son los centros de cuatro semiesferas, de radio 5 m (las de centro en A y B) y de 4 m (las de centro en C y D). El contorno exterior de las cuatro circunferencias define la línea de aleros de una cubierta de un edificio, toda ella a la cota 3 m. El punto E (0, 0, 3) es el centro de un patio circular de radio 2 m, siendo la pendiente de la vertiente del mismo 2 m. Representar la cubierta del edificio con las líneas de intersección, así como las líneas de nivel con una equidistancia de 1 m. Escala 1:100.

• La solución se realiza de forma similar a casos anteriores.

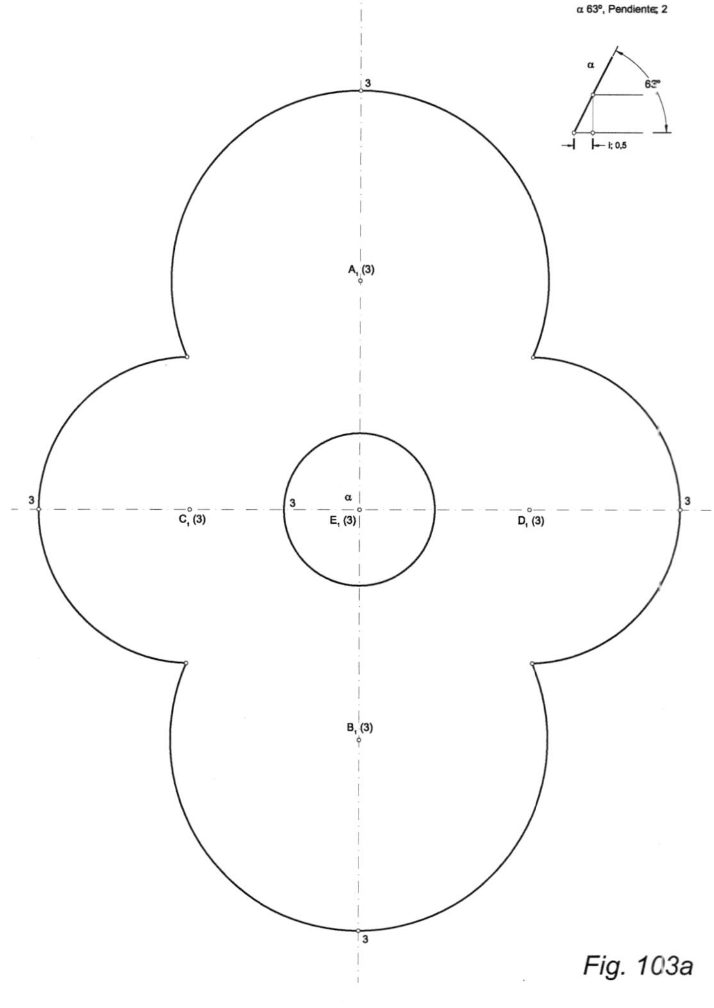

Fig. 103a

α 63º, Pendiente; 2

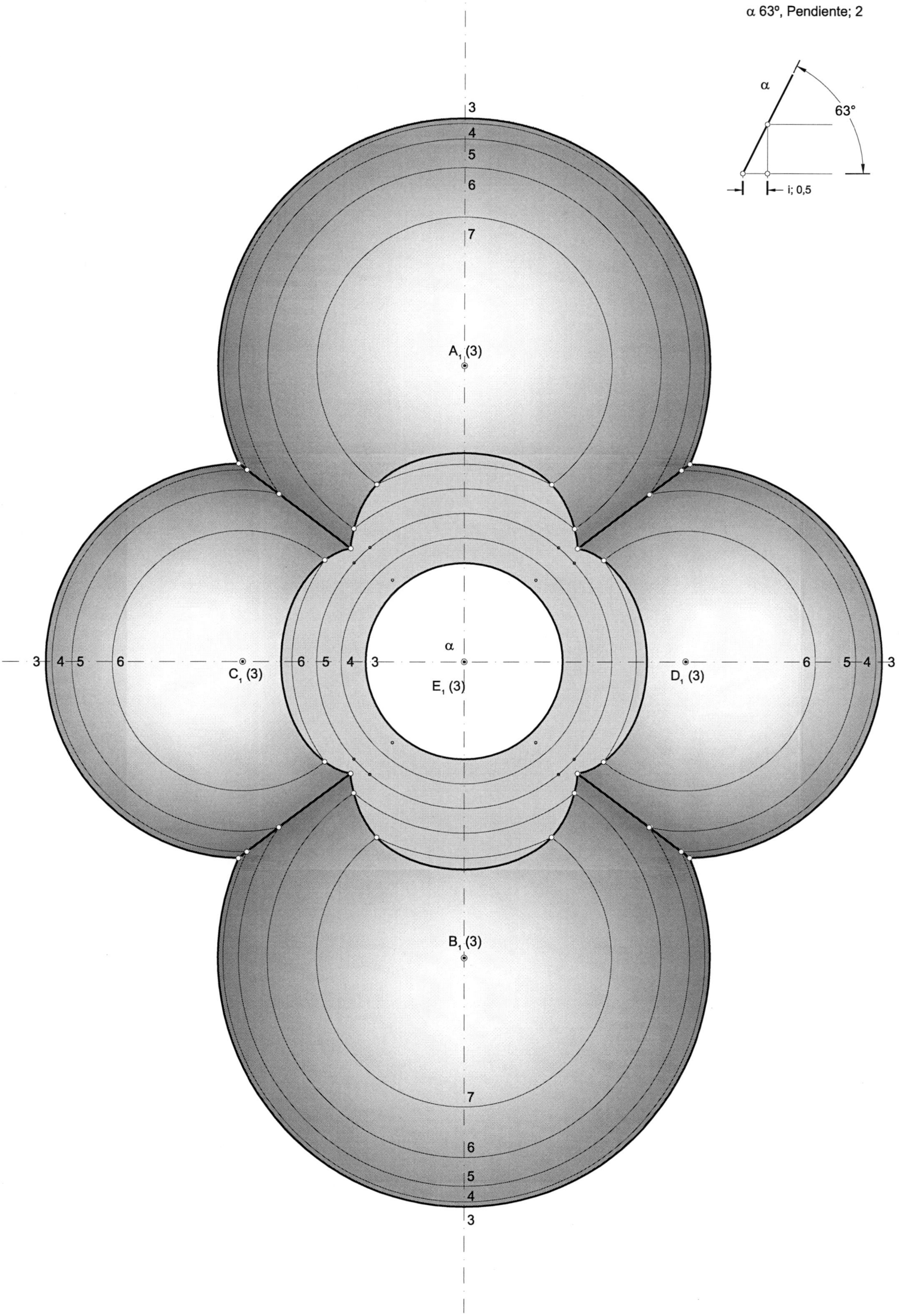

Fig. 103b

104 La cubierta de un edificio está formada por 3 semicilindros circulares, que descansan sobre el plano horizontal de cota 10 m. Las rectas horizontales a, b y c son respectivamente los ejes de los semicilindros de 5, 4 y 3 m de radio. Dibujar la cubierta con las líneas de nivel de metro en metro, suponiéndola ilimitada. Escala 1/100.

• La solución se realiza de forma similar a casos anteriores.

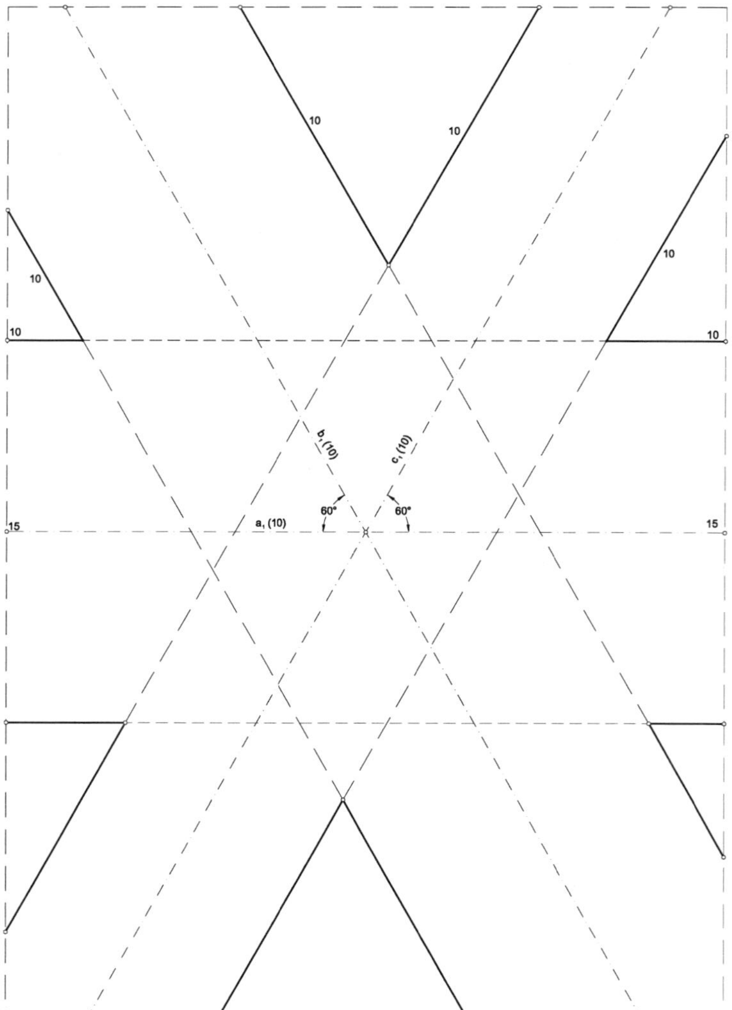

Fig. 104a

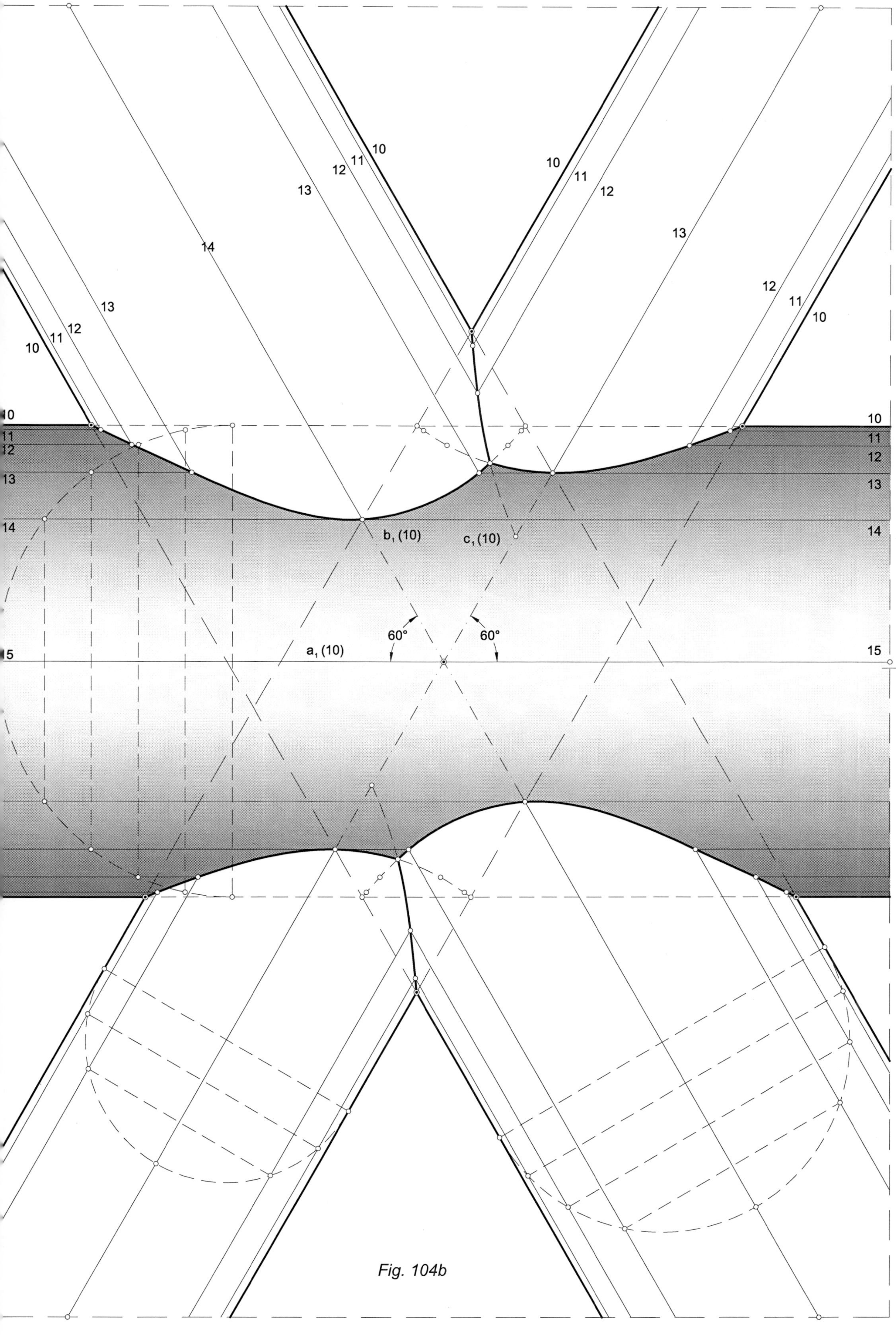

232
233

Fig. 104b

105 El contorno de la planta de un pabellón polideportivo coincide con el hexágono regular de lado 20 m. Las líneas divisorias y las cotas de los vértices son las que vienen en el croquis adjunto. Representar la cubierta con las líneas de nivel a una equidistancia de 5 m. (múltiplos de 5). Escala 1:200.

• La solución se realiza de forma similar a casos anteriores.

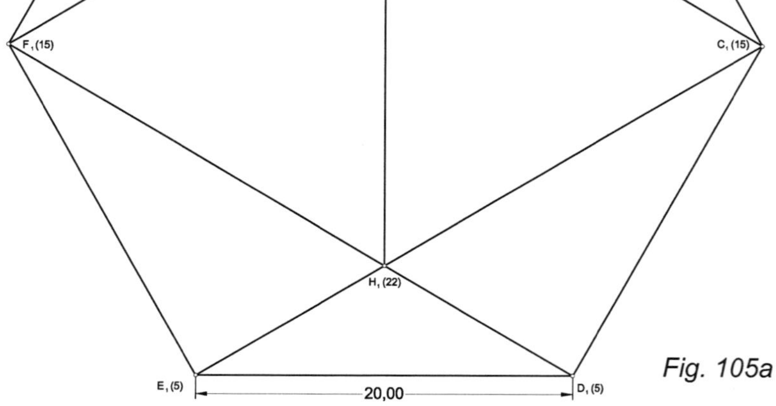

Fig. 105a

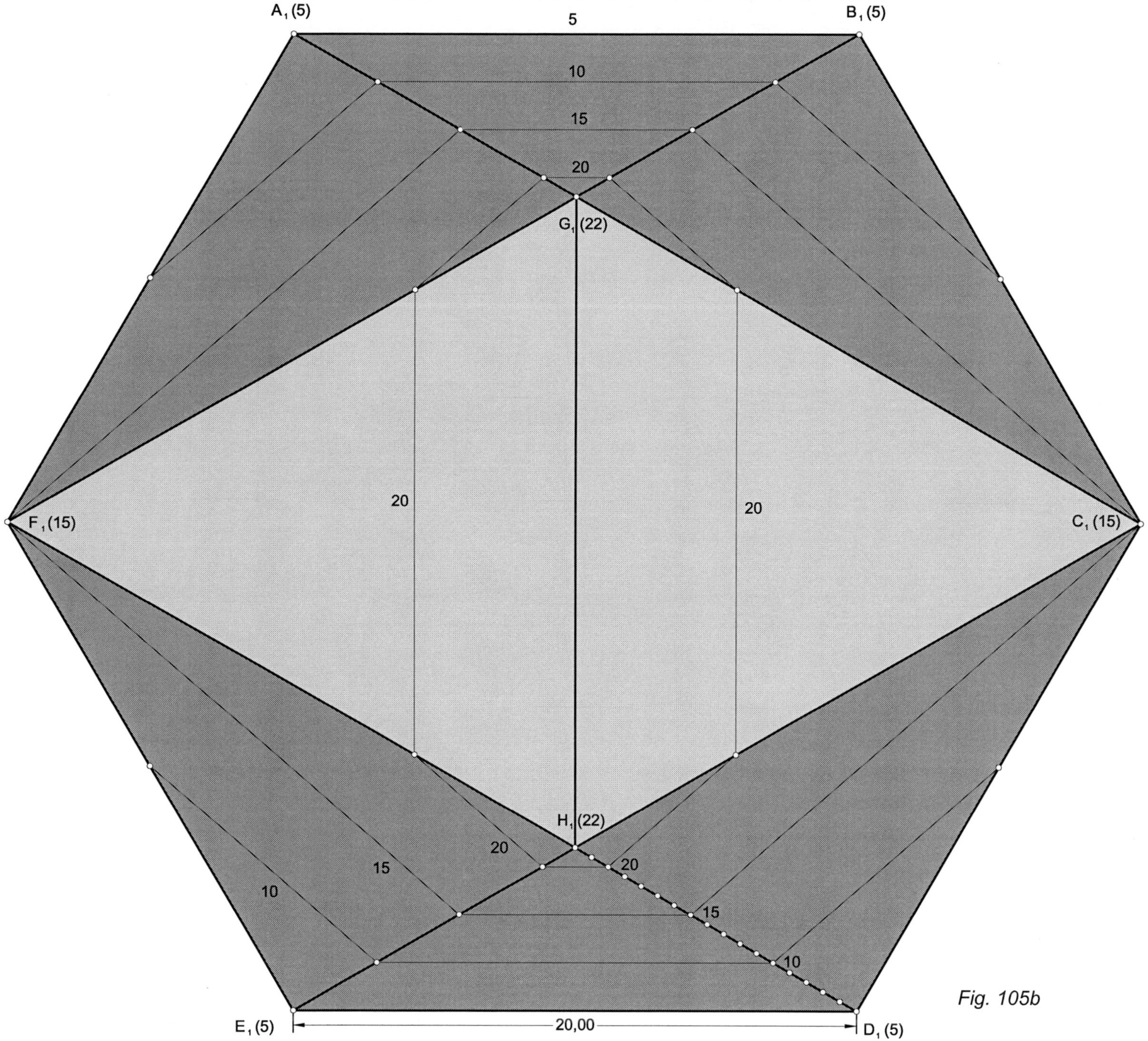

A1 (5)
5
B1 (5)
10
15
20
G1 (22)
20
20
F1 (15)
C1 (15)
H1 (22)
20
20
15
15
10
10
E1 (5)
20,00
D1 (5)

Fig. 105b

Cortar por la línea de puntos y enviar, NO NECESITA FRANQUEO

Benvolgut/uda lector/a,

Us agraïm que hàgiu triat aquest llibre i confiem que la lectura us resulti interessant.
Si desitgeu rebre informació de les novetats successives, cal que ens retorneu aquest imprès, degudament emplenat amb les dades sol·licitades.

Estimado/da lector/a,

Le agradecemos que haya escogido este libro y confiamos que la lectura le resulte interesante.
Si desea recibir información de futuras novedades, es preciso que nos devuelva este impreso, debidamente rellenado con los datos solicitados.

Cognoms Apellidos ....

Nom Nombre ....

Professió Profesión ....

Adreça Dirección ....

....

Població Población .... **Codi postal** Código postal ....

Província Provincia .... **País** País ....

A/e E-mail ....

Preferències Preferencias

- ☐ Arquitectura
- ☐ Expressió gràfica
- ☐ Informàtica
- ☐ Òptica
- ☐ Telecomunicacions
- ☐ Construcció i enginyeria civil
- ☐ Enginyeria mecànica
- ☐ Matemàtiques i estadística
- ☐ Organització d'empreses
- ☐ Electricitat i electrònica
- ☐ Física
- ☐ Nàutica
- ☐ Química i enginyeria tèxtil

A quina llibreria heu trobat aquest imprès?
¿En qué librería ha encontrado este impreso? ....

Autoritzo el tractament informàtic d'aquestes dades i la seva cessió a Edicions UPC, SL. per a la realització d'activitats informatives i de màrqueting directe, sense perjudici dels meus drets d'accés, rectificació i cancel·lació.
Autorizo el tratamiento informático de estos datos y su cesión a Edicions UPC, SL. para la realización de actividades informativas y de marketing directo, sin perjuicio de mis derechos de acceso, rectificación y cancelación.

www.edicionsupc.es
edicions-upc@upc.edu

Edicions UPC
UNIVERSITAT POLITÈCNICA DE CATALUNYA

Respuesta comercial
Autorización
nº 0828594/30011

A
franquear
en
destino

Edicions UPC
Apartado 30011 PD
08034 Barcelona